Durchblick in Optik

Max Gmelch · Sebastian Reineke

Durchblick in Optik

Mit Phänomenen, Formeln und Fragen zum Verständnis

Springer Spektrum

Max Gmelch
FB Physik
TU Dresden, Dresden
Deutschland

Sebastian Reineke
FB Physik
TU Dresden, Dresden
Deutschland

ISBN 978-3-662-58938-0   ISBN 978-3-662-58939-7   (eBook)
https://doi.org/10.1007/978-3-662-58939-7

Die Deutsche Nationalbibliothek verzeichnet diese Publikation in der Deutschen Nationalbibliografie; detaillierte bibliografische Daten sind im Internet über http://dnb.d-nb.de abrufbar.

Springer Spektrum
© Springer-Verlag GmbH Deutschland, ein Teil von Springer Nature 2019

Planung: Lisa Edelhäuser

Springer Spektrum ist ein Imprint der eingetragenen Gesellschaft Springer-Verlag GmbH, DE und ist ein Teil von Springer Nature
Die Anschrift der Gesellschaft ist: Heidelberger Platz 3, 14197 Berlin, Germany

Vorwort

„Kopf hoch, die Optik ist doch nicht so wichtig!" – Ein Satz, der wohl nicht selten im persönlichen Gespräch mit Physikerkolleginnen oder -kollegen fällt. Und doch ist er nicht ganz richtig. Die Optik als Teilgebiet der Physik wird oft ein bisschen stiefmütterlich behandelt. Im Studium, meist als Teil des Moduls der Experimentellen Physik, wird es neben der Mechanik und der Elektrodynamik oft ein wenig vernachlässigt. Dabei würdet ihr schauen, wie unsere Welt ohne die Optik aussehen würde (oder gerade eben nicht).

Dieses Buch unterscheidet sich von herkömmlichen Fachbüchern zur Physik in vielerlei Hinsicht. Diese soll es nämlich nicht ersetzen, sondern aus einer anderen Perspektive ergänzen, aus der Sicht eines Studenten: Max Gmelch, der federführende Autor, hat das Manuskript zu dieser ersten Auflage direkt im Anschluss an sein Studium, während seiner Promotion, verfasst. In dieser Zeit war er aktiv als Übungsgruppenleiter mit der Vermittlung der physikalischen Grundlagen betreut und kennt so aus erster Hand, wo Fragestellungen und Probleme im Grundlagenstudium liegen. Aus seiner Perspektive ergibt sich auch die von uns gewählte Anrede der Leserinnen und Leser dieses Buchs. Hier spricht der Autor die Hauptzielgruppe – die Studierenden – mit **du** und **ihr** an. Der erfahrene Leser möge dies entschuldigen oder – noch viel besser – sich in die eigene Ausbildungszeit zurückversetzen.

Inhaltlich haben wir versucht, das Pferd von hinten aufzuzäumen und konkrete Beispiele aus Natur, Technik und Alltag zum Anlass zu nehmen, sich mit der Physik dahinter zu beschäftigen. Das beginnt beim Aquarium im Wohnzimmer, geht über die Smartphonekamera hin zum 3D-Film im Kino, bis wir schließlich bei der Quantenoptik in unserer Glühlampe enden. Der Schwerpunkt des Buchs liegt hierbei auf dem Verstehen der optischen Effekte und weniger auf der theoretischen Herleitung der dazugehörigen Formeln – dafür gibt es bereits genug Literatur.

Ihr findet also in jedem Kapitel eine Vielzahl von Effekten oder Anwendungen aus dem Alltag, denen dann auf den darauffolgenden Seiten genauer auf den Grund gegangen wird. Mit dabei sind sehr viele Fotos und Skizzen sowie alle wichtigen Informationen dazu, wie physikalische Konstanten und Formeln. Letztere sind für alle Kapitel auch noch einmal am Ende des Buchs aufgelistet, zusammen mit den für sie notwendigen Variablen und kurzen Erklärungen zu allem. So könnt ihr für Übungen schnell auf die wichtigen Formeln zurückgreifen. Ihr findet auch ein Kochrezept, wie man Rechenaufgaben in der Physik ganz allgemein sinnvoll angehen kann. Zusätzlich gibt es am Ende jedes Kapitels passende Aufgaben mit ausführlich beschriebenen Lösungen. Die Aufgaben dienen nicht nur der Übung, häufig vertiefen sie die Fragestellungen und bieten weitere Informationen. Auch nur durch das Durchlesen der Fragen und Antworten (und das Verstehen Letzterer) habt ihr bereits viel gewonnen. Auf mündliche Examen könnt ihr euch mit den über 80 Prüfungsfragen im letzten Kapitel vorbereiten.

Insgesamt ist dieses Buch also nicht nur für das Physikstudium geeignet, sondern für all jene, die sich mit der Optik befassen möchten, sei es im Rahmen ihres Studiums als Nebenfach, im Lehramtsstudium oder einfach nur aus Interesse an den Effekten aus unserem Alltag.

Wir wünschen euch mit diesem Buch viel Erfolg beim Lernen, den ein oder anderen Aha-Effekt und vielleicht sogar ein bisschen Spaß!

Die Autoren danken für Inspiration, Motivation und Korrekturlesen ganz besonders den folgenden Personen: Felix Fries, Inge Gmelch, Max Gmelch sen., Anton Kirch und Lena Schindler.

Dezember 2018   Max Gmelch
                                                                                                Sebastian Reineke

Inhaltsverzeichnis

Inhaltsverzeichnis

1.1   Lichtbrechung an Grenzflächen

Wir beginnen unseren Ausflug in die Welt der Optik da, wo alles Leben seinen Ursprung hat, nämlich im Wasser. Genauer gesagt in der Zoohandlung um die Ecke. Auf Abb. 1.1 sehen wir einen Fisch im Aquarium, namentlich einen *Glyptoperichtys gibbiceps*. Wenn man sich mit der Anatomie dieses Tierchens näher auseinandersetzt, stellt man fest, dass es, wie die meisten Tiere, nur einen Kopf besitzt. Trotzdem erkennen wir hier im Bild eindeutig zwei linke Augen bzw. das linke Auge zweimal. Warum? Damit sind wir schon mitten in der Strahlenoptik (oder geometrischen Optik), also in der physikalischen Betrachtungsweise des Lichts als Strahlen. Im Laufe des Buchs werden wir noch weitere Betrachtungsweisen kennenlernen (in Kap. 4 und 7).

Grund für das scheinbar doppelte Auge ist die Lichtbrechung an Grenzflächen zwischen zwei Medien mit unterschiedlichem Brechungsindex, in diesem Falle zwischen Wasser und Luft. Das bedeutet einfach, dass jeder auf diese Grenzfläche treffende Lichtstrahl um einen bestimmten Winkel abgelenkt wird. Genauer beschrieben ist der Sachverhalt in Abb. 1.2.

Die Stärke dieser Ablenkung ist abhängig vom Auftreffwinkel: Der Strahl senkrecht zur Grenzfläche passiert diese ohne Richtungsänderung, mit steigendem Winkel zwischen Einfallslot und Strahl nimmt die Brechung aber zu. Als Einfallslot bezeichnet man die

© Springer-Verlag GmbH Deutschland, ein Teil von Springer Nature 2019
M. Gmelch und S. Reineke, *Durchblick in Optik,*
https://doi.org/10.1007/978-3-662-58939-7_1

Abb. 1.1 Ein Fisch im Aquarium, betrachtet an der Ecke eines Aquariums. Der Kopf des Tiers und auch Teile des Steins darunter sind doppelt zu sehen. In Abb. 1.2 ist die Situation skizziert

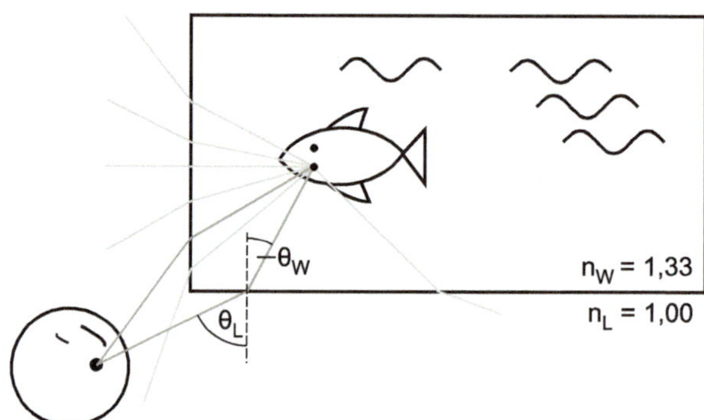

Abb. 1.2 Skizze der Fischbeobachtung in Draufsicht. Grau eingezeichnet sind die vom linken Auge des Fischs ausgehenden Lichtstrahlen. Treffen sie auf die Grenzfläche Wasser-Luft, so werden sie gebrochen, also von ihrem ursprünglichen Weg abgelenkt. Zum Effekt des „Doppelfischs" kommt es nun dadurch, dass durch die Brechung nicht nur ein, sondern zwei Lichtstrahlen (dunkelgrau) den interessierten Beobachter erreichen, und zwar pro Grenzfläche je einer. Dies gilt für jeden Punkt des Fischkopfs, nicht nur das Auge. n_W und n_L geben die Brechungsindizes in Wasser und Luft an. θ_W bezeichnet den Einfallswinkel des Lichtstrahls im Wasser auf die Grenzfläche, θ_L den Austrittswinkel in der Luft

Gerade, die senkrecht zur Grenzfläche steht (ähnlich zu einem Baum, der senkrecht auf dem ebenen Boden steht). In Formeln lässt sich die Ablenkung im sogenannten Snelliusschen Brechungsgesetz darstellen:

$$\frac{\sin \theta_1}{\sin \theta_2} = \frac{n_2}{n_1} \tag{1.1}$$

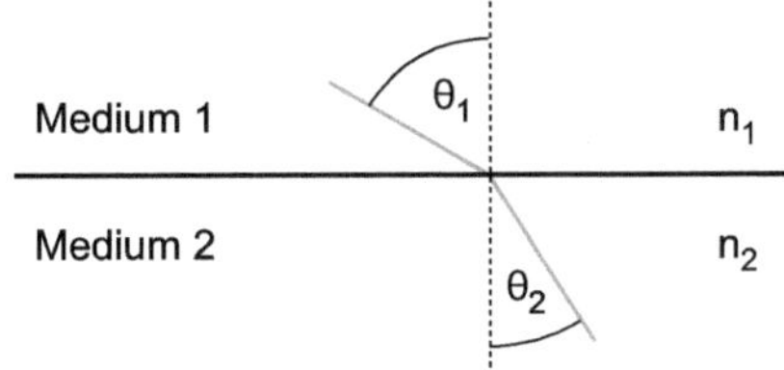

Abb. 1.3 Strahlengang an einer Grenzfläche zwischen zwei Medien mit unterschiedlichen Brechungsindizes n_1 und n_2. Das Einfallslot ist gestrichelt eingezeichnet. Ob das Licht nun von Medium 1 zu Medium 2 läuft oder andersherum, spielt für die Berechnung keine Rolle

In Worten: Je größer der Unterschied der Brechungsindizes zweier Medien ist, desto stärker wird der Strahl beim Übergang von seinem eigentlichen Weg abgelenkt, wie in Abb. 1.3 zu sehen ist. θ_1 und θ_2 beschreiben die Winkel zwischen Strahl (grau) und dem Einfallslot (schwarz gestrichelt), und nicht, wie vielleicht angenommen, der Grenzfläche selbst. Die Strahlrichtung des Lichts (von Medium 1 zu Medium 2 oder andersherum) spielt hierbei keine Rolle, der Lichtweg lässt sich einfach umkehren. n_1 und n_2 sind die Brechungsindizes der beiden Medien.

Generell bewegt sich der Wert von n für sichtbares Licht, abhängig vom Material, meist zwischen 1 und 2, mitunter aber auch höher. So besitzt ein Diamant einen Brechungsindex von etwa $n_D = 2{,}42$. Tab. 1.1 zeigt beispielhaft einige Werte.

Der Brechungsindex eines Mediums kann von verschiedenen Faktoren abhängig sein, beispielsweise von der Temperatur des Mediums (zum Beispiel wird er in Luft mit steigender Temperatur kleiner) oder auch der Frequenz und der Wellenlänge (also der Farbe) des einfallenden Lichts. Letzteres bezeichnet man als Dispersion, sie spielt zum Beispiel beim Regenbogen eine Rolle (Hierzu mehr in Abschn. 1.3). Ein Medium mit höherem Brechungsindex nennt man optisch dichter, eines mit niedrigerem optisch dünner.

Eine Sache ist jetzt noch ungeklärt, vielleicht ist sie euch auch schon aufgefallen. Die Grenzfläche Wasser-Luft, von der die Rede war, existiert doch an den Seiten des Aquariums überhaupt nicht. Zwischen Wasser und Luft befindet sich üblicherweise ja noch das Aquarium, also eine Schicht Glas. Ohne diese wäre es wohl auch etwas undicht. Also hat man statt

Tab. 1.1 Brechungsindizes verschiedener Materialien (bei 20 °C und $\lambda = 590$ nm)

Material	Brechungsindex n
Luft	1,00
Wasser	1,33
Glas	1,45 bis etwa 1,60, je nach Zusammensetzung
Diamant	2,42

zwei insgesamt drei Medien mit unterschiedlichen Brechungsindizes, und das Licht passiert zwei Grenzflächen: Wasser-Glas und Glas-Luft. Tatsächlich spielt diese zusätzliche Schicht für die Brechungswinkel aber keine Rolle. Warum, könnt ihr in Aufgabe 1.2 herleiten.

1.1.1   Die Fresnelschen Formeln

Wenn ihr euch noch einmal Abb. 1.1 anseht, fällt euch neben dem Fisch sicherlich auch die Spiegelung der Deckenbeleuchtung im Glas auf. Ihr seht beides, da das Licht des Fischs durch die Grenzfläche transmittiert, also durchgelassen, und die Deckenbeleuchtung dort reflektiert, also zurückgeworfen, wird. Der Strahlengang der Transmission wird mit dem schon bekannten Snelliusschen Brechungsgesetz beschrieben. Auch die Reflexion tritt immer dann auf, wenn Licht auf eine Grenzfläche zweier Medien mit unterschiedlichem Brechungsindex trifft. Die Ablenkung des Lichtstrahls lässt sich hier sehr einfach bestimmen, es gilt stets: Reflexionswinkel ist gleich Einfallswinkel:

$$\theta_R = \theta_E \tag{1.2}$$

Diese Winkel liegen wieder zwischen Lichtstrahl und Einfallslot.

Interessanter wird es, wenn man sich mit den Intensitäten des reflektierten und transmittierten Lichts beschäftigt. Abb. 1.4 zeigt einen Meterstab, der so an einem Aquarium hängt, dass sich ein Arm im Wasser und der andere in der Luft befindet. Bei Betrachtung von außen dominiert je nach Blickwinkel entweder die Transmission des im Wasser befindlichen Teils oder die Reflexion des außerhalb des Aquariums liegenden Stücks. Das heißt, die Intensität von Transmission und Reflexion ist nicht konstant, sondern abhängig vom Winkel zwischen Lichtstrahl und Grenzfläche. Dieses Verhalten wird mit den Fresnelschen Formeln beschrieben.

Sie dienen dazu, die Transmissions- und Reflexionsfaktoren sowie die Transmissions- und Reflexionsgrade zu bestimmen, wenn Licht auf eine Grenzfläche zweier Medien mit unterschiedlichem Brechungsindex trifft. Die in den Formeln auftretende Unterscheidung zwischen senkrechter und paralleler Polarisation beschreibt die Richtung des elektromagnetischen Felds des einfallenden Lichts. Darauf wird später im Buch eingegangen, in Abschn. 5.2.2.

In Tab. 1.2 sind die verschiedenen Fresnelschen Formeln übersichtlich dargestellt. Hierbei beschreibt θ_E den Einfallswinkel im Einfallsmedium mit Brechungsindex n_E und n_T den Brechungsindex des zweiten Mediums, wie in Abb. 1.5 skizziert. Dort findet ihr auch anschauliche Graphen zu den Formeln. Transmissions- und Reflexionsfaktor beschreiben das Verhalten der Amplituden, also des Ausschlags der elektromagnetischen Welle. Für uns von größerer Bedeutung ist aber die Intensität der Welle. Dafür nutzt man den Transmissions- und Reflexionsgrad. Um diese zu erhalten, werden die Faktoren quadriert (und bei der

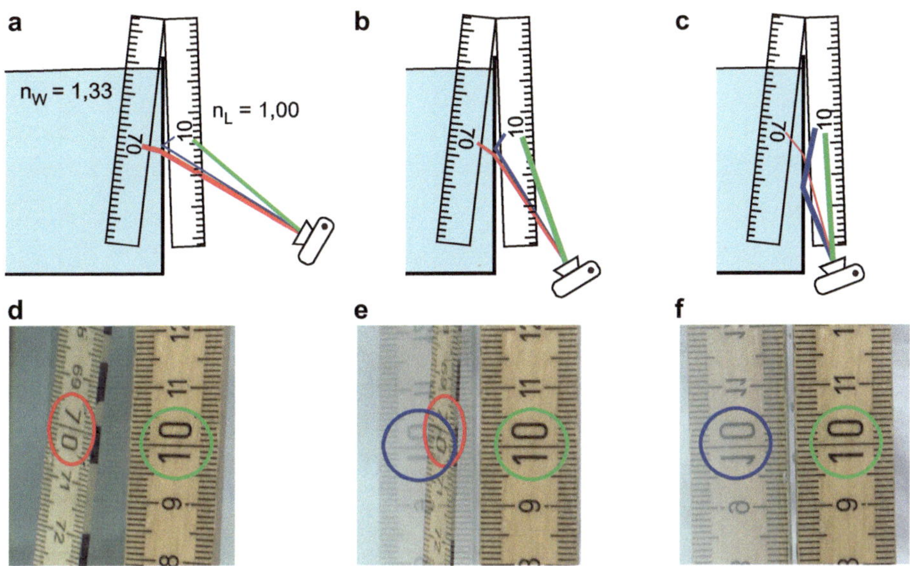

Abb. 1.4 Vorneweg: Lasst euch von diesen Skizzen nicht abschrecken, eigentlich ganz einfach. **a, b, c** Skizzen des Meterstabs, der über der Kante des Aquariums hängt, mit der Kamera in unterschiedlichen Abständen. Durch den sinkenden Abstand der Kamera zur Grenzfläche nimmt der Betrachtungswinkel von **a** nach **c** zu, mit ihm auch die Einfallswinkel des Lichts auf die Grenzfläche. Die die Kamera erreichenden Lichtstrahlen sind rot (transmittierter Strahl, von der Siebzig im Wasser) blau (reflektierter Strahl, von der Zehn in der Luft) und grün (direkter Strahl von der Zehn) gezeichnet. **d, e, f** Mit steigendem Einfallswinkel von **d** nach **f** nimmt die Transmission ab (die Siebzig verschwindet) und die Reflexion zu (das Spiegelbild der Zehn erscheint)

Tab. 1.2 Die Fresnelschen Formeln

Für alle Formeln gilt $B = \sqrt{n_\mathrm{T}^2 - n_\mathrm{E}^2 \sin^2 \theta_\mathrm{E}}$

Polarisation	Transmissionsfaktor	Transmissionsgrad
Senkrecht	$t_\mathrm{s} = \dfrac{2n_\mathrm{E} \cos \theta_\mathrm{E}}{n_\mathrm{E} \cos \theta_\mathrm{E} + B}$	$T_\mathrm{s} = \dfrac{B}{n_\mathrm{E} \cos \theta_\mathrm{E}} t_\mathrm{s}^2$
Parallel	$t_\mathrm{p} = \dfrac{2n_\mathrm{E} \cos \theta_\mathrm{E}}{n_\mathrm{T} \cos \theta_\mathrm{E} + \dfrac{n_\mathrm{E}}{n_\mathrm{T}} B}$	$T_\mathrm{p} = \dfrac{B}{n_\mathrm{E} \cos \theta_\mathrm{E}} t_\mathrm{p}^2$
	Reflexionsfaktor	**Reflexionsgrad**
Senkrecht	$r_\mathrm{s} = \dfrac{n_\mathrm{E} \cos \theta_\mathrm{E} - B}{n_\mathrm{E} \cos \theta_\mathrm{E} + B}$	$R_\mathrm{s} = r_\mathrm{s}^2$
Parallel	$r_\mathrm{p} = \dfrac{n_\mathrm{T} \cos \theta_\mathrm{E} - \dfrac{n_\mathrm{E}}{n_\mathrm{T}} B}{n_\mathrm{T} \cos \theta_\mathrm{E} + \dfrac{n_\mathrm{E}}{n_\mathrm{T}} B}$	$R_\mathrm{p} = r_\mathrm{p}^2$

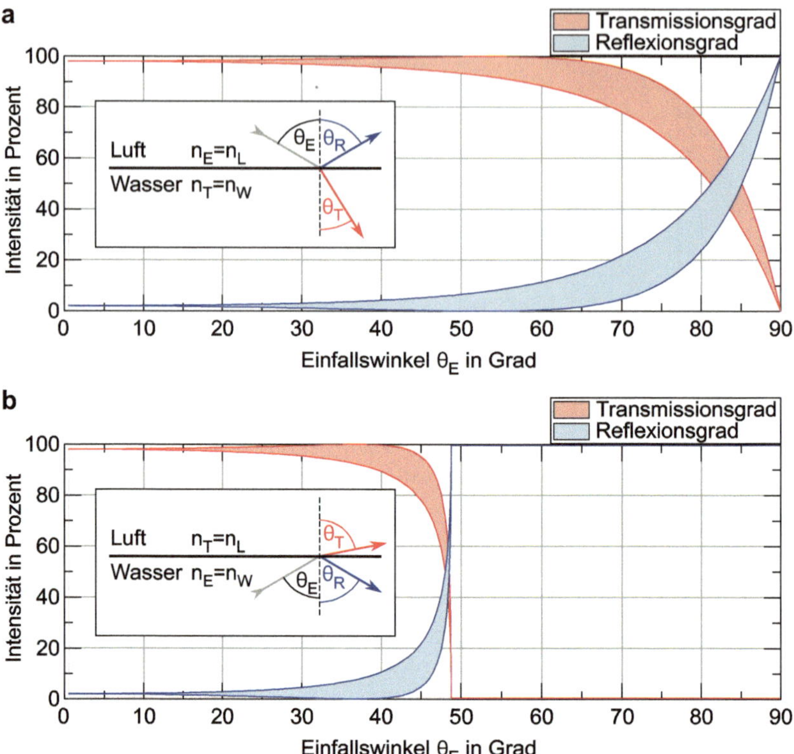

Abb. 1.5 a Transmissions- und Reflexionsgrad beim Übergang von Luft zu Wasser in Abhängigkeit vom Einfallswinkel θ_E, berechnet mithilfe der Fresnelschen Formeln. Bei kleinen Einfallswinkeln, also bei senkrechtem Blick auf die Grenzfläche, wird ein Großteil des Lichts transmittiert und die Reflexion ist nur sehr schwach (etwa 2 %). Steigt der Einfallswinkel des Lichts, nimmt die Reflexion bis auf 100 % zu, die Transmission nimmt ab. Sichtbar ist dieser Effekt in Abb. 1.4 am Aquarium. **b** Hier ist der gleiche Effekt gezeigt, nur diesmal beim Übergang von Wasser zu Luft. Die Trends sind identisch zu **a**), allerdings passiert hier etwas Interessantes bei $\theta_E = 48{,}8°$: Bereits bei diesem Winkel ist die Transmission auf 0 % abgefallen, jegliches Licht wird reflektiert. Dies bleibt so für alle weiteren Einfallswinkel bis 90°, und man nennt diesen Effekt Totalreflexion. Abschließend sei noch angemerkt: Der Grund, warum die Graphen anstatt als eine Linie als breite Streifen dargestellt werden, ist, dass sich der tatsächliche Wert von Transmission und Reflexion irgendwo innerhalb dieser Fläche bewegt, da er auch von der Polarisation des einfallenden Lichts abhängt. Mehr dazu in Abschn. 5.2.2

Transmission mit einem weiteren Vorfaktor multipliziert). Genaueres zu Amplitude und Intensität gibt es in Abschn. 4.1.5. Wenn ihr euch jetzt fragt, was das mit fettigem Papier und nassen Klamotten zu tun haben könnte, solltet ihr einen Blick in Aufgabe 1.5 werfen.

1.1.2 Totalreflexion

In Abb. 1.5b kommt es bei $\theta_E = 48,8°$ zur sogenannten Totalreflexion. Dies bedeutet, dass ab diesem Winkel, dem sogenannten kritischen Winkel θ_k, sämtliches einfallendes Licht vollständig an der Grenzfläche reflektiert wird. Er berechnet sich allgemein über

$$\theta_k = \arcsin\left(\frac{n_T}{n_E}\right) \tag{1.3}$$

mit den Brechungsindizes der Medien des einfallenden (n_E) und des transmittierten (n_T) Strahls. Nur für $n_T < n_E$ tritt Totalreflexion auf. Ab diesem Einfallswinkel auf die Grenzfläche kann keinerlei Licht mehr das Medium verlassen, es ist darin gefangen. Eine praktische Anwendung dieses Effekts sind Glasfaserkabel, die weltweit für schnelle Internetverbindungen sorgen. Ähnlich bedeutsam sind die bunten Glasfaserlampen im heimischen Partykeller. Um das Licht durch schmale Fäden blumenartig in alle Richtungen zu verteilen, nutzen auch sie die Totalreflexion. Diese macht sich hier auffällig bemerkbar, weil das durch die einzelnen Fasern strahlende Licht ausschließlich an den Endpunkten ausgekoppelt wird, wie in Abb. 1.6a zu sehen ist. Der Rest der Faser ist dunkel, das Licht kann die Faser nicht verlassen.

Durch diese Totalreflexion wirken Grenzflächen wie perfekte Spiegel. Direkt beobachtbar ist die Totalreflexion leider nur selten, da sie nur beim Übergang vom optisch dichteren zum optisch dünneren Medium auftritt. Um sie zu sehen, muss man sich also selbst im optisch dichteren Medium befinden, also in dem mit höherem Brechungsindex. Gelingen kann dies unter Wasser mit Blick von unten auf die Grenzfläche Wasser-Luft. In Abb. 1.7b ist die Kamera baden gegangen und fotografiert die Hand des Autors, der seine Finger unter Wasser hält. Je nach Reflexionswinkel an der Grenzfläche tritt Totalreflexion auf.

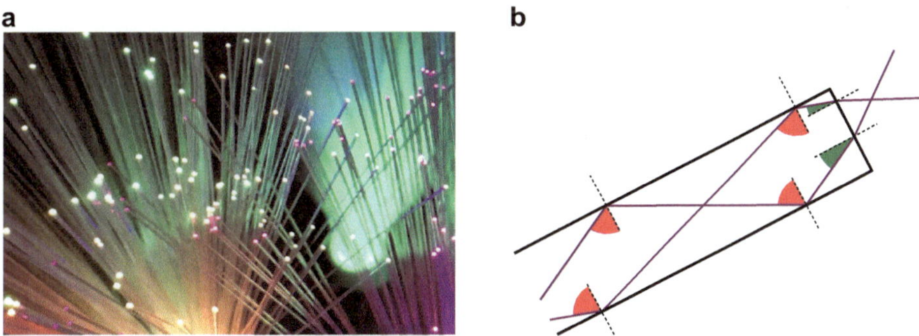

Abb. 1.6 a Bunte Glasfaserlichter. Sie leuchten ausschließlich an ihren Enden, da das Licht zuvor die Faser aufgrund der Totalreflexion nicht verlassen kann. **b** Strahlengang in solch einer Glasfaser. Die Lichtstrahlen (violett) treffen oft auf die Grenzfläche Faser-Luft, können diese aber nicht passieren, da die Einfallswinkel (rot) immer größer als der kritische Winkel sind. Erst am Faserende werden sie ausgekoppelt, hier sind die Einfallswinkel (grün) unterhalb des kritischen Winkels

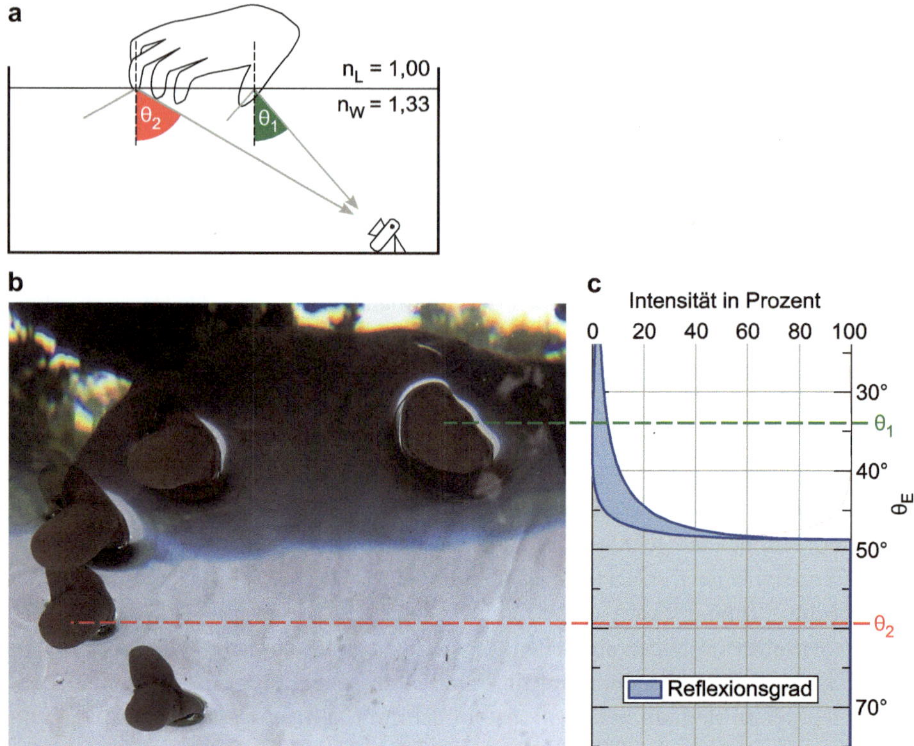

Abb. 1.7 a Skizze des Aquariums, in das die Fingerspitzen einer Hand gehalten werden. Am Boden steht die Kamera, mit der das Foto **b**) aufgenommen wurde. Beispielhaft wurden zwei von unten an der Wasseroberfläche reflektierte Lichtstrahlen eingezeichnet. Der Strahl beim Daumen wird unter dem Winkel θ_1 zurückgeworfen, der Strahl am Ringfinger unter dem Winkel θ_2. **b** Die Fingerspitzen, aufgenommen vom Beckengrund aus. Während um den Daumen und den Zeigefinger herum kaum Reflexion auftritt und dadurch noch von außen transmittiertes Licht erkennbar ist (Bäume und Sträucher), ist bei Ringfinger und kleinem Finger nur noch Reflexion von innerhalb des Beckens zu sehen (weiße Flächen und die Spiegelung der Fingerspitzen selbst). Das ist die Totalreflexion, die ab dem kritischen Winkel, der sich in etwa auf Höhe des Mittelfingers befindet, auftritt. **c** Entspricht Abb. 1.5b, also der Abhängigkeit des Reflexionsgrads vom Einfallswinkel. Der Graph wurde um 90° gedreht, da er sich so direkt auf das Foto **b**) übertragen lässt. Im Bereich zwischen $\theta_E = 40°$ und $\theta_E = 48{,}8°$ nimmt die Reflexion stark zu, was sich auch so im Foto **b**) äußert

1.2   Was ist Licht? – Das elektromagnetische Spektrum

Das sichtbare Licht ist nur ein winziger Ausschnitt aus dem gesamten elektromagnetischen Spektrum. Funk- und Radiowellen beispielsweise unterscheiden sich in ihrer grundsätzlichen Art nicht vom sichtbaren Licht. Sie befinden sich nur an anderer Stelle im Spektrum, vergleichbar mit (nicht hörbarem) Ultraschall und dem hörbaren Tonbereich.

Dieses elektromagnetische Spektrum beinhaltet sämtliche elektromagnetischen Wellen aller Größenordnungen. Einen großen Teil davon kennen wir von unterschiedlichsten Anwendungen aus dem Alltag oder der technischen Welt, sei es das Radio, die Mikrowelle, das sichtbare Licht oder auch die Röntgenstrahlung. Sie alle haben den gleichen physikalischen Hintergrund, nämlich elektromagnetische Wellen. Je nach ihrer Frequenz sind sie für uns unterschiedlich messbar, nutzbar oder sichtbar. Genaueres zum Wellencharakter und zum Zusammenhang der Wellenlänge mit der Frequenz gibt es in Abschn. 4.1. Eine detaillierte Aufdröselung des gesamten Spektralbereichs findet ihr gleich hier in Abb. 1.8.

Niederfrequenz

Den Bereich mit einer Wellenlänge über $\lambda = 10$ km bezeichnet man als den Niederfrequenzbereich. Diese Wellen besitzen sehr wenig Energie und haben kaum Anwendung im Alltag, sie werden jedoch zur Kommunikation zwischen U-Booten genutzt, weil sie im Gegensatz zu herkömmlichen Funkwellen sehr tief in Wasser eindringen können. Ihre Frequenz liegt im Bereich einiger Kilohertz.

Radiowellen

Es folgen die Radiowellen, die bis mehrere hundert Megahertz reichen, mit einer Wellenlänge von einem Meter bis zu einigen Kilometern. Genutzt werden sie, wie der Name schon vermuten lässt, im Radioempfang. Typische Werte sind zum Beispiel 88,9 MHz oder 103,7 MHz. Bekannt sind diese Zahlen aus dem Autoradio, sie entsprechen den Sendefrequenzen verschiedener Radiosender. 100 MHz entspricht einer Welle mit einhundert Millionen Schwingungen pro Sekunde.

Mikrowellen

Mithilfe der Mikrowellen, die von einem Millimeter bis zu einem Meter, von einigen hundert Megahertz bis zu einigen hundert Gigahertz reichen, können wir u. a. unser Essen erwärmen. Genauer gesagt, nur das Wasser darin, das auf einige dieser Frequenzen sehr empfindlich reagiert, diese Wellen absorbiert und sich dadurch erhitzt. Gleichzeitig ist dies auch der Sendebereich von Smartphones, von WLAN und anderer Unterhaltungselektronik. Hier wurde eine (zum Teil weltweit standardisierte) exakte Einteilung des Spektrums vorgenommen, um die unterschiedlichen Signale klar voneinander trennen zu können.

Infrarotstrahlung

Es schließt sich die Infrarotstrahlung mit Wellenlängen im Mikrometerbereich an, deren Grenze die Farbe Rot des sichtbaren Lichts bildet. Von ihr erhielt sie auch ihren Namen, sie befindet sich energetisch unter Rot. Sie spielt für uns im Alltag eine wichtige Rolle. So ist sie nicht nur dafür verantwortlich, dass Fernbedienungen funktionieren (siehe auch Abb. 1.9), sondern dient auch der Wärmeübertragung. Die Strahlung der Sonne verdankt ihren wärmenden Effekt hauptsächlich der Infrarotstrahlung, die Teil ihres Emissionsspek-

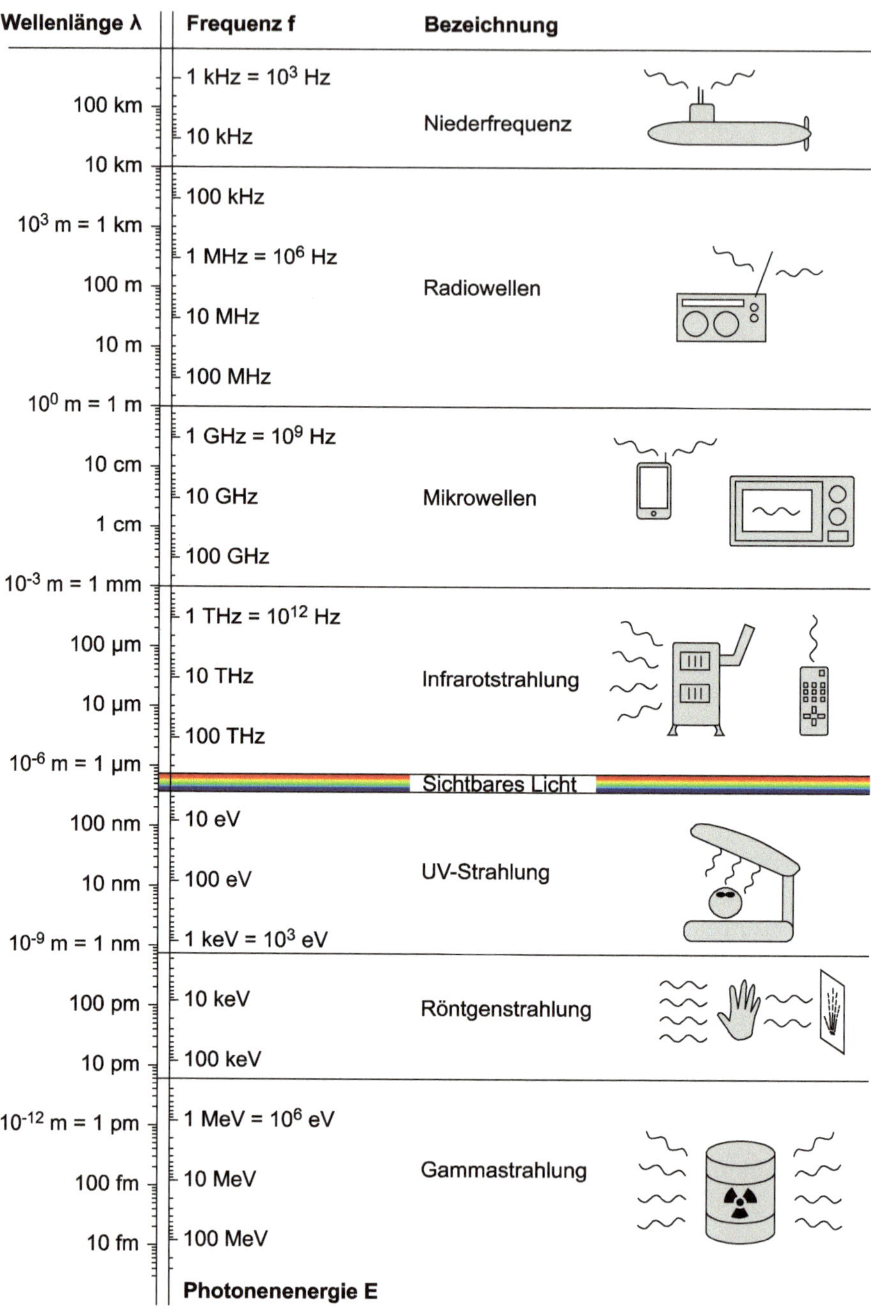

Abb. 1.8 Das elektromagnetische Spektrum mit seinen unterschiedlichen Wellenlängen, bzw. Frequenzen, eingeteilt in verschiedene Bereiche mit Beispielskizzen. Die Energie der Strahlung nimmt von oben nach unten zu. Das sichtbare Licht nimmt hierbei nur einen winzigen Bereich ein

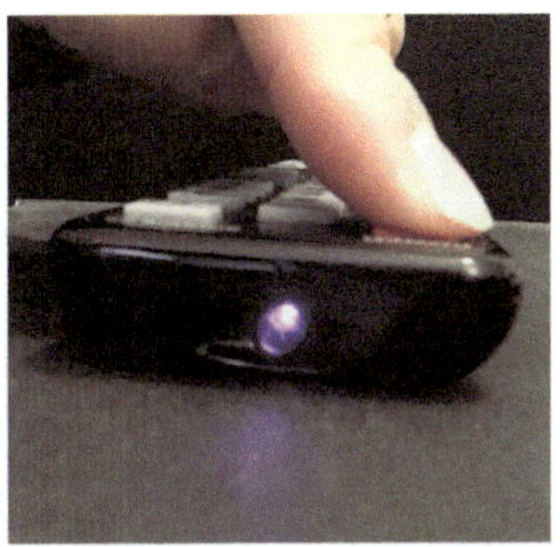

Abb. 1.9 Herkömmliche Fernbedienung, fotografiert mit einer älteren Digitalkamera. Diese sind nicht nur im sichtbaren, sondern auch im Infrarotbereich empfindlich. Deswegen sieht man auf dem rechten Bild die infraroten Steuersignale, die die Fernbedienung beim Drücken einer Taste aussendet

trums ist. Auch beim Überbacken von Speisen im Ofen ist die Infrarotstrahlung maßgeblich für den Erfolg der Zubereitung. Weiterführende Details hierzu findet ihr in Abschn. 7.1.

Sichtbares Licht

Schließlich kommt das sichtbare Licht. Beginnend mit Rot bei niedrigster Energie und einer Wellenlänge von etwa 700 nm über Orange, Gelb, Grün und Blau folgt schließlich Violett mit etwa 400 nm als energiereichste Farbe. Diese beiden Grenzen sind nur grobe Werte, oft wird der rote Anteil bis 800 nm als sichtbar bezeichnet. Eine genauere Zuordnung der einzelnen Farben zur Wellenlänge findet ihr in Abb. 1.10.

UV-Strahlung

Energetisch oberhalb von Violett liegt, ihr ahnt es schon, die Ultraviolettstrahlung, kurz UV-Strahlung. Sie ist neben dem Infrarot- und dem sichtbaren Licht ebenfalls in der Sonnenstrahlung enthalten und dafür verantwortlich, dass wir im Sommer braun werden. Da sie bereits sehr viel Energie enthält, kann sie dem Körper durch Zerstörung von Proteinen aber auch gefährlich werden.

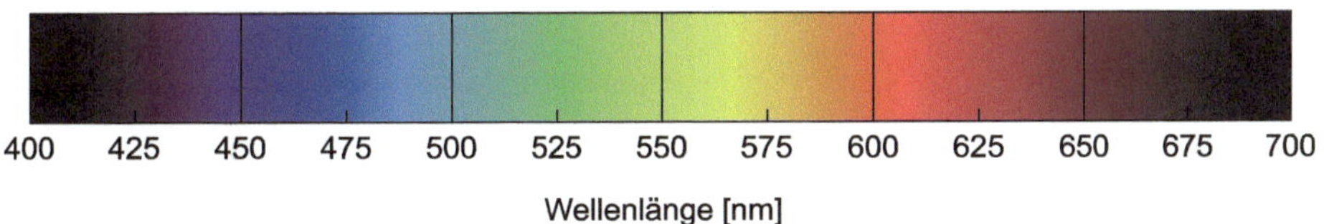

Abb. 1.10 Das sichtbare Licht mit all seinen Farben

Röntgenstrahlung

Ab unter einem Nanometer Wellenlänge spricht man von Röntgenstrahlung. Diese kann den menschlichen Körper durchdringen, und zwar unterschiedliche Teile des Körpers unterschiedlich gut. Durch Bestrahlung und Detektion erreicht man so ein Abbild von körperinneren Strukturen. Dass Röntgenstrahlung in hohen Dosen das Krebsrisiko erhöht, war in den ersten Jahren nach ihrer Entdeckung nicht bekannt. Deswegen wurden Röntgengeräte auch bei banalen Dingen wie der Bestimmung von Schuhgrößen in Geschäften eingesetzt.

Gammastrahlung

Unterhalb von einer Wellenlänge von 10 Pikometern (pm) spricht man von Gammastrahlung. Diese wird bei radioaktiven Zerfällen freigesetzt und ist für den Menschen sehr gefährlich.

Vielleicht ist euch in Abb. 1.8 aufgefallen, dass ab dem sichtbaren Licht nicht mehr die Frequenz, sondern die Photonenenergie (in der Einheit Elektronenvolt) angegeben wird. Hintergrundinformationen dazu gibt es in Abschn. 7.2.

1.3 Farben

Bei einem erneuten Blick auf Abb. 1.7b könnt ihr am oberen Rand des Fotos an den weißen Flächen die Regenbogenfarben erkennen. Wie kommt das? Das ist eine Folge eines Effekts namens Dispersion. Das Licht wird an der Wasseroberfläche gemäß des Snelliusschen Brechungsgesetzes gebrochen. Da der Brechungsindex von der Wellenlänge, also der Farbe des Lichts abhängt, werden unterschiedliche Farben unterschiedlich stark von ihrem Weg abgelenkt, was man als Dispersion bezeichnet. Abb. 1.11 zeigt den Brechungsindex von Wasser in Abhängigkeit von der Lichtwellenlänge. Aber wenn die Flächen doch weiß sind, woher kommen denn dann die Farben? Dafür muss man zuerst verstehen, was Farben überhaupt sind.

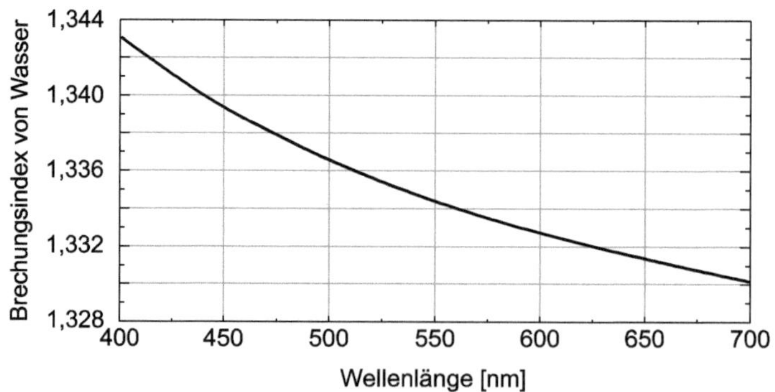

Abb. 1.11 Der Brechungsindex von Wasser in Abhängigkeit der Wellenlänge des Lichts

1.3.1 Biologie

Wir sehen Farben, weil unsere Augen dafür spezielle Rezeptoren besitzen, die sogenannten Zapfen, die sich über die Netzhaut verteilen. Von diesen gibt es drei verschiedene Typen, die auf unterschiedliche Farbbereiche des Lichts verschieden stark ansprechen. Je nach Farbe des Lichts liefern die drei Rezeptorarten also unterschiedlich viel Signal an das Gehirn. Dort werden diese Signale verrechnet und als ein bestimmter Farbeindruck interpretiert. Liefern alle drei Rezeptoren gleich viel Signal, interpretieren wir das als farblos, also grau oder weiß. Farbfehlsichtigkeiten resultieren aus falsch oder gar nicht funktionierenden Zapfen.

1.3.2 Die Farbe Weiß

Weiß ist nicht gleich weiß

Die uns im Alltag am häufigsten begegnende Lichtquelle ist natürlich die Sonne. Ihr genaues Farbspektrum wird in Abschn. 7.1.2 behandelt. Es erstreckt sich über den kompletten sichtbaren Frequenzbereich und sogar darüber hinaus. Dadurch werden alle drei Farbrezeptoren im Auge gleichmäßig angeregt und das Licht erscheint weiß. Daneben kennen wir weißes Licht von Leuchtstoffröhren, LEDs, Bildschirmen und vielem mehr. Mit all diesen Lichtquellen tricksen wir unser Auge mehr oder weniger aus. Denn für einen weißen Eindruck ist nicht das gesamte Lichtspektrum notwendig, auch mit nur drei verschiedenen Farben kann man unseren Augen weißes Licht vorgaukeln. In Abb. 1.12 seht ihr den Vergleich von Sonnenlicht zu weißen LEDs und einem Smartphonebildschirm. Abb. 1.13 zeigt den Aufbau eines solchen Bildschirms. Der als weiß wahrgenommene Hintergrund besteht tatsächlich aus winzig kleinen roten, grünen und blauen Subpixeln. Leuchten alle gemeinsam, so erscheint uns der Bildschirm weiß. Die Farben sind außerdem so gewählt, dass sie je nach ihren Anteilen auch sämtliche anderen Farben im Gehirn simulieren können.

Farbe ist nicht gleich Farbe

Verschiedenes weißes Licht kann zur Folge haben, dass manche Farben, vor allem von Kleidungsstücken, unter Sonnenlicht plötzlich ganz anders aussehen als zuvor im Geschäft unter künstlicher Beleuchtung. Unter Sonnenlicht trifft, wie eben beschrieben, ein anderes Spektrum auf das Kleidungsstück als in einem künstlich beleuchteten Raum. Da sich die Farbe eines Gegenstands über die Absorption, also das Verschlucken, und die Reflexion des einfallenden Lichts ergibt, ist sie auch vom Spektrum dieses Lichts abhängig. Reflektiert ein Kleidungsstück beispielsweise besonders gut das Licht einer Wellenlänge von 480 nm, so wird gemäß Abb. 1.12 diese Farbe bei Betrachtung im Tageslicht wesentlich präsenter sein als in LED-Beleuchtung, und das Kleidungsstück hat eine leicht andere Farbe.

Über den sogenannten Farbwiedergabeindex lässt sich die Farbtreue verschiedener Lichtquellen bewerten. Sonnenlicht hat hierbei den Wert 100, liefert also optimale

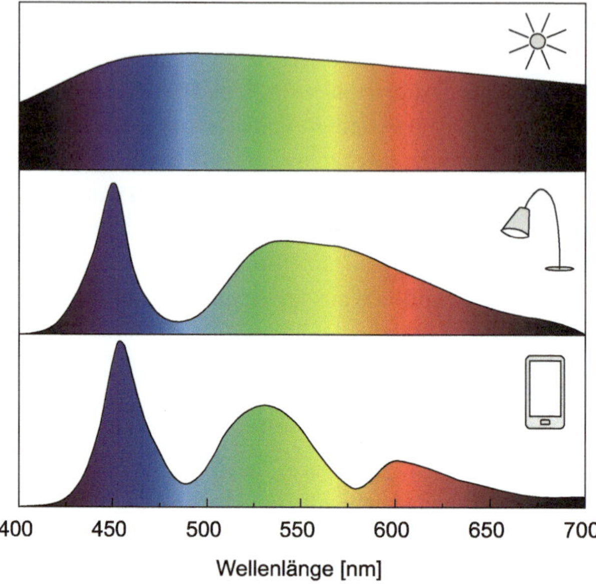

Abb. 1.12 Ein vereinfachtes Spektrum des Sonnenlichts (oben), verglichen mit dem einer weißen LED (Mitte) und dem eines Smartphonebildschirms (unten). Die Sonne emittiert sehr breit über den gesamten sichtbaren Bereich. Die LED zeigt eine typische Spitze im Blauen und eine langwelligere Schulter. Das Licht des Bildschirms besitzt einen blauen, einen grünen und einen roten Anteil, die aus den einzelnen Subpixeln stammen (vgl. Abb. 1.13). Trotz dieser Unterschiede sehen wir bei allen dreien weißes Licht

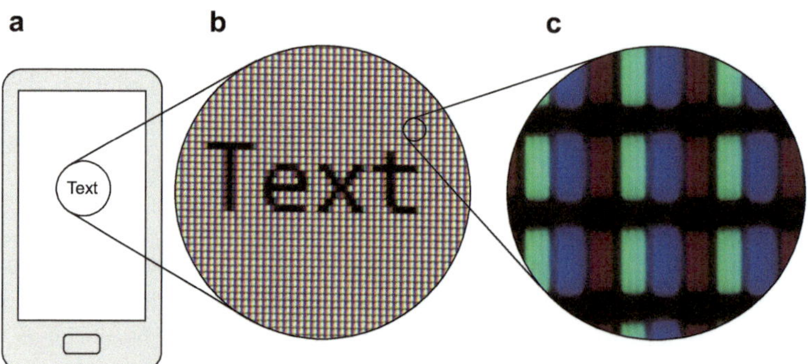

Abb. 1.13 a Skizze eines Smartphonedisplays. **b** Mit einer Kamera aufgenommenes Bild des Displays, das gerade schwarzen Text auf weißem Hintergrund zeigt. **c** Mikroskopaufnahme des Displays. Hier sind die roten, grünen und blauen Subpixel deutlich erkennbar

Abb. 1.14 Straßenbeleuchtung mit Natriumdampflampen besitzt einen so geringen Farbwiedergabeindex, dass sämtliche Farben gelb erscheinen

Farbwiedergabe. Herkömmliche Energiesparlampen schaffen etwa 80, was noch immer gute Ergebnisse liefert. Die typischen gelben Natriumdampflampen, die vielerorts als Straßenbeleuchtung dienen, haben sehr schwache Werte um etwa 30. Dadurch lassen sich in diesem Licht Farben kaum voneinander unterscheiden, wie in Abb. 1.14 zu sehen.

Wolken, Milch und Bierschaum

Habt ihr euch schon einmal gefragt, warum Bierschaum immer weiß ist, obwohl das Bier selbst von dunkelbraun bis bernsteinfarben eindeutig eine andere Farbe hat? Dies hat die gleiche physikalische Ursache wie die weiße Farbe von Wolken, Milch, Schnee, Puderzucker und vielem mehr. In jedem dieser Fälle stellen wir fest: Es ist mehr als nur ein Medium beteiligt. Wolken sind (sehr einfach gesagt!) eine Mischung aus Luft und Wasser, Milch besteht aus Wasser und Fett, Schnee aus Wasser und Luft, Puderzucker aus Zucker und Luft und Bierschaum schließlich aus Bier und Luft. Zusätzlich haben alle gemeinsam, dass diese Mischungen sehr fein ineinander verteilt sind, zum Beispiel als winzige Bläschen oder sehr feines Pulver. Daraus ergeben sich unzählige Grenzflächen zwischen den beiden Medien. Wir wissen aus Abschn. 1.1.1: An jeder Grenzfläche tritt Reflexion auf. Durch diese unzähligen Reflexionen im Schaum oder Pulver wird jegliches einfallende Licht in alle möglichen Richtungen wieder weggestreut, unabhängig von der Farbe. Dies bezeichnet man als diffuse Reflexion. Trifft nun weißes Sonnenlicht auf den Schaum, erreicht es so mit all seinen Farbanteilen unser Auge, wir sehen weiß. Abb. 1.15 zeigt mit Bierschaum, Milch und Wolken drei Beispiele für diesen Effekt. Bei Letzteren haben die streuenden Partikel eine Größe im Bereich der Lichtwellenlänge, also mehrere hundert Nanometer bis einige Mikrometer. Diese Streuung bezeichnet man als Mie-Streuung.

Warum ist der Himmel blau?

Nachts ist der Himmel schwarz, tagsüber nicht. Ursache dafür ist das Sonnenlicht, das an kleinen Luftmolekülen gestreut wird, ähnlich wie im Abschnitt zuvor. Dadurch wird es von seinem ursprünglichen Weg abgelenkt und erreicht von allen Bereichen des Himmels aus

Abb. 1.15 Wolken, Milch und Bierschaum. So unterschiedlich sie auch sein mögen, vereint sie doch der Grund für ihr Aussehen: Alle erscheinen weiß, weil aufgrund unzähliger winziger Grenzflächen jegliches eintreffende Licht reflektiert wird

unser Auge. Warum ist er dann aber blau und nicht weiß wie die Sonne? Die Ursache liegt in der Größe der Luftmoleküle.

An diesen Partikeln, die deutlich kleiner als die Lichtwellenlänge sind, tritt vorrangig die Rayleigh-Strahlung auf. Diese ist abhängig von der Wellenlänge, also der Farbe des Lichts. Je kürzer die Wellenlänge, desto stärker wird das Licht gestreut, also von seinem ursprünglichen Weg abgelenkt. Abb. 1.16 zeigt die Auswirkungen. Der langwellige blaue Anteil des Sonnenlichts wird in der Atmosphäre gestreut, dadurch erscheint uns der Himmel aus allen Richtungen blau. Das verbleibende Licht scheint je nach Wegstrecke in der Atmosphäre gelb (wenig Streuung, tagsüber) bis rot (viel Streuung, bei Sonnenuntergang). So kommt es auch zum Morgen- und Abendrot.

1.3.3 Bunt

Wie schon eben bei den Kleidungsstücken erwähnt, ist es oft so, dass nicht alle Farben gleichermaßen von einem Gegenstand zurückgeworfen werden. Dies beschreibt direkt deren Farbigkeit. Ähnlich zur Wolke und zum Schaum wirft auch weiße Wandfarbe sämtliches Licht einfach wieder zurück. Bunte Gegenstände dagegen absorbieren bestimmte Farbanteile. Eine rote Spielfigur beispielsweise absorbiert sämtliche Farben außer Rot, eine grüne wirft dagegen nur grünes Licht zurück. Dies lässt sich anschaulich demonstrieren, wenn man diese Spielfiguren wie in Abb. 1.17 mit farbigem Licht beleuchtet. Unter weißem Licht zeigen sie ihre gewohnten Farben, von Violett über Blau, Grün und Gelb bis Rot. Beleuchten wir nun ausschließlich mit Rot, so strahlen ein paar Figuren sehr hell, andere erscheinen schwarz. Das rote Licht wird von der roten Figur nämlich vollständig reflektiert, die grüne und die blaue Figur dagegen absorbieren Rot sehr gut und wirken damit sehr dunkel. Anders ist es bei grünem Licht. Hier ist die rote Figur praktisch schwarz und die grüne erscheint hell leuchtend. Blaues Licht schließlich lässt abgesehen von der blauen Figur alle anderen sehr dunkel erscheinen. Die Farbe eines Gegenstands ist also immer auch abhängig von dem Licht, das ihn gerade anstrahlt. Dadurch haben wir auch gleich die Farbe Schwarz erklärt: Ein Körper wirkt dann schwarz, wenn er jegliches einfallende Licht absorbiert und nichts

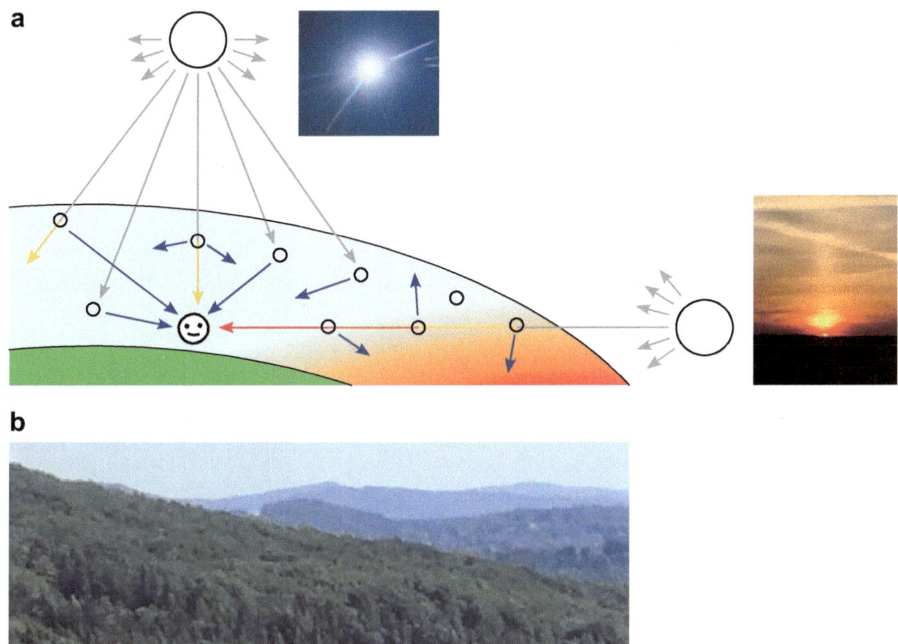

Abb. 1.16 a Aufgrund der Rayleigh-Streuung kommt es zum blauen Himmel und zum Abendrot. Tagsüber steht die Sonne sehr steil am Himmel. Dadurch ist der Weg durch die Atmosphäre sehr kurz und die Sonnenstrahlen erreichen den Beobachter fast ungehindert. Allerdings ist der Blauanteil durch Streuung leicht reduziert, die Sonne erscheint leicht gelb. Der Rest des Himmels erscheint, aufgrund genau dieser Streuung des blauen Lichts aus allen Richtungen, im blauen Farbton. Abends ist der Weg durch die Atmosphäre viel weiter, dadurch werden die langwelligen Lichtanteile viel stärker gestreut und die Sonne erscheint rot. **b** Diese Streuung von blauem Licht macht sich nicht nur am Himmel bemerkbar, sie hilft uns auch beim Einschätzen von Entfernungen. Denn je mehr Luft zwischen uns und einem Objekt ist, desto mehr blaues Licht erreicht uns aus dessen Richtung, die Berge wirken blau

davon zurückwirft. Diese hohe Lichtabsorption schwarzer Gegenstände ist auch der Grund, warum man im schwarzen T-Shirt viel mehr schwitzt als im weißen, denn das dort zusätzlich absorbierte Licht spürt man als Wärme.

1.3.4 Farbmischung

Einen Teil dieses Abschnitts kennt ihr vielleicht noch aus der Grundschule. Wir stellen uns die Frage: Wie lassen sich mit möglichst wenigen Grundfarben möglichst viele unterschiedliche Farbnuancen erzeugen? Die Antwort ist Farbmischung. Aus unseren Kindertagen kennen wir den Malkasten. Mit diesem lässt sich die subtraktive Farbmischung realisieren.

Abb. 1.17 Bunte Spielfiguren, beleuchtet mit unterschiedlichen Farben. **a** Weißes Licht zeigt sie uns wie gewohnt. **b** Rotes Licht wird von manchen Figuren praktisch vollständig zurückgeworfen, von anderen fast komplett absorbiert. Dadurch ergeben sich weiße und schwarze Farbeindrücke. **c** Für grünes Licht ergibt sich ein ähnliches Bild. **d** Auch bei blauem Licht tritt der Effekt auf, hier leuchtet die blaue Spielfigur, als wäre sie weiß

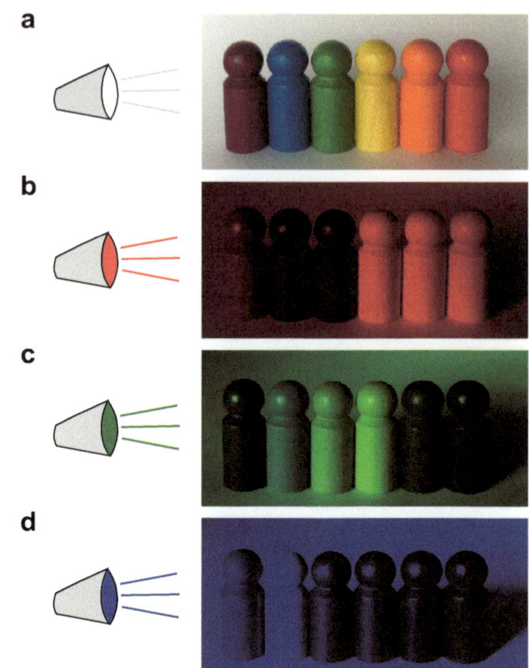

Additive Farbmischung kennen wir von Fernsehern und Computerbildschirmen. Abb. 1.18 zeigt die beiden unterschiedlichen Methoden und ihre Anwendungen. Nachfolgend noch ein genauerer Blick.

Subtraktive Farbmischung

Die subtraktive Farbmischung hat ihrem Namen nach irgendetwas mit dem Entfernen von Licht zu tun. Wir starten also optimalerweise mit Weiß, das ja alle Farben enthält. Entfernt man nun alle Farben, erhalten wir Schwarz. Zieht man nur bestimmte Farben ab, so lassen sich Farbeindrücke gewinnen. Ein gelber Filzstift beispielsweise enthält Farbstoffe, die besonders den blauen Lichtanteil absorbieren. Durch die verbleibenden Farben ergibt sich aus dem weißen Licht des Papiers ein sattes Gelb. Genauso ist es mit Cyan, das den roten Anteil des Lichts absorbiert und damit hellblau wirkt, und mit Magenta, von dem Grün verschluckt wird. Durch Kombination dieser Farbstoffe lassen sich gemäß Abb. 1.18a auch weitere Farben erzeugen. Mischt man beispielsweise Grün verschluckendes Magenta mit Blau verschluckendem Gelb, so erhält man die noch verbleibende Farbe Rot. Standardmäßig genutzt wird diese Art der Farbmischung immer dann, wenn weißes Ausgangsmaterial, beispielsweise Papier, mit möglichst wenig Grundfarben, meist Cyan, Magenta, Gelb und Schwarz (CMYK), bedruckt wird. Das K in CMYK steht für die Farbe Schwarz, die für verbesserten Kontrast als vierter Farbkanal genutzt wird. Um Verwechslung mit der Farbe

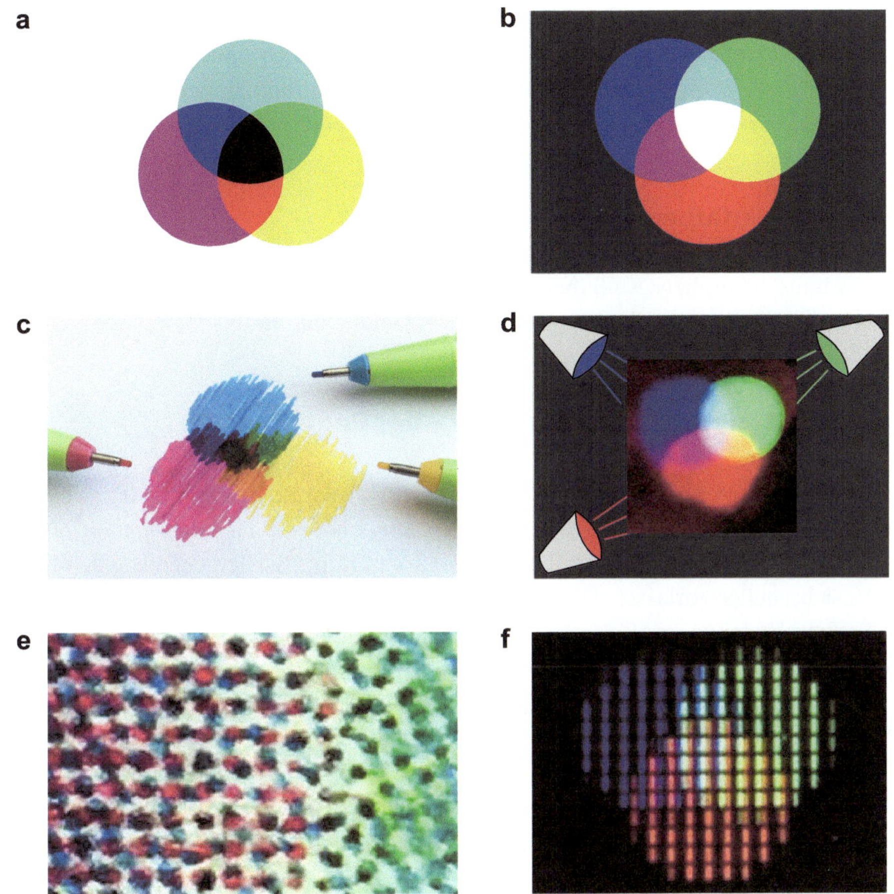

Abb. 1.18 a Das Prinzip der subtraktiven Farbmischung: Wir starten bei Weiß und entfernen Farben, bis wir Schwarz erreichen. **b** Das Prinzip der additiven Farbmischung: Wir starten bei Schwarz und fügen Farben hinzu, bis wir Weiß erreichen. **c** Subtraktive Farbmischung mit einfachen Filzstiften in den Farben Cyan, Magenta und Gelb auf weißem Papier. **d** Additive Farbmischung mit rotem, grünem und blauem Licht. **e** Subtraktive Farbmischung im gedruckten Bild einer Zeitung (stark vergrößert). **f** Additive Farbmischung an einem Computerbildschirm (stark vergrößert)

Blau zu vermeiden, hat man sich statt für B wie „Black" für den Buchstaben K wie „Key" entschieden. Die genauen Gründe für die Wahl von genau dieser Bezeichnung würde den Rahmen dieses Buchs nun aber sprengen.

Additive Farbmischung

Den entgegengesetzten Weg geht die additive Farbmischung. Hier beginnen wir ohne Licht, also bei Schwarz, und fügen nach und nach Farben hinzu, bis wir bei Weiß enden, daher auch der Name. Nutzt man als Grundfarben Rot, Grün und Blau (RGB), so lassen sich alle weiteren Farben wie in Abb. 1.18b durch deren Kombination gewinnen. Diese Technik finden wir überall dort, wo wir einen eigentlich dunklen Hintergrund aktiv durch Licht einfärben wollen, also bei sämtlichen Displays, Projektoren und anderen Anzeigetechnologien.

Komplementärfarben

Als Komplementärfarben bezeichnet man Farbpaare, die zusammen schwarz (bei subtraktiver Farbmischung) bzw. weiß (bei additiver Farbmischung) ergeben. Gemäß Abb. 1.18a, b ergeben sich die Paare zu Rot – Cyan, Grün – Magenta und Blau – Gelb.

1.4   Ein tieferer Blick nach oben – der Regenbogen

Als Abschluss dieses ersten Kapitels wollen wir das Gelernte gleich einmal anwenden, und zwar bei der physikalischen Betrachtung des Regenbogens. Fachlich kommt hier nichts Neues mehr, eilige Leser können also problemlos zu Kap. 2 weitergehen und den Regenbogen zunächst außen vorlassen. Für die Interessierten folgt eine sehr detaillierte Aufdröselung der Naturerscheinung.

1.4.1   Form und Lage des Regenbogens

Klar, der Regenbogen ist ein Bogen, der bei Regen zu sehen ist. Warum sollte man sich Gedanken machen über seine Form und Lage? Gehen wir hierfür zunächst zu Abb. 1.19. Sie zeigt einen schönen Regenbogen auf weitem Gelände. Bei genauerer Betrachtung fallen jedoch mehrere Ungereimtheiten auf. Während die offensichtlichen auch vom ungeübten Beobachter zu erkennen sind, gibt es auch Aspekte, über die sich viele Leser vielleicht das erste Mal Gedanken machen. Nachfolgend vier Punkte, die der Erschaffer dieses Bildes aus physikalischer Sicht hätte besser machen können.

Das Wetter

Zunächst natürlich das Wetter. Für einen Regenbogen braucht es Regen. Nur dann kann das Licht der Sonne gebrochen und zum Betrachter reflektiert werden. Ausnahmen gibt es an Brunnen oder Wasserfällen, wo auch ohne Regen genügend Wassertropfen durch die Luft gewirbelt werden. Dort ist auch zu erkennen, dass der Bogen tatsächlich nur da zu sehen ist, wo auch Wasser sprudelt. Abb. 1.20 zeigt dies an den Niagarafällen in Amerika.

Abb. 1.19 Künstlerische Darstellung eines Regenbogens, bei der so ziemlich alles falsch gemacht wurde

Abb. 1.20 Teilstück eines Regenbogens an den Aufwirbelungen der Niagarafälle

Die Farben

Der zweite Kritikpunkt an Abb. 1.19 ist die Anordnung der Farben. Wie auch in Abb. 1.20 zu erkennen, liegt die Farbe Rot im Regenbogen stets ganz außen, Violett ganz innen. Dazwischen leuchten im wahrsten Sinne alle Farben des Regenbogens, ähnlich zum Spektrum in Abb. 1.10.

Die Perspektive

Etwas weniger offensichtlich ist die Tatsache, dass der Regenbogen in Abb. 1.19 aus einer Perspektive betrachtet wird, die in der Natur unmöglich ist. Im Bild entsteht der Eindruck, man befände sich an einem Fuß des Bogens und betrachte ihn von der Seite. Tatsächlich erscheint ein Regenbogen aber stets von vorne, senkrecht zur Blickrichtung. Bewegt man sich auf einen seiner Füße zu, so bleibt der Blickwinkel unverändert, der Regenbogen wandert mit. Diese Tatsache ist auch eine schlechte Nachricht für alle Schatzsucher, denn der berühmte Topf voll Gold am Fuße des Regenbogens bleibt so leider unerreichbar.

Die Position der Sonne

Die vierte Unstimmigkeit in Abb. 1.19 ist die Position der Sonne. Auch wenn es künstlerisch natürlich sehr ansprechend sein mag, einen Regenbogen zusammen mit der Sonne auf ein Bild zu packen, so stellt es sich in der Realität doch als fast unlösbare Herausforderung heraus. Tatsächlich hat man ohne Weitwinkelobjektiv mit riesiger Bildbreite oder Computermanipulation überhaupt keine Chance. Der Grund dafür ist, dass sich der Regenbogen immer genau gegenüber der Sonne befindet, beim sogenannten Sonnengegenpunkt. Dieser lässt sich dadurch bestimmen, dass man wie in Abb. 1.21 eine gedachte Linie von der Sonne zum Auge des Betrachters über diesen hinaus von der Sonne weg verlängert. Eine einfache Methode zu dessen Bestimmung ist die Suche nach dem eigenen Schatten: Der Sonnengegenpunkt liegt genau im Schatten des Kopfes des Betrachters. Ein Regenbogen liegt stets auf einem Kreis, dessen Mittelpunkt in diesem Sonnengegenpunkt liegt. Dies bedeutet, dass für Sonnenstand II in Abb. 1.21 niemals ein Regenbogen sichtbar sein kann, da dieser um den Sonnengegenpunkt im Boden liegen müsste. Das ist der Grund dafür, dass Regenbögen nur vormittags oder gegen Abend erscheinen. Hier steht die Sonne tiefer – Sonnenstand I in Abb. 1.21 – und ein Teil des Regenkreises schafft es über den Horizont, was wir als typischen Regenbogen wahrnehmen, gezeigt in Abb. 1.22. Bei Sonnenstand III wäre es sogar möglich, einen geschlossenen Regenkreis zu bestaunen. Dafür müsste die Sonne aber tiefer stehen als der Betrachter, was selbst im Flugzeug noch äußerst schwierig zu erreichen ist. Was von einem Berggipfel herab jedoch möglich ist, ist bei Sonnenstand II in der Luft unter sich einen fast vollständigen Regenkreis zu erspähen. Dies ist in Abb. 1.23 gezeigt.

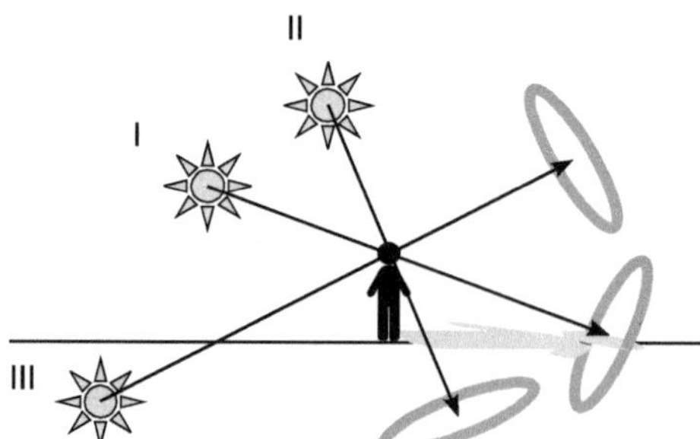

Abb. 1.21 Drei unterschiedliche Sonnenstände mit eingezeichnetem Strahlengang von der Sonne über den Beobachter zum Sonnengegenpunkt. Die grauen Kreise beschreiben mögliche Regenbögen. Für Stand I ist der Schatten des Beobachters gezeigt

Abb. 1.22 Typischer Regenbogen. Die theoretische Fortsetzung des Bogens unterhalb des Horizonts ist in Grau dargestellt, der Sonnengegenpunkt grau umkreist

Abb. 1.23 Ein fast geschlossener Regenbogen, beobachtet von einem Berggipfel. Weiß eingekreist ist der Sonnengegenpunkt. Abgedruckt mit freundlicher Genehmigung von © Dr. Alexander Hauß-mann, Arbeitskreis Meteore e. V.

1.4.2   Die Physik des Regenbogens

Der Strahlengang

Wichtig für jeden Regenbogen ist, wie eingangs erwähnt, Wasser. Da es im Meer keinen Regenbogen gibt und auch nicht in Flüssen, sondern eher bei Regen, muss dieses Wasser wohl idealerweise in Tropfenform vorliegen. Die genaue Form des Tropfens legen wir nun als Kugel fest, was der Realität nicht ganz entspricht, aber in der Herleitung korrekte Werte für den Bogen liefert. In diese Kugeln lassen wir nun in Abb. 1.24a, b je einen einzelnen Sonnenstrahl einfallen. Der Sonnenstrahl wird an der Grenzfläche Luft zu Wasser am Punkt A aufgrund der unterschiedlichen Brechungsindizes nach Gl. 1.1 gebrochen. Er läuft im Tropfen weiter und wird an dessen Rückseite an Punkt B reflektiert. Am Punkt C erreicht er die Grenzfläche Wasser zu Luft, an der er erneut gebrochen wird und damit den Tropfen verlässt.

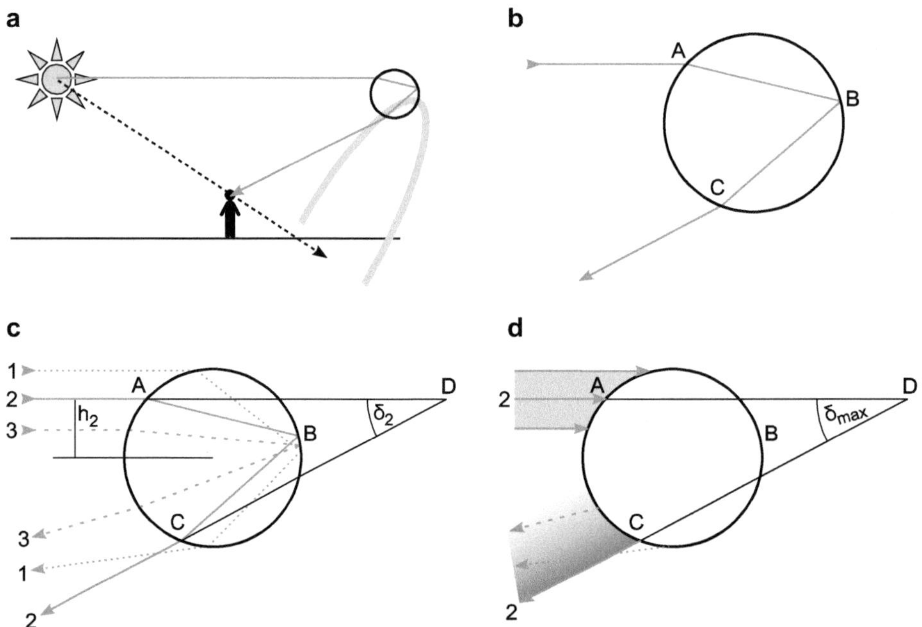

Abb. 1.24 a Sonnenlicht trifft auf einen Regentropfen, der genau so positioniert ist, dass das in ihm gebrochene Licht den Beobachter erreicht. Alle weiteren Tropfen, die diese Bedingung erfüllen, befinden sich auf dem grau gezeichneten Bogen. **b** Strahlengang im Tropfen: Der bei Punkt A eintretende Strahl wird gebrochen, an Punkt B reflektiert und beim Verlassen des Tropfens an Punkt C erneut gebrochen. **c** Für unterschiedliche Einfallshöhen der Lichtstrahlen ergeben sich unterschiedliche Austrittswinkel δ aus dem Tropfen (nur δ_2 gezeichnet). **d** Bei beliebig vielen einfallenden Strahlen zeigt sich für Strahl 2 ein Maximum im Reflexionswinkel δ. Sämtliche andere Einfallshöhen, ob größer oder kleiner, führen zu kleinerem Reflexionswinkel

Folgende Annahmen wurden hierbei gemacht:

- Reflexion an den Punkten A und C und Transmission aus dem Tropfen heraus an Punkt B wurden vernachlässigt.
- Die Breite des gedachten Lichtstrahls wurde als unendlich dünn angenommen. Dies ist notwendig, um das Brechungsgesetz auch an einer Kugeloberfläche ohne Weiteres anwenden zu dürfen.
- Der Brechungsindex des Wassers wurde als unabhängig von der Wellenlänge des Lichts angenommen, wir ignorieren also die Dispersion im Wasser. Diese Bedingung werden wir später fallen lassen.

Betrachten wir jetzt statt eines einzigen Lichtstrahls das gesamte auftreffende Sonnenlicht, so lässt sich dieses als Bündel aus unendlich vielen dieser dünnen Lichtstrahlen beschreiben, die alle parallel auf den Tropfen fallen. Abb. 1.24c zeigt einen Tropfen mit drei dieser Strahlen.

Vielleicht fällt euch auf, dass Strahl 2 den Wassertropfen Richtung Beobachter steiler verlässt als Strahl 1 und 3. Mit anderen Worten: Der Reflexionswinkel δ ist für Strahl 2 am größten, oder in Formeln:

$$\delta_2 > \delta_1 \text{ und } \delta_2 > \delta_3 \tag{1.4}$$

Das ist interessant, weil Strahl 2 zu Beginn ja zwischen den anderen beiden Strahlen lag, in Formeln ausgedrückt:

$$h_1 < h_2 < h_3 \tag{1.5}$$

Insgesamt können wir also sagen, dass der Reflexionswinkel in Abhängigkeit von der Höhe, also $\delta(h)$, bei h_2 ein Maximum $\delta_{\mathrm{max}} = \delta_2$ hat. Exakte Rechnungen dazu findet ihr in Abschn. 1.4.3. Abb. 1.24d zeigt uns, was das für das gesamte Reflexionsverhalten bedeutet: Bei einstrahlendem Sonnenlicht bildet die Reflexion von Strahl 2 eine untere Grenze des gesamten zurückgeworfenen Lichts. Hier, beim Reflexionswinkel δ_{max}, scheint der Tropfen am hellsten. Für kleinere δ nimmt die Intensität ab, für größere δ ist überhaupt keine Reflexion zu beobachten. Diese letzten beiden Sätze sind das wichtige Ergebnis des bisherigen Absatzes, für die weiteren Schritte müsst ihr sie verstanden haben.

Vom Tropfen zum Bogen

Mit dem bisher gewonnenen Wissen können wir jetzt die Frage beantworten, warum Regenbögen nur um den Sonnengegenpunkt entstehen, wieso sie immer die gleiche Biegung haben, und wieso sie mit dem Beobachter mitwandern. Sämtliche Antworten hierzu finden sich in Abb. 1.25.

Ihr erkennt einen Beobachter, der auf eine Regenfront blickt, während er die Sonne im Rücken hat. Jeder einzelne Regentropfen verhält sich dabei gemäß Abb. 1.24d, hat also für einen Reflexionswinkel δ_{max} maximale Reflexion. Gehen wir nun einzeln durch, was der

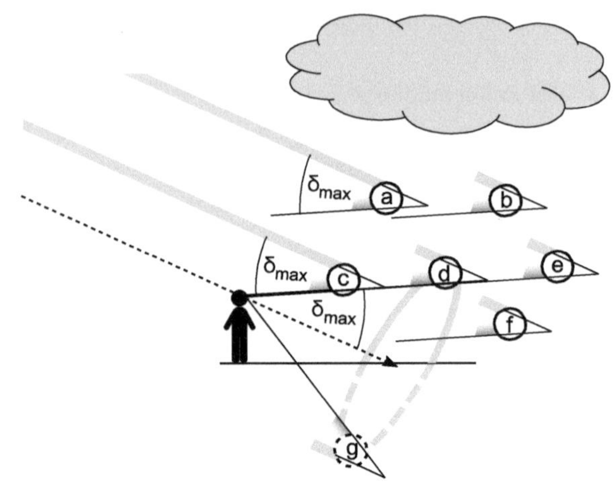

Abb. 1.25 Weniger kompliziert als vielleicht auf den ersten Blick ersichtlich: Sieben Regentropfen mit den zugehörigen Strahlengängen. Der gestrichelte Pfeil kommt von der Sonne und zeigt auf den Sonnengegenpunkt, der graue Ring symbolisiert einen Regenbogen, wie ihn der Betrachter sieht. Eine genaue Beschreibung dieses Bilds findet ihr im Text

Beobachter von welchem Tropfen zu sehen bekommt. Von den Tropfen a und b sieht er nichts, da der Winkel $\angle STB$, der sich zwischen der Sonne (S), dem Tropfen (T) und ihm (B) aufspannt, viel größer ist als δ_{max}. Die Tropfen c, d und e sind diejenigen, die zum Regenbogen führen. Hier entspricht der Winkel $\angle STB$ exakt δ_{max}, der Beobachter sieht maximale Reflexion, also einen hellen Lichtschein aus Richtung der Tropfen. Interessant hierbei ist, dass diese Tropfen c, d und e in sehr unterschiedlichen Abständen zum Betrachter liegen. Eine eindeutige Entfernung zu ihnen und damit auch zum Regenbogen kann deswegen nicht bestimmt werden, der graue Ring in den Abbildungen dient stets nur der Veranschaulichung. Aus diesem Grund ist auch eine Größenangabe des Regenbogens in Metern sinnlos, es lässt sich nur eine Aussage über dessen Winkelausdehnung treffen.

Auch beim (theoretischen) Tropfen g, der den gleichen Winkel aufspannt, nur auf der entgegengesetzten Seite des Sonnengegenpunkts, würde der Beobachter einen hellen Schein zu sehen bekommen (wenn nicht der Boden im Weg wäre). Insgesamt findet man die Bedingung $\angle STB = \delta_{max}$ bei einer ganzen Menge an Tropfen, welche alle auf einem Kegel um den Sonnengegenpunkt liegen, mit dem Beobachter in der Kegelspitze. All diese Tropfen bilden gemeinsam den Regenbogen. Kurzum: Der Regenbogen ist zuallererst ein Lichtkreis, den all die Tropfen bilden, deren Reflexion Richtung Beobachter durch den passenden Winkel δ_{max} besonders hoch ist.

Bevor wir uns jetzt der Frage nähern, warum der Regenbogen bunt ist, noch eine kleine Ergänzung: In Abb. 1.22 und auch in Abb. 1.23 ist bei genauerem Blick zu erkennen, dass die Luft innerhalb des Bogens heller scheint als außerhalb. Das resultiert aus der Reflexion am Tropfen f und ähnlichen, welche sich innerhalb des Regenbogens befinden. Hier gilt für sämtliche Tropfen: $\angle STB < \delta_{max}$, das heißt, sie reflektieren allesamt Licht in Richtung des Beobachters, wenn auch weniger als unter δ_{max}. Dies führt zu dem hellen Schein innerhalb des Bogens.

Warum ist der Regenbogen bunt?

Unsere bisherige Annahme, dass der Brechungsindex des Wassers unabhängig von der Lichtwellenlänge ist, lassen wir nun fallen. Tatsächlich sinkt er aufgrund der Dispersion mit höherer Wellenlänge, wie wir schon aus Abb. 1.11 wissen. Dies führt über das Brechungsgesetz dazu, dass Lichtstrahlen mit unterschiedlicher Wellenlänge unterschiedliche Brechwinkel erfahren, analog zu den bunten Streifen in Abb. 1.7b. Trifft Sonnenlicht nun auf einen Wassertropfen, müssen wir also für jede Wellenlänge einen eigenen Weg bestimmen. Beispielhaft für Rot, Grün und Violett wurde dies in Abb. 1.26a getan. Wir erkennen: Unterschiedliche Farben verlassen den Regentropfen bei gleicher Einfallshöhe mit unterschiedlichem Winkel. Dies ist der entscheidende Grund für die Farbenpracht des Regenbogens. Vielleicht fällt euch auf, dass hier am Tropfen jetzt Rot ganz unten liegt, während es im Regenbogen doch immer die oberste Farbe ist. Ein Fehler? Nein. Wir sind nämlich noch nicht ganz fertig. Für einen Regenbogen braucht es ja, wie schon erwähnt, viel mehr als nur einen Tropfen. Wir blicken in Abb. 1.26b noch einmal auf unsere Regenfront, diesmal aber nur auf die Tropfen, die unmittelbar am Regenbogen beteiligt sind. Die unterschiedlichen Winkel der Farben im Tropfen haben zur Folge, dass das steile rote Licht von weiter oben zu kommen scheint als das flachere blaue Licht. Dadurch sehen wir Rot am Regenbogen ganz außen.

1.4.3   Die Mathematik dahinter

Erste Schritte

Wenn ihr den letzten Abschnitt verstanden habt, sollte euch der Regenbogen in keiner mündlichen Prüfung mehr Probleme bereiten. In einer schriftlichen Klausur werdet ihr aber wohl eher etwas berechnen müssen. Das wollen wir jetzt tun, und zwar stellen wir die Frage: Wie groß ist denn $\delta_{\max}$ aus Abb. 1.24d und 1.25, also der Winkel zwischen Sonne, Tropfen

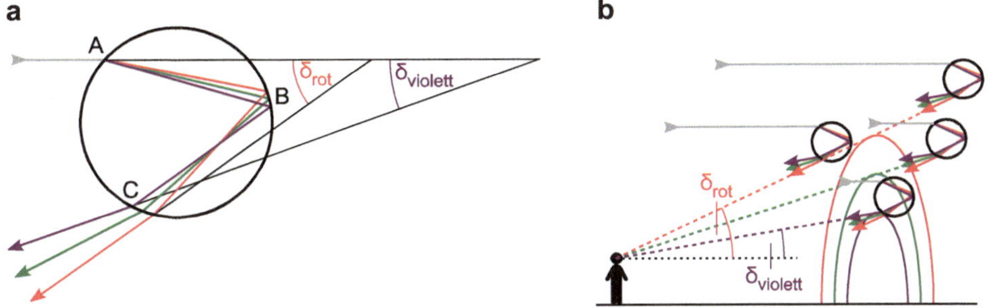

Abb. 1.26 a Strahlengang von weißem, also aus allen Farben bestehendem Licht durch den Regentropfen. Durch die Dispersion im Wasser kommt es für unterschiedliche Farben zu unterschiedlichen Austrittswinkeln. **b** Aufgrund dieser Unterschiede erreichen die verschiedenen Farben den Betrachter aus unterschiedlichen Winkeln. Dadurch wird der helle Bogen aus Abb. 1.25 bunt

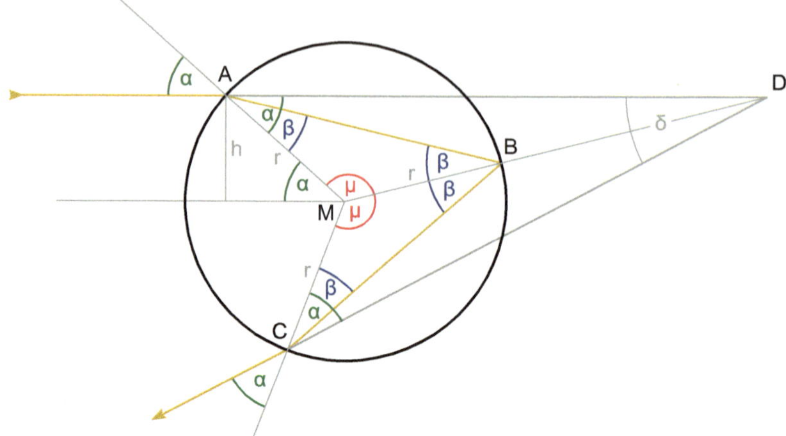

Abb. 1.27 Strahlengang im Regenbogen mit allen wichtigen Winkeln. Der Lichtstrahl ist gelb gezeichnet, Hilfsstriche in Grau. An Punkt A bezeichnet α den Eintrittswinkel des Lichtstrahls, β resultiert durch Brechung an der Grenzfläche. Das gleichschenklige Dreieck $\triangle AMB$ liefert β auch am Punkt B. Das Dreieck $\triangle BMC$ ist zu $\triangle AMB$ deckungsgleich, dadurch ergibt sich β noch einmal bei B und zusätzlich bei Punkt C als Eintrittswinkel der zweiten Brechung, hinaus aus dem Tropfen. Der Austrittswinkel an C ergibt sich dadurch wieder zu α, denn das Licht nimmt den genau entgegengesetzten Weg durch die Grenzfläche im Vergleich zu Punkt A. δ bezeichnet wie schon zuvor den insgesamten Reflexionswinkel, unter dem das Licht der Sonne zum Beobachter zurückgeworfen wird

und Beobachter, bei dem der Regenbogen erscheint. Dafür peppen wir Abb. 1.24d mit ein paar Benennungen und Hilfsstrichen auf und erhalten Abb. 1.27.

Die in der Abbildung bereits enthaltenen Abhängigkeiten, also gleiche Winkel an mehreren Stellen, ergeben sich durch rein geometrische Überlegungen ohne Rechnung.

Das Ziel

Was wollen wir eigentlich erreichen? Entsprechend dem vorherigen Abschn. 1.4.2 suchen wir den maximal möglichen Wert für δ in Abhängigkeit von der Höhe h, in der das Sonnenlicht auf den Tropfen trifft, also mathematisch $\delta(h)$. Hier machen wir gleich einen Schritt, der uns viel Mühe erspart: Aus Abb. 1.27 erkennen wir:

$$\sin \alpha = \frac{h}{r}, \tag{1.6}$$

der Sinus von α steigt mit der Höhe h also streng monoton an. Da unser α stets unter $90°$ bleibt, steigt dadurch auch das α selbst streng monoton mit h an. Deswegen können wir für das Finden von $\delta_{\max}$ auch ohne Weiteres δ in Abhängigkeit von α untersuchen, also

$$\delta(h) \rightarrow \delta(\alpha), \tag{1.7}$$

was die Gleichungen wesentlich vereinfacht. Dieser hintere Term ist der, den wir nun mithilfe von Abb. 1.27 suchen wollen.

Aufstellen der Formel für $\delta(\alpha)$

Die einzige sinnvolle Gleichung, die uns das gesuchte δ liefert, ist die Winkelsumme des Vierecks $\square DAMC$:

$$\delta + \alpha + 2\mu + \alpha = 360° \tag{1.8}$$

Aufgelöst nach δ ergibt sich

$$\delta = 360° - 2\mu - 2\alpha. \tag{1.9}$$

Die einzige Unbekannte ist hier das μ. Dieses erhalten wir über die Winkelsumme im Dreieck $\triangle AMB$:

$$\mu = 180° - 2\beta, \tag{1.10}$$

was für das δ zu

$$\delta = 4\beta - 2\alpha \tag{1.11}$$

führt. Das β ergibt sich über das Snelliussche Brechungsgesetz (Gl. 1.1) und mit den Brechungsindizes von Luft n_L und Wasser n_W über

$$n_\mathrm{L} \sin \alpha = n_\mathrm{W} \sin \beta \tag{1.12}$$

zu

$$\beta = \arcsin\left(\frac{n_\mathrm{L}}{n_\mathrm{W}} \sin \alpha\right). \tag{1.13}$$

Dies eingesetzt in die obere Gl. 1.11 kommen wir zu

$$\delta(\alpha) = 4\arcsin\left(\frac{n_\mathrm{L}}{n_\mathrm{W}} \sin \alpha\right) - 2\alpha. \tag{1.14}$$

Das ist die gesuchte Abhängigkeit des Reflexionswinkels δ vom Einfallswinkel α. Und davon brauchen wir das Maximum δ_max, welches dem Strahl 2 in Abb. 1.24c, d entspricht. Dafür leiten wir den Term nach α ab.

Vorbereitungen für die Ableitung

Wir beginnen mit der unangenehmen arcsin-Funktion. Mit der Umkehrregel

$$\left(f^{-1}\right)'(y) = \frac{1}{f'\left(f^{-1}(y)\right)} \frac{dy}{dx} \tag{1.15}$$

und

$$f(x) = \sin(x) \tag{1.16}$$

$$\left(f^{-1}\right)(y) = \arcsin y \qquad (1.17)$$

folgt

$$\frac{d}{dx}\arcsin y = \frac{\frac{dy}{dx}}{\cos(\arcsin y)}. \qquad (1.18)$$

Das $\frac{dy}{dx}$ hat seinen Ursprung im Nachdifferenzieren der Ableitung im Nenner. Um die $\cos(\arcsin y)$-Verkettung im Nenner zu vereinfachen, nutzen wir die bekannte Formel $\sin^2\varphi + \cos^2\varphi = 1$, gültig für beliebige φ, und lösen sie nach dem Kosinus auf:

$$\cos\varphi = \sqrt{1 - \sin^2\varphi} \qquad (1.19)$$

Damit ersetzen wir die Verkettung:

$$\cos(\arcsin y) = \sqrt{1 - \sin^2(\arcsin y)} = \sqrt{1 - y^2} \qquad (1.20)$$

und erhalten insgesamt für die Ableitung dieses Terms

$$\frac{d}{dx}\arcsin y = \frac{\frac{dy}{dx}}{\sqrt{1 - y^2}}. \qquad (1.21)$$

In unserem Fall entspricht der Term $\dfrac{n_\mathrm{L}}{n_\mathrm{W}}\sin\alpha$ dem hier auftretenden y.

Ableiten

Insgesamt erhalten wir für die Ableitung also

$$\frac{d\delta(\alpha)}{d\alpha} = 4\frac{\frac{n_\mathrm{L}}{n_\mathrm{W}}\cos\alpha}{\sqrt{1 - \frac{n_\mathrm{L}^2}{n_\mathrm{W}^2}\sin^2\alpha}} - 2. \qquad (1.22)$$

Nullsetzen

Um nun das Maximum δ_max und den dazugehörigen Wert von α zu finden, müssen wir diese Gleichung nullsetzen und dann nach α auflösen. Das ist aufgrund der gleichzeitigen Anwesenheit von Sinus und Kosinus schwierig. Dafür bedienen wir uns noch einmal der Gl. 1.19 und erhalten

$$\frac{d\delta(\alpha)}{d\alpha} = 4\frac{\frac{n_\mathrm{L}}{n_\mathrm{W}}\sqrt{1 - \sin^2\alpha}}{\sqrt{1 - \frac{n_\mathrm{L}^2}{n_\mathrm{W}^2}\sin^2\alpha}} - 2. \qquad (1.23)$$

Das sieht schon besser aus, und gleich Null gesetzt wird es zu

$$0 = 4\frac{\frac{n_{\mathrm{L}}}{n_{\mathrm{W}}}\sqrt{1 - \sin^2\alpha}}{\sqrt{1 - \frac{n_{\mathrm{L}}^2}{n_{\mathrm{W}}^2}\sin^2\alpha}} - 2. \tag{1.24}$$

Durch beidseitiges Addieren der 2 und Multiplikation mit dem Nenner kommen wir auf

$$2\sqrt{1 - \frac{n_{\mathrm{L}}^2}{n_{\mathrm{W}}^2}\sin^2\alpha} = 4\frac{n_{\mathrm{L}}}{n_{\mathrm{W}}}\sqrt{1 - \sin^2\alpha}. \tag{1.25}$$

Jetzt können wir durch Quadrieren beider Seiten die Wurzeln loswerden:

$$4\left(1 - \frac{n_{\mathrm{L}}^2}{n_{\mathrm{W}}^2}\sin^2\alpha\right) = 16\frac{n_{\mathrm{L}}^2}{n_{\mathrm{W}}^2}(1 - \sin^2\alpha) \tag{1.26}$$

Wir fassen die Terme zusammen und kommen auf

$$12\frac{n_{\mathrm{L}}^2}{n_{\mathrm{W}}^2}\sin^2\alpha = 16\frac{n_{\mathrm{L}}^2}{n_{\mathrm{W}}^2} - 4. \tag{1.27}$$

Das lässt sich umschreiben zu

$$\sin^2\alpha = \frac{4}{3} - \frac{1}{3}\frac{n_{\mathrm{W}}^2}{n_{\mathrm{L}}^2} \tag{1.28}$$

und mit dem Ziehen der Wurzel zu

$$\sin\alpha = \sqrt{\frac{4}{3} - \frac{1}{3}\frac{n_{\mathrm{W}}^2}{n_{\mathrm{L}}^2}} \tag{1.29}$$

und dadurch zu

$$\alpha = \arcsin\sqrt{\frac{4}{3} - \frac{1}{3}\frac{n_{\mathrm{W}}^2}{n_{\mathrm{L}}^2}}. \tag{1.30}$$

Damit sind wir mit der Umstellung der Gleichung fertig.

Einsetzen

Wir setzen die Werte $n_{\mathrm{L}} = 1$ und $n_{\mathrm{W}} \approx 1{,}33$ aus Abschn. 1.1 ein und erhalten für den Einfallswinkel α

$$\alpha = 59{,}6°. \tag{1.31}$$

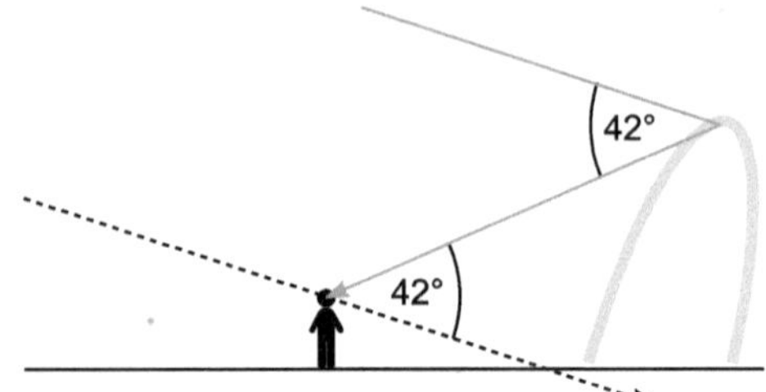

Abb. 1.28 Der Winkel zwischen Sonne, Regenbogen und Betrachter beträgt immer etwa 42°. Die gleiche Größe hat der Winkel zwischen dem Sonnengegenpunkt als Mittelpunkt des Bogens, dem Betrachter und dem Bogen

Für diesen Wert von α ist also der Reflexionswinkel δ maximal. Dessen Wert an dieser Stelle ergibt sich über Gl. 1.14 zu:

$$\delta_{\mathrm{max}} = 4 \arcsin \left(\frac{n_{\mathrm{L}}}{n_{\mathrm{W}}} \sin 59{,}6° \right) - 2 \cdot 59{,}6° \tag{1.32}$$

$$\delta_{\mathrm{max}} \approx 42° \tag{1.33}$$

Dies ist der Winkel, der sich zwischen Sonne, Regenbogen und Beobachter aufspannt, eingezeichnet in Abb. 1.28. Dieser Winkel hat immer die gleiche Größe, darum erscheint uns auch der Bogen immer mit der gleichen Krümmung.

Die Farbigkeit des Bogens

Auch die Erklärung für das bunte Erscheinen des Bogens ergibt sich aus der Rechnung. Hierbei setzen wir einfach für den Brechungsindex des Wassers n_{W} die wellenlängenabhängigen Werte aus Abb. 1.11 ein, also für die Farbe Rot bei 650 nm den Wert $n_{\mathrm{W}}(\mathrm{rot}) = 1{,}331$ und für Violett bei 400 nm den Wert $n_{\mathrm{W}}(\mathrm{violett}) = 1{,}343$. Dadurch ergeben sich über $\alpha_{\mathrm{rot}} = 59{,}53°$ und $\alpha_{\mathrm{violett}} = 58{,}83°$ die Reflexionswinkel

$$\delta_{\mathrm{rot}} = 42{,}37° \tag{1.34}$$

und

$$\delta_{\mathrm{violett}} = 40{,}65° \tag{1.35}$$

für den äußeren und inneren Rand des bunten Bogens, analog zu Abb. 1.26b. Die weiteren Farben finden sich zwischen diesen beiden Grenzen.

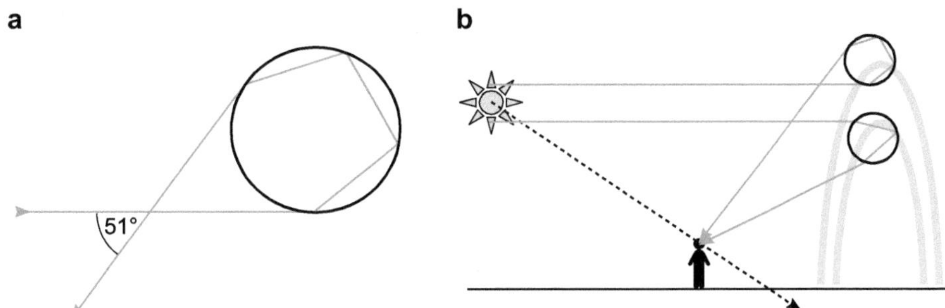

Abb. 1.29 a Strahlengang mit zweifacher Reflexion im Tropfen. Einfallendes Licht wird dadurch im Winkel von 51° von der Sonne zum Beobachter zurückgeworfen. **b** Durch diesen größeren Winkel erscheint der Regenbogen, der auf dieser Reflexion beruht, gegenüber dem Hauptbogen mit einfacher Reflexion größer

1.4.4 Die zweite Ordnung

Zusätzlich zu diesem einen farbigen Bogen gibt es häufig noch mehr Buntes zu sehen: den Regenbogen zweiter Ordnung. Sehr schön erkennbar ist dieser Effekt in Abb. 1.23 rechts neben dem Hauptbogen. Nach einem dunklen Band erscheint hier weiter außen ein Nebenbogen, dessen Farbreihenfolge jedoch genau umgekehrt ist. Das rote Licht wird nämlich wieder weniger stark gebrochen, was hier aber zu einem flacheren Beobachtungswinkel führt. Dadurch ist hier Rot die innerste Farbe und Violett ganz außen. Abb. 1.29 zeigt den Strahlengang bei der Zweifachreflexion im Tropfen und den daraus resultierenden vergrößerten Nebenbogen im Vergleich zum Hauptbogen.

Aufgaben

1.1 Fisch im Aquarium

Am Anfang des Kapitels wird ein Fisch im Aquarium von einer Person außerhalb des Aquariums beobachtet. Jetzt drehen wir den Spieß um: Kann der Fisch seinerseits den Beobachter sehen? Wenn ja, wie oft?

1.2 Zwei Grenzflächen

Die Brechungseffekte zwischen Wasser und Luft beim Aquarium lassen sich mit dem Snelliusschen Brechungsgesetz beschreiben, obwohl sich zwischen diesen beiden Medien noch das Glas als drittes Medium befindet.

a) Erstelle eine Skizze, die diesen Sachverhalt beschreibt.
b) Leite anhand der Skizze die Formel für Brechung an zwei parallelen Grenzflächen hintereinander her.
c) Blicke aus dem Fenster.
d) Überlege dir, warum du Aufgabe (c) machen musstest.

1.3 Prisma

Ein Prisma ist ein keilförmiges Stück Glas, mit dessen Hilfe Licht aufgrund der Dispersion in seine Spektralfarben aufgespalten wird. Anbei findet ihr eine Skizze zum Strahlengang.

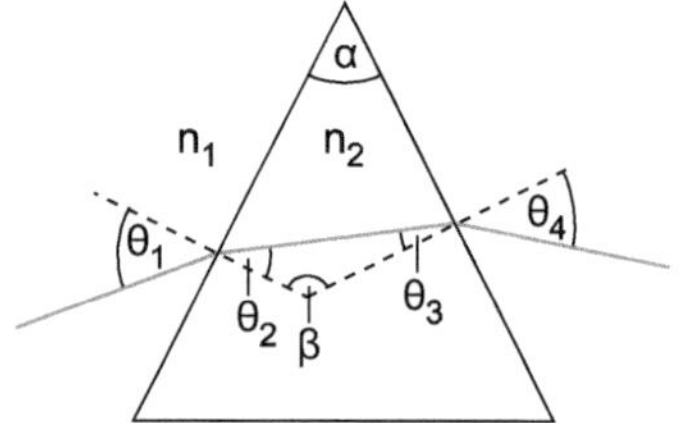

a) Berechne allgemein eine Formel für den Austrittswinkel θ_4, die nur von θ_1, α, n_1 und n_2 abhängt.
b) Berechne den Unterschied $\Delta\theta_4$ im Austrittswinkel, wenn statt violettem ($n_{2v} = 1{,}47$) rotes Licht ($n_{2r} = 1{,}45$) im Winkel $\theta_1 = 30°$ aus Luft ($n_1 = 1$) auf das Prisma ($\alpha = 45°$) trifft.

1.4 Reflexionen

Berechne, wie viel Lichtintensität an einer ebenen Grenzfläche Luft-Glas bei senkrechtem Lichteinfall

a) reflektiert und
b) transmittiert wird.

Rechne dabei jeweils für senkrecht und parallel zur Einfallsebene polarisiertes Licht.

1.5 Fettflecken

Lässt man fettige Pommes oder Pizza auf einer weißen Serviette liegen, so saugt sich diese mit Fett ($n_F = 1,46 \ldots 1,50$) voll. Die Serviette besteht aus Zellulose ($n_Z = 1,47$). Warum erscheint die fettige Serviette in Abb. 1.30 durchsichtig? Begründe deine Erklärung durch Formeln.

Abb. 1.30 Ein Fettfleck auf einer Serviette sorgt dafür, dass Licht durch die Serviette durchscheinen kann. Warum?

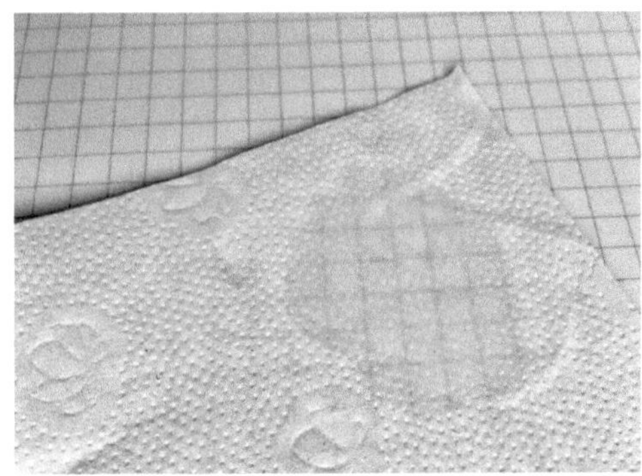

Lösungen

1.1 Fisch im Aquarium

Ja, der Fisch kann den Beobachter sehen, und zwar ebenfalls zweimal. Klar wird dies, wenn man berücksichtigt, dass für die Brechung an einer Grenzfläche irrelevant ist, in welche Richtung das Licht unterwegs ist, also aus welchem der beiden Medien das Licht in das andere übergeht. Das heißt, überall dort, wo der Beobachter das Auge des Fischs sieht, sieht der Fisch das Auge des Beobachters, also zweimal. Blickkontakt garantiert.

1.2 Zwei Grenzflächen

a) Licht trifft zunächst unter dem Winkel θ_1 auf eine Grenzfläche $n_1 - n_2$, wird gebrochen und verlässt diese unter dem Winkel θ_2. Aufgrund der Geometrie der parallelen Grenzflächen, Stichwort Z-Winkel, trifft es anschließend unter dem gleichen Winkel θ_2 auf die Grenzfläche $n_2 - n_3$ und verlässt diese unter dem Winkel θ_3.

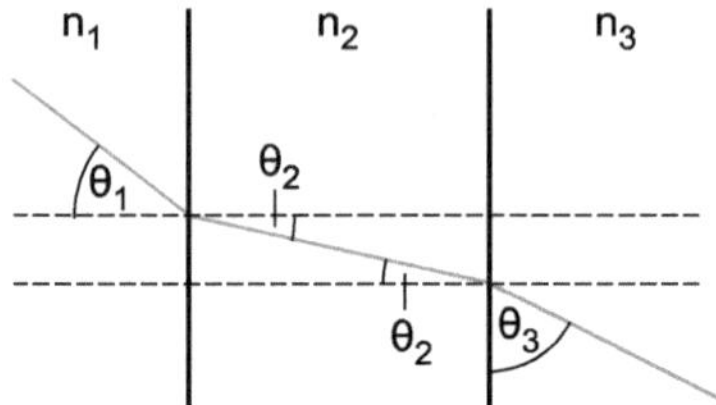

b) Um die Formel für Brechung an zwei parallelen Grenzflächen zu erhalten, müssen wir den Austrittswinkel θ_3 bzw. $\sin\theta_3$ in Abhängigkeit von dem Einfallswinkel θ_1 und den Brechungsindizes der Medien beschreiben. Wir nutzen Formel 1.1 für das Snelliussche Brechungsgesetz und erhalten für den Austrittswinkel θ_3:

$$\sin\theta_3 = \frac{n_2}{n_3}\sin\theta_2$$

Um jetzt noch den Winkel θ_2 aus der Gleichung verschwinden zu lassen, drücken wir ihn wieder mithilfe des Brechungsgesetzes aus:

$$\sin\theta_2 = \frac{n_1}{n_2}\sin\theta_1$$

Das oben für $\sin\theta_2$ eingesetzt ergibt

$$\sin\theta_3 = \frac{n_2}{n_3}\frac{n_1}{n_2}\sin\theta_1$$

und schließlich

$$\sin\theta_3 = \frac{n_1}{n_3}\sin\theta_1.$$

Hier hat sich interessanterweise der Brechungsindex n_2 rausgekürzt. Das heißt, die Brechung an mehreren (parallelen!) Grenzflächen hängt ausschließlich vom ersten und vom letzten Medium ab.

c) *aus dem Fenster blick*

d) Jegliches Licht, das von draußen durch das Fenster in den Raum gelangt, durchlebt ebenfalls den Gang durch zwei Grenzflächen, nämlich Luft-Glas und Glas-Luft. Trotzdem sehen wir die Welt da draußen so, als wäre überhaupt keine Grenzfläche vorhanden. Dies kommt daher, dass hier $n_1 = n_3$ gilt, da sich auf beiden Seiten des Glases Luft befindet. Mithilfe der in (b) hergeleiteten Formel sehen wir, dass sich die Brechungsindizes dadurch rauskürzen und der Austrittswinkel θ_3 gleich dem Einfallswinkel θ_1 entspricht, der Brechungseffekt verschwindet. Die Lichtstrahlen erfahren allerdings einen leichten seitlichen Versatz d. Erstelle dazu eine Skizze und versuche, dessen Abhängigkeit von den Parametern durch Rechnung zu bestimmen.

1.3 Prisma

a) Gegeben: $\theta_1, \alpha, n_1, n_2$

Gesucht: θ_4

Um θ_4 zu bestimmen, nutzen wir das Snelliussche Brechungsgesetz, laut Skizze

$$\sin\theta_4 = \frac{n_2}{n_1}\sin\theta_3.$$

Die einzige Unbekannte ist hier θ_3. Dieses gewinnen wir über die Winkelsumme im Dreieck zu

$$\theta_3 = 180° - \beta - \theta_2.$$

Hier sind θ_2 und β noch unbekannt. Ersteres ergibt sich wieder über Snellius:

$$\sin\theta_2 = \frac{n_1}{n_2}\sin\theta_1$$

Das β erhalten wir über die Winkelsumme im Viereck zu

$$\beta = 360° - 2\cdot 90° - \alpha = 180° - \alpha.$$

Die beiden rechten Winkel treten hierbei an den Einfallsloten auf.

Über β und θ_2 ergibt sich nun θ_3 zu

$$\theta_3 = 180° - 180° + \alpha - \arcsin\left(\frac{n_1}{n_2}\sin\theta_1\right) = \alpha - \arcsin\left(\frac{n_1}{n_2}\sin\theta_1\right).$$

Das setzen wir nun in die erste Gleichung ein:

$$\sin\theta_4 = \frac{n_2}{n_1}\sin\left[\alpha - \arcsin\left(\frac{n_1}{n_2}\sin\theta_1\right)\right]$$

Aufgelöst nach θ_4 also

$$\theta_4 = \arcsin\left[\frac{n_2}{n_1}\sin\left[\alpha - \arcsin\left(\frac{n_1}{n_2}\sin\theta_1\right)\right]\right].$$

Obwohl sie etwas sperrig ist, erfüllt diese Gleichung die Bedingung, nur noch von bekannten Variablen abhängig zu sein.

b) Um den Unterschied $\Delta\theta_4 = \theta_{4v} - \theta_{4r}$ zu berechnen, bestimmen wir zunächst die beiden Winkel für Violett und Rot. Einsetzen in die vorher bestimmte Gleichung liefert uns

$$\theta_{4v} = 38{,}60°$$

und

$$\theta_{4r} = 37{,}51°.$$

Die Differenz ergibt sich also zu

$$\Delta\theta_4 = 1{,}09°.$$

Dies beschreibt den Winkel, unter dem wir die Regenbogenfarben zwischen Violett und Rot sehen können, zu sehen in Abb. 1.31.

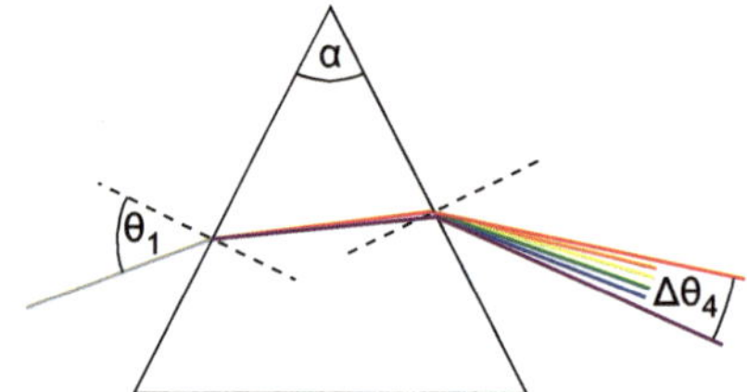

Abb. 1.31 Ein Prisma spaltet Licht mithilfe der Dispersion in seine Spektralfarben auf

1.4 Reflexionen

Gegeben: $n_L = 1$, $n_G = 1{,}5$, $\theta_E = 90°$

a) Gesucht: R_s, R_p

Aus den Fresnelschen Formeln folgt für senkrecht polarisiertes Licht ein Reflexionsgrad von

$$R_s = r_s^2 = \left(\frac{n_E \cos\theta_E - \sqrt{n_T^2 - n_E^2 \sin^2\theta_E}}{n_E \cos\theta_E + \sqrt{n_T^2 - n_E^2 \sin^2\theta_E}} \right)^2 .$$

Durch Einsetzen von $\theta_E = 90°$ vereinfacht sich die Gleichung sehr stark:

$$R_s = \left(\frac{n_E - n_T}{n_E + n_T} \right)^2$$

Einsetzen der Brechungsindizes für Glas und Luft liefert uns

$$R_s = 0{,}04.$$

Es werden also 4 % des einfallenden Lichts an der Grenzfläche reflektiert. Für parallel zur Einfallsebene polarisiertes Licht ergibt sich über

$$R_\mathrm{p} = r_\mathrm{p}^2 = \left(\frac{n_\mathrm{T} \cos\theta_\mathrm{E} - \dfrac{n_\mathrm{E}}{n_\mathrm{T}} \sqrt{n_\mathrm{T}^2 - n_\mathrm{E}^2 \sin^2\theta_\mathrm{E}}}{n_\mathrm{T} \cos\theta_\mathrm{E} + \dfrac{n_\mathrm{E}}{n_\mathrm{T}} \sqrt{n_\mathrm{T}^2 - n_\mathrm{E}^2 \sin^2\theta_\mathrm{E}}} \right)^2$$

und $\theta_\mathrm{E} = 90°$

$$R_\mathrm{p} = \left(\frac{n_\mathrm{T} - \dfrac{n_\mathrm{E}}{n_\mathrm{T}} n_\mathrm{T}}{n_\mathrm{T} + \dfrac{n_\mathrm{E}}{n_\mathrm{T}} n_\mathrm{T}} \right)^2 = \left(\frac{n_\mathrm{T} - n_\mathrm{E}}{n_\mathrm{T} + n_\mathrm{E}} \right)^2 = 0{,}04.$$

Die Polarisationsrichtung spielt für senkrechten Lichteinfall also keine Rolle. Dies ist auch sinnvoll, denn bei senkrechtem Einfall lässt sich keine eindeutige Einfallsebene definieren.

b) Gesucht: T_s, T_p

Aus den Fresnelschen Formeln folgt für senkrecht polarisiertes Licht ein Transmissionsgrad von

$$T_\mathrm{s} = \frac{\sqrt{n_\mathrm{T}^2 - n_\mathrm{E}^2 \sin^2\theta_\mathrm{E}}}{n_\mathrm{E} \cos\theta_\mathrm{E}} t_\mathrm{s}^2 = \frac{\sqrt{n_\mathrm{T}^2 - n_\mathrm{E}^2 \sin^2\theta_\mathrm{E}}}{n_\mathrm{E} \cos\theta_\mathrm{E}} \left(\frac{2n_\mathrm{E} \cos\theta_\mathrm{E}}{n_\mathrm{E} \cos\theta_\mathrm{E} + \sqrt{n_\mathrm{T}^2 - n_\mathrm{E}^2 \sin^2\theta_\mathrm{E}}} \right)^2.$$

Durch Einsetzen von $\theta_\mathrm{E} = 90°$ vereinfacht sich die Gleichung wieder sehr stark:

$$T_\mathrm{s} = \frac{n_\mathrm{T}}{n_\mathrm{E}} \left(\frac{2n_\mathrm{E}}{n_\mathrm{E} + n_\mathrm{T}} \right)^2 = \frac{4n_\mathrm{E} n_\mathrm{T}}{(n_\mathrm{E} + n_\mathrm{T})^2} = 0{,}96$$

Analog ergibt sich auch

$$T_\mathrm{p} = \frac{n_\mathrm{T}}{n_\mathrm{E}} \left(\frac{2n_\mathrm{E}}{n_\mathrm{T} + n_\mathrm{E}} \right)^2 = \frac{4n_\mathrm{E} n_\mathrm{T}}{(n_\mathrm{T} + n_\mathrm{E})^2} = 0{,}96.$$

Es werden also 96 % des einfallenden Lichts durch die Grenzfläche transmittiert, unabhängig von der Polarisation des Lichts. Bei sehr vielen Grenzflächen hintereinander, wie zum Beispiel bei der Kamera in Abschn. 3.1.2, reduziert sich die Transmission sehr stark. Um dies zu verhindern, werden Antireflexschichten wie in Abschn. 6.2 auf die Grenzflächen aufgebracht. Addiert man Reflexions- und Transmissionsgrad, so erhält man genau 100 %. Dies gilt für sämtliche Einfallswinkel θ_E und lässt sich in Abb. 1.5 auch erkennen.

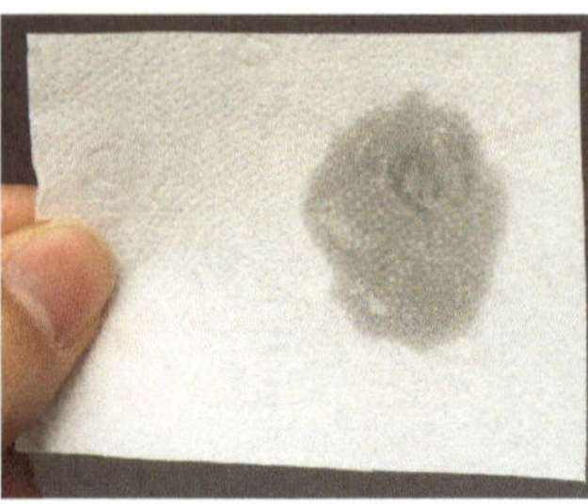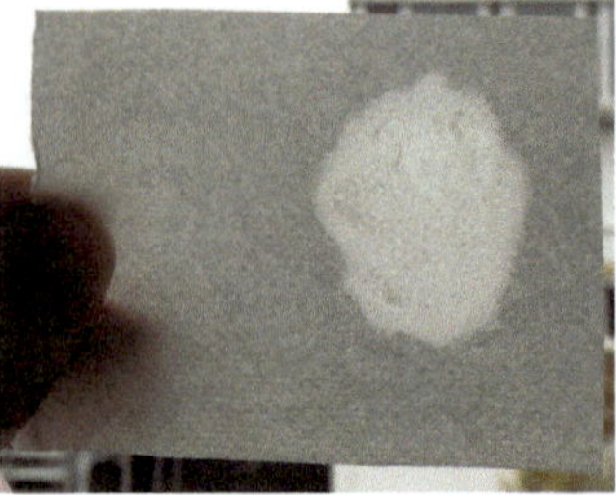

Abb. 1.32 Durch den Fettfleck nimmt die Reflexion an der Serviette ab und die Transmission zu. Dadurch erscheint sie vor dunklerem Hintergrund dunkler und vor hellerem Hintergrund heller. Genauso ist es mit nasser Kleidung

1.5 Fettflecken

Um diese Frage beantworten zu können, müssen wir uns zunächst überlegen, warum wir durch die Serviette ohne Fett nicht durchsehen können. Dies liegt, ähnlich wie beim Schaum in Abschn. 1.3.2, an den unzähligen Grenzflächen zwischen den Zellulosefasern ($n_Z = 1{,}47$) und der Luft $n = 1$. An diesen wird das einfallende Licht vielfach reflektiert und die Serviette erscheint wie der Schaum weiß.

Durch das Einbringen von Fett mit $n_F = 1{,}46 \ldots 1{,}50$ in die zuvor von Luft gefüllten Bereiche zwischen den Fasern reduzieren wir den Unterschied in den Brechungsindizes.

Dadurch nimmt gemäß der Fresnelschen Formeln aus Abschn. 1.1.1 der Reflexionsfaktor ab, die Reflexionen werden reduziert. So kann mehr Licht ungehindert durch die Serviette durchscheinen, sie wird transparent, zu sehen in Abb. 1.32.

Aus demselben Grund erscheint übrigens auch nasse Kleidung dunkler (und nasse T-Shirts werden durchsichtig). Das Wasser zwischen den Fasern führt nämlich ebenfalls zu einer Abschwächung der Reflexionen, wodurch weniger einfallendes Licht zurückgeworfen wird und die Helligkeit der Kleidung abnimmt.

Inhaltsverzeichnis

2.1   Gebogene Grenzflächen

Der Zusammenhang von Weingläsern und verschwommener Sicht dürfte manchen von euch mehr oder weniger gut bekannt sein. Nicht so bekannt sind euch vielleicht die optischen Effekte in leeren und gefüllten Gläsern. Im letzten Kapitel haben wir bereits die Grenzfläche zweier Medien und ihre optischen Effekte kennengelernt. In diesem Kapitel gehen wir jetzt weg von ebenen Flächen hin zu gebogenen, wie wir sie zum Beispiel hier am Weinglas finden. Darüber kommen wir auf Linsen, optische Abbildungen und die Fehlsichtigkeiten des menschlichen Auges. Lasst euch von den vielen Zeichnungen nicht abschrecken. Wenn euch einmal das Grundkonzept klar geworden ist, werdet ihr sie alle verstehen.

Betrachten wir aber erstmal Abb. 2.1. Wenn wir durch das leere Glas blicken, sehen wir den Hintergrund unverzerrt durch das Glas hindurch. Füllen wir jetzt Wasser in das Glas, ändert sich etwas: Durch das Wasser wird das Licht zweimal gebrochen, und wir erkennen ein auf dem Kopf stehendes Abbild des Hintergrunds. Tatsächlich ist dieser verzerrende Effekt auch der Hauptgrund, warum wir das eigentlich durchsichtige Wasser überhaupt erkennen können, sei es in Gläsern, in der Badewanne oder als Tropfen an der Fensterscheibe.

© Springer-Verlag GmbH Deutschland, ein Teil von Springer Nature 2019   41
M. Gmelch und S. Reineke, *Durchblick in Optik*,
https://doi.org/10.1007/978-3-662-58939-7_2

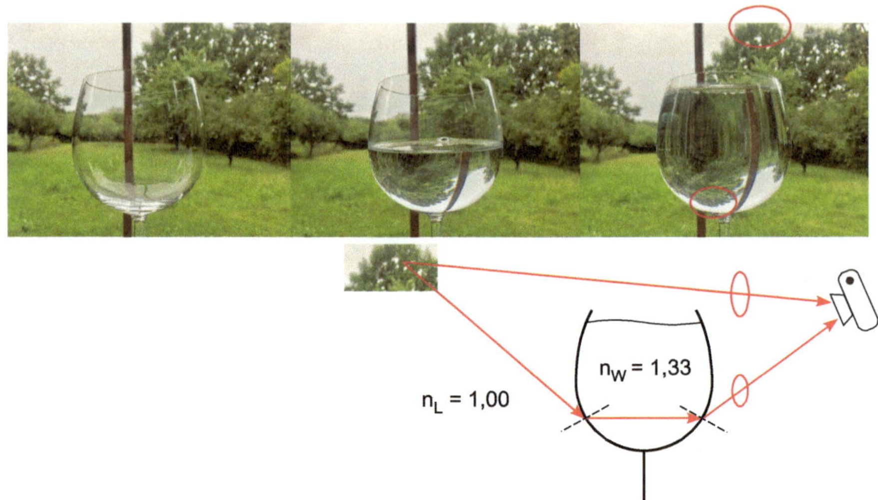

Abb. 2.1 Ein Weinglas, unterschiedlich voll mit Wasser. Ist das Glas leer, so kann man ungehindert hindurchsehen. Bei vollem Glas steht die Landschaft dahinter aufgrund der Lichtbrechung an der gebogenen Grenzfläche auf dem Kopf. Rot markiert im rechten Bild ist die Spitze des großen Baums im Hintergrund. Die Skizze darunter beschreibt die Lichtbrechung im Weinglas

Abb. 2.2 Die eigentlich durchsichtigen Regentropfen werden für uns sichtbar, weil an ihren Grenzflächen das Sonnenlicht gebrochen wird

Was wir sehen, ist stets nur die Abbildung der Umgebung durch das Wasser, aber nie das Wasser selbst. Unser Gehirn schließt aus dieser Abbildung daraus, dass sich dort Wasser befinden muss, wie in Abb. 2.2.

2.1.1 Berechnung von Brechung an gebogenen Grenzflächen

Das Erzeugen von Abbildungen ist im Alltag allgegenwärtig. Konkret wird hierbei durch die Brechung an einer oder mehreren Grenzflächen ein (kleineres oder größeres) Bild eines

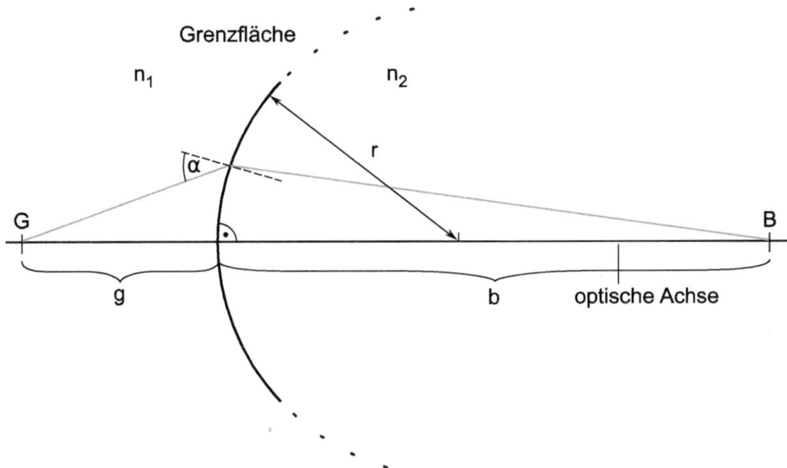

Abb. 2.3 Skizze zur Brechung an einer sphärisch (also kugelförmig) gekrümmten Grenzfläche (Gl. 2.1). Der Gegenstand G befindet sich im Abstand g, der Gegenstandsweite, zur Grenzfläche. Diese ist kugelförmig, mit einem Radius r. Das dadurch erzeugte Bild B befindet sich im Abstand b, der Bildweite, auf der anderen Seite der Grenzfläche. Die auf die Grenzfläche senkrecht stehende Verbindungslinie zwischen G und B bezeichnet man als optische Achse. Lichtstrahlen mit kleinem Einfallswinkel α bezeichnet man als achsennah. n_1 und n_2 sind die beiden Brechungsindizes

Gegenstandes erzeugt, wie wir es im Weinglas mit dem Baum im Hintergrund bereits getan haben. Dafür gibt es natürlich auch Formeln, hier für eine Grenzfläche:

$$\frac{n_1}{g} + \frac{n_2}{b} = \frac{n_2 - n_1}{r} \tag{2.1}$$

In Abb. 2.3 werden die Variablen definiert.

In der Herleitung für diese Formel werden ein paar Näherungen gemacht, damit sie so einfach dargestellt werden kann. Eine häufig vorkommende, hier genutzte Vereinfachung ist die sogenannte Kleinwinkelnäherung

$$\sin \alpha \approx \alpha \tag{2.2}$$

für α im Bogenmaß mit $\alpha < 0{,}05\pi$ (entspricht etwa $10°$). Dadurch vereinfacht sich zum Beispiel das Snelliussche Brechungsgesetz, das in der Herleitung der hier gezeigten Formel eine wichtige Rolle spielt. Infolgedessen gilt diese ebenfalls nur für kleine Einfallswinkel α, also für Strahlen, die sich nahe der optischen Achse bewegen, sogenannte achsennahe Strahlen.

2.1.2 Ein genauerer Blick auf die Formel

Um uns die Physik hinter dieser Ansammlung von Parametern in Gl. 2.1 besser veranschaulichen zu können, spielen wir ein bisschen mit den Werten.

- Setzen wir beispielsweise $n_1 = n_2$, so geht der rechte Term der Gleichung gegen 0, der linke lässt sich vereinfachen, und wir erhalten

$$\frac{n_1}{g} + \frac{n_1}{b} = 0. \tag{2.3}$$

Umgestellt und aufgelöst nach b erhalten wir

$$b = -g. \tag{2.4}$$

Was bedeutet das? Das Minus sagt uns, dass das Bild relativ zur Grenzfläche die Seite getauscht hat und sich nun auf der Seite des Gegenstands befindet. Auf dieser Seite hat es den Abstand g zur Grenzfläche, befindet sich also exakt dort, wo sich auch der Gegenstand selbst befindet. In anderen Worten: Wir sehen kein Bild, nur den Gegenstand selbst. Dies macht auch Sinn, denn die Annahme $n_1 = n_2$ führt dazu, dass hier überhaupt keine Grenzfläche zwischen zwei unterschiedlichen Brechungsindizes mehr vorhanden ist.
- Auch wenn wir r gegen unendlich gehen lassen, verschwindet der Term auf der rechten Seite, links haben wir aber nach wie vor die beiden unterschiedlichen Brechungsindizes:

$$\frac{n_1}{g} + \frac{n_2}{b} = 0 \tag{2.5}$$

Lösen wir diese Gleichung nach b auf, so ergibt sich

$$b = -\frac{n_2}{n_1}g. \tag{2.6}$$

Ein unendlich großer Radius der Grenzfläche entspricht einer unendlich großen Kugel, die keinerlei Krümmung mehr besitzt, also behandelt diese Formel eine ebene Fläche. Wie im ersten Beispiel befindet sich das Bild aufgrund des Minuszeichens auf der gleichen Seite wie der Gegenstand, allerdings mit anderem Abstand b. Diesen Effekt kennt man vom Blick in ein Schwimmbecken, dessen Boden näher an der ebenen Wasseroberfläche erscheint, als er tatsächlich ist.
- Lassen wir zuletzt das g gegen unendlich gehen. Dies entspricht einem Gegenstand, dessen Abstand zur Grenzfläche im Vergleich zum Bildabstand b und dem Radius r extrem groß ist. Gl. 2.1 wird zu

$$0 + \frac{n_2}{b} = \frac{n_2 - n_1}{r}, \tag{2.7}$$

und nach b umgestellt erhalten wir

$$b = \frac{n_2}{n_2 - n_1} r. \tag{2.8}$$

Ein typischer Beispielgegenstand wäre hier die Sonne. Aufgrund ihres enormen Abstandes treffen all ihre Strahlen parallel auf die Grenzfläche und werden alle im Abstand b gebündelt (fokussiert). Abb. 2.4 zeigt diesen Fall. Da eine so fokussierte Sonne aufgrund der hohen Lichtintensität leicht zu Verbrennungen führen kann, nennt man diesen Punkt auch Brennpunkt. Seinen Abstand zur Grenzfläche bezeichnet man als Brennweite, in diesem Fall noch exakter als bildseitige Brennweite f_B. Die gegenstandsseitige Brennweite f_G erhält man analog, wenn man ein unendlich weit entferntes Bild annimmt (also b gegen unendlich geht). Nachfolgend noch einmal zusammengefasst:

$$f_B = \frac{n_2}{n_2 - n_1} r \tag{2.9}$$

$$f_G = \frac{n_1}{n_2 - n_1} r \tag{2.10}$$

Eine weitverbreitete Sorge unter Hobbygärtnern ist, dass diese Fokussierung des Sonnenlichts an Wassertropfen die darunterliegenden Blätter verbrennt. Ist diese Angst berechtigt? Genaueres hierzu in Aufgabe 2.1.

Eine kurze Anmerkung: Diese hier gezeigte Aufdröselung kann man mit jeder beliebigen Formel durcharbeiten. Sie kann sehr helfen, einen besseren Bezug zur Physik dahinter zu erkennen, ohne viel rechnen zu müssen.

Noch unbeantwortet ist nun, warum das Bild des Baums im Weinglas in Abb. 2.1 nun auf dem Kopf steht. Das Weinglas fungiert als Linse, und Genaueres dazu gibt es im nachfolgenden Abschn. 2.2.

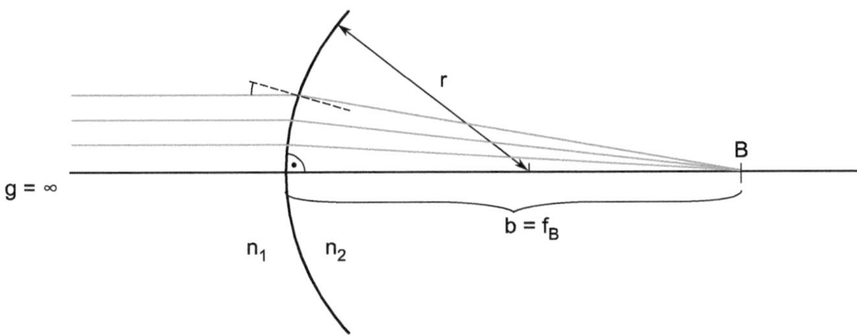

Abb. 2.4 Skizze zum Sonderfall $g \to \infty$. Vom sehr weit entfernten Gegenstand erreichen die Lichtstrahlen die Grenzfläche parallel und werden auf einen Punkt, den Brennpunkt, im Abstand der bildseitigen Brennweite f_B gebündelt

2.2   Abbildungen mit Linsen

Unser Weinglas aus Abb. 2.1 bietet neben dem Auf-den-Kopf-Stellen des Hintergrunds noch etwas anderes: Es lässt sich als Vergrößerungsglas nutzen. Physikalisch korrekt ausgedrückt liefert es eine Abbildung, in diesem Fall dann ein vergrößertes Bild B eines dahinter liegenden Gegenstandes G aufgrund einer Winkelvergrößerung $V_\vartriangleleft$ von

$$V_\vartriangleleft = \frac{\tan \varepsilon}{\tan \varepsilon_0}. \tag{2.11}$$

Hierbei beschreibt ε_0 den Sehwinkel (also den Winkel, unter dem das Objekt wahrgenommen wird, mehr dazu in Aufgabe 2.3) ohne und ε den Sehwinkel mit Weinglas als optisches Gerät. Die Vergrößerung kann auch Werte zwischen 0 und 1 annehmen, was eine Verkleinerung beschreibt, oder auch negative Werte, die ein Auf-den-Kopf-Stellen beschreiben. Wie kann man sich das vorstellen? Werft einen Blick auf Abb. 2.5. Diese Möglichkeit, Abbildungen zu erstellen, macht man sich im Alltag vielerorts zunutze. Allerdings eher selten im Weinglas, häufiger mit Lupen oder ganz allgemein mit Linsen. Eine Linse besteht immer aus einem Material mit einem Brechungsindex größer 1 und besitzt eine oder zwei gebogene Grenzflächen, über die das Licht eines Gegenstands G so gebrochen wird, dass an anderer Stelle ein Bild B davon entsteht. Dies ist entweder vergrößert ($|V| > 1$) oder verkleinert ($|V| < 1$) und es kann auf dem Kopf stehen ($V < 0$) oder auch nicht ($V > 0$).

2.2.1   Die Brennweite einer Linse

Die Brennweite f einer dünnen Linse berechnet sich mit der sogenannten Linsenschleiferformel über

$$\frac{1}{f} = \frac{n_{\mathrm{Li}} - n_{\mathrm{Lu}}}{n_{\mathrm{Lu}}} \left(\frac{1}{r_1} - \frac{1}{r_2} \right), \tag{2.12}$$

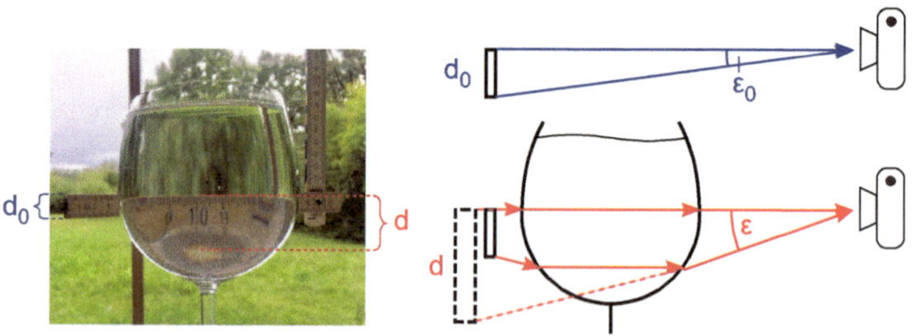

Abb. 2.5 Ein Meterstab wurde so hinter dem Weinglas platziert, dass durch die Lichtbrechung am Wasser ein vergrößertes Bild entsteht. Die Skizze veranschaulicht den qualitativen Strahlengang mit (rot) und ohne (blau) Weinglas vom Meterstab zur Kamera. Gestrichelt gezeichnet ist das vergrößerte Bild des Gegenstands. Die Vergrößerung wird angegeben als sogenannte Winkelvergrößerung $V_\vartriangleleft$, die sich aus den Winkeln mit optischem Gerät (ε) und ohne (ε_0) berechnet

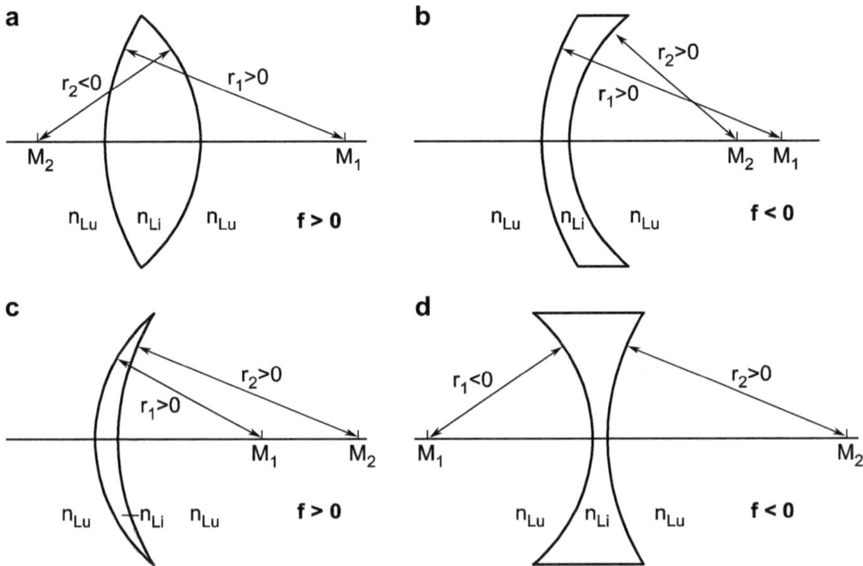

Abb. 2.6 Linsen mit unterschiedlichen Radien r_1 und r_2. **a** Hier sitzt M_1 rechts der Linse, deswegen gilt $r_1 > 0$. Da M_2 links der Linse sitzt, gilt entsprechend $r_2 < 0$. Insgesamt ist nach Gl. 2.12 die Brennweite positiv ($f > 0$). **b** Hier ist die Position von M_2 gegenüber (**a**) auf die rechte Seite der Linse verschoben, dies führt zu $r_2 > 0$. Insgesamt ergibt sich so durch Rechnung eine negative Brennweite $f < 0$. **c** Ein weiteres Beispiel für $f > 0$. **d** Ein weiteres Beispiel für $f < 0$

mit den Brechungsindizes von Luft n_{Lu} und des Linsenmaterials n_{Li} sowie den beiden Krümmungsradien der Grenzflächen r_1 und r_2. Setzt man den Radius der linken Grenzfläche als r_1, so sind die Radien dann als positiv definiert, wenn die Kreismittelpunkte M_1 und M_2 rechts der Linse sitzen. Besser verständlich wird dies bei der Betrachtung von konkreten Beispielen in Abb. 2.6.

Wir sprechen hier von dünnen Linsen, da wir die Dicke der Linse in der obigen Formel vernachlässigt haben. Die Brennweite f einer Linse mit Dicke d ergibt sich über die allgemeinere Formel

$$\frac{1}{f} = \frac{n_{Li} - n_{Lu}}{n_{Lu}} \left(\frac{1}{r_1} - \frac{1}{r_2} + \frac{n_{Li} - n_{Lu}}{n_{Li}} \frac{d}{r_1 r_2} \right). \tag{2.13}$$

2.2.2 Konvexe und konkave Linsen

Bei den Linsen unterscheidet man ganz grundsätzlich zwei verschiedene Typen, die konvexen und die konkaven Linsen. Konvexe Linsen besitzen eine positive Brennweite $f > 0$ und insgesamt eine Krümmung nach außen, sie können Objekte vergrößert wirken lassen

Abb. 2.7 Mit einer Lupe als konvexe Sammellinse lässt sich das parallel einfallende Sonnenlicht in einem Punkt fokussieren. Durch die hohe Lichtintensität im Brennpunkt kann es zur Entzündung kommen, daher der Name. Durch diese Bündelung des Lichts erscheint um den Brennpunkt ein dunkler Schatten der Lupe, obwohl diese ja eigentlich vollständig durchsichtig ist

und werden deshalb zum Beispiel in Lupen genutzt. Weiterhin können sie paralleles Licht (beispielsweise von der Sonne, wie in Abb. 2.7) in einem Brennpunkt sammeln, man nennt sie deshalb auch Sammellinsen. Unser Weinglas würde man diesen konvexen Linsen zuordnen. Im Gegensatz dazu sind konkave Linsen insgesamt nach innen gekrümmt, durch sie hindurch wirken Objekte stets verkleinert und sie besitzen eine negative Brennweite $f < 0$. Paralleles Licht wird von ihnen zerstreut, deshalb auch die Bezeichnung Zerstreuungslinsen. Tab. 2.1 gibt euch eine genauere Übersicht über die beiden Typen. Im Verlauf dieses Kapitels wird dann anhand nachfolgender Gleichungen genauer auf die einzelnen Linsen und die möglichen Abbildungen eingegangen.

2.2.3 Die Linsengleichung, virtuelle und reelle Bilder

Eine sehr allgemeine, sehr wichtige, aber relativ einfache Gleichung ist die Linsengleichung. Mit ihrer Hilfe lässt sich bestimmen, wie durch die Verwendung von Linsen Abbilder von Gegenständen erzeugt werden. Sie lautet

$$\frac{1}{g} + \frac{1}{b} = \frac{1}{f} \tag{2.14}$$

Tab. 2.1 Vergleich von konvexen und konkaven Linsen

	Konvex	Konkav
Andere Bezeichnung	Sammellinse	Zerstreuungslinse
Formen		
Strahlengang bei parallel einfallendem Licht		
Brennweite	$f > 0$	$f < 0$
Erzeugtes Bild	Je nach Position virtuelles oder reelles Bild	Immer virtuelles Bild
Verwendung im Alltag	Lupen, Brillen für Weitsichtige	Brillen für Kurzsichtige

mit der Gegenstandsweite g, der Bildweite b und der Brennweite der Linse f. Bei konvexen Linsen gilt $f > 0$, bei konkaven $f < 0$. Die Gegenstandsweite g ist immer größer 0, der Gegenstand mit Höhe G befindet sich nach Definition immer hinter der abbildenden Linse. Die Bildweite b, also der Abstand vom erzeugten Bild mit Bildhöhe B zur Linse, kann beide Vorzeichen haben. Ist sie größer null, so befindet sich das Bild vor der Linse, steht auf dem Kopf und ist reell. Ist sie kleiner null, so steht das Bild nicht auf dem Kopf, ist virtuell und befindet sich hinter der Linse, also auf der gleichen Seite wie der Gegenstand. Aber was bedeutet überhaupt der Begriff Bild? Das Bild ist das, was wir als Betrachter durch die Linse sehen können. Beispielsweise erzeugt eine Lupe bei richtiger Anwendung ein vergrößertes Bild des Gegenstands.

Da die Begriffe reelles und virtuelles Bild oft Probleme bereiten, findet ihr in Tab. 2.2 eine Gegenüberstellung mit eindeutigen Kriterien für virtuelle und reelle Bilder. Die Bezeichnungen kommen daher, dass vom reellen Bild tatsächlich Lichtstrahlen ausgehen (durchgezogene graue Striche bei B in der Abbildung in der Tabelle), während vom virtuellen Bild auch nur scheinbar Lichtstrahlen ausgehen können (gestrichelte graue Linie bei B). Dieser gestrichelte Lichtstrahl ist so eigentlich gar nicht vorhanden, es entsteht nur ein Eindruck davon durch die Brechung an der Linse. Unser Gehirn kann mit gebrochenen Lichtstrahlen nichts anfangen, es geht stets davon aus, dass sich das Licht geradlinig von seiner Quelle wegbewegt hat. Das wird durch diese gestrichelten Linien angedeutet.

Tab. 2.2 Vergleich von reellem und virtuellem Bild

	Reelles Bild	Virtuelles Bild
Lage	Vor der Linse ($b > 0$)	Hinter der Linse ($b < 0$), also auf der Seite des Gegenstands
Orientierung	Auf dem Kopf stehend ($B < 0$)	Nicht auf dem Kopf stehend ($B > 0$)
Wird erzeugt durch	Konvexe Linsen	Konkave oder konvexe Linsen
Strahlengang		
Im Alltag	Bild eines Projektors an der Wand, Fokussierung der Sonne durch eine Lupe	Blick durch eine Lupe oder Brille, sämtliche Spiegelbilder
Sonstiges	Auf einem Schirm abbildbar, auch sichtbar beim Blick durch das optische Gerät hindurch	Nur sichtbar beim Blick durch das optische Gerät hindurch, nicht auf einem Schirm abbildbar
Beispiel	Aus Abb. 3.5	Aus Abb. 3.4

Die Vergrößerung V des Bilds B gegenüber dem abgebildeten Gegenstand G bei der Abbildung mit einer Linse errechnet sich aus

$$V = \frac{B}{G} = -\frac{b}{g} \tag{2.15}$$

und nennt sich lineare Vergrößerung. Zum besseren Verständnis dieser beiden Gl. 2.14 und 2.15 spielen wir jetzt wieder ein bisschen mit den Parametern, wobei wir vorneweg zwischen konvexen ($f > 0$) und konkaven ($f < 0$) Linsen unterscheiden wollen.

2.2.4 Abbildungen mit konvexen Linsen

Bei den konvexen Sammellinsen hängen die Art des Bildes und der Strahlengang des Lichts stark davon ab, in welchem Abstand g sich der Gegenstand G zur Linse befindet.

$g \gg f$ Lassen wir zunächst das g in Gl. 2.14 gegen unendlich gehen. Dies entspricht parallel einfallendem Licht von jedem Punkt des Gegenstands, als Beispiel eignet sich die Sonne. Wir erhalten

$$\frac{1}{b} = \frac{1}{f} \tag{2.16}$$

oder

$$b = f. \tag{2.17}$$

Die Bildweite b entspricht also der Brennweite f, was nicht überraschend ist. Wie schon in Abschn. 2.1 beschrieben, ist dies nämlich genau die Definition der Brennweite. Die Vergrößerung V aus Gl. 2.15 ergibt sich aus

$$V = -\frac{b}{g} = 0 \text{ bzw. } B = 0. \tag{2.18}$$

Dies bedeutet, dass das Bild (zumindest theoretisch, dazu mehr in Abschn. 6.4.6) unendlich klein wird, sich also sämtliche Lichtstrahlen in einem einzigen Punkt treffen. Tatsächlich muss g für die Annahme des parallelen Lichts gar nicht unendlich groß sein, wichtig ist das Verhältnis zwischen g und f. Bereits das Hundertfache der Brennweite, also $g = 100f$, führt zu einer Bildweite $b = 1{,}01f$, die beinahe der Brennweite entspricht. Fallen die Strahlen zwar zueinander parallel, aber nicht parallel zur optischen Achse ein, so entsteht das Bild nicht mehr im Brennpunkt auf der optischen Achse, aber immer noch in der sogenannten Brennebene, einer Ebene mit Abstand f zur Linse. Abb. 2.8 zeigt verschiedene Strahlengänge für diesen Fall.

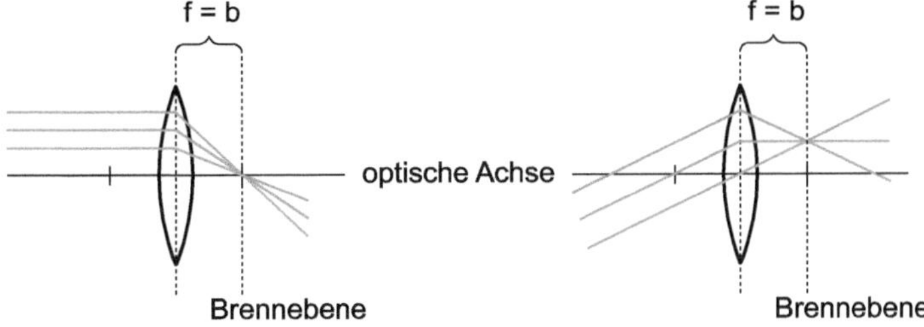

Abb. 2.8 $g \gg f$: Paralleles Licht fällt auf eine konvexe Linse parallel (links) und nicht parallel (rechts) zur optischen Achse. Durch die Linse wird es je nach Einfallswinkel gegenüber der optischen Achse an unterschiedlichen Punkten in der Brennebene fokussiert

$g > f$ Ist g nur etwas größer als f, so dürfen keine parallelen Strahlen angenommen werden. Trotzdem lassen sich qualitative Aussagen bezüglich der Gleichungen treffen. Durch die Annahme ergibt sich

$$\frac{1}{g} < \frac{1}{f}, \tag{2.19}$$

und dadurch ergibt sich aus Gl. 2.14

$$\frac{1}{b} > 0 \tag{2.20}$$

und damit auch

$$b > 0. \tag{2.21}$$

Dies sieht zunächst unspektakulär aus, beschreibt uns aber eine Menge. Eine positive Bildweite bedeutet nämlich zunächst einmal, dass es sich um ein reelles Bild handelt (vgl. Tab. 2.2). Aus Gl. 2.15 erhalten wir weiterhin (mit dem Wissen $G > 0$ und $g > 0$, was immer gilt)

$$V < 0 \text{ bzw. } B < 0. \tag{2.22}$$

Eine Bildhöhe und auch eine Vergrößerung kleiner 0 bedeutet, das Bild steht auf dem Kopf, was wiederum laut Tab. 2.2 beim reellen Bild der Fall ist. Der Strahlengang entspricht ebenfalls dem der Tabelle, vgl. Abb. 2.9. Das Bild steht auf dem Kopf, je nach Gegenstandsweite g kommt es zu einer Vergrößerung oder Verkleinerung. Ein Beispielbild findet ihr in Abb. 2.13c.

$g = f$ Der Fall $g = f$ bedeutet, dass der Gegenstand genau in der Brennebene der Linse liegt. Durch Einsetzen in Gl. 2.14 erhalten wir durch analoge Rechnung zu oben sehr schnell

$$b = \pm\infty. \tag{2.23}$$

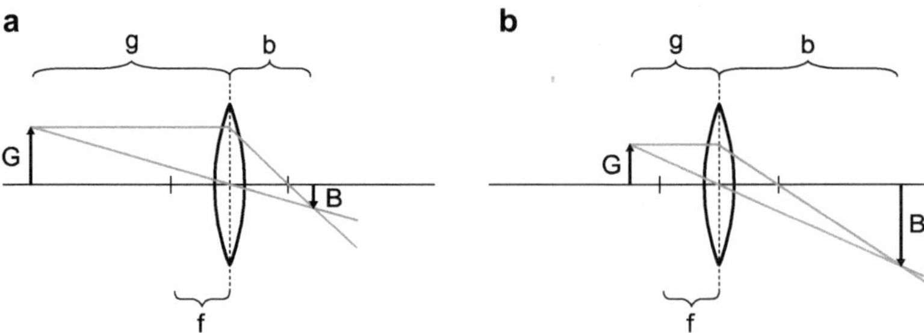

Abb. 2.9 $g > f$: Das Bild B des Gegenstands G ist reell, steht auf dem Kopf und kann verkleinert (**a**) oder vergrößert (**b**) sein. Die Konstruktion solcher Strahlengänge wird weiter hinten beschrieben, in Abschn. 2.2.6

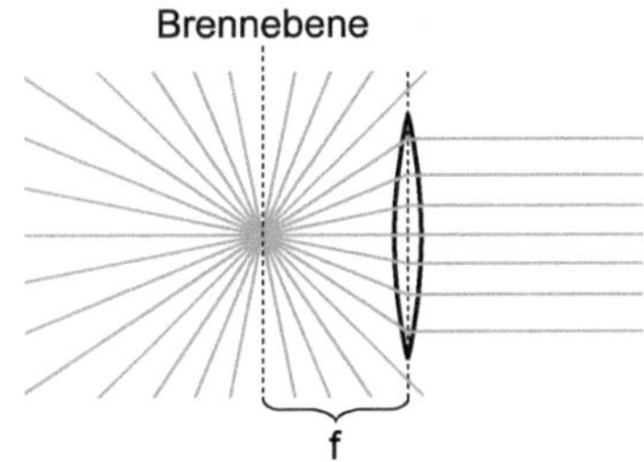

Abb. 2.10 $g = f$: Der Gegenstand befindet sich in der Brennebene der Linse, seine Lichtstrahlen gehen radial in alle Richtungen. Die Linse parallelisiert das Licht, was einem Bild in unendlich großem Abstand entspricht

Aus 2.15 folgt

$$V = \pm\infty \text{ bzw. } B = \pm\infty. \tag{2.24}$$

Das Bild wird also im Unendlichen abgebildet und ist unendlich groß? Anschaulicher wird das, wenn wir uns den dazugehörigen Strahlengang in Abb. 2.10 ansehen. Das Licht verlässt den Gegenstand zunächst in alle Richtungen (radial), durch die Linse werden die Strahlen dann parallelisiert. Dies entspricht exakt der Umkehrung einer unendlichen Gegenstandsweite, wie in $g \gg f$ oben angenommen. Dort wird parallel einfallendes Licht durch die Linse in der Brennebene fokussiert, hier wird nun das aus der Brennebene radial strahlende Licht durch die Linse auf einen parallelen Weg gebracht. Diese Umkehrung des Lichtwegs ist übrigens immer anwendbar, sie gilt für alle optischen Geräte. Durch die Abbildung im (gegenstandsseitig) Unendlichen kann der Betrachter den Gegenstand durch die Linse hindurch mit entspanntem Auge aus beliebigem Abstand scharf sehen. Warum dies so ist, findet ihr im Abschn. 2.3.1. Anwendungen gibt's in Abschn. 3.1.3 und 3.1.4 bei Mikroskop und Fernrohr.

$g \leq f$ Die letzte noch offene Möglichkeit ist, dass sich der Gegenstand sehr nahe an der Linse befindet, sodass die Gegenstandsweite kleiner als die Brennweite wird. Das führt mit Gl. 2.14 zu

$$b < 0. \tag{2.25}$$

und aus 2.15 wird

$$V > 0 \text{ bzw. } B > 0. \tag{2.26}$$

Auch daraus lässt sich viel Interessantes ableiten, das Bild ist jetzt virtuell, vergrößert und steht nicht auf dem Kopf, wie in Abb. 2.11 zu sehen ist. Dies entspricht dem typischen Blick durch eine Lupe: Je näher sich die Gegenstandsweite g der Brennweite f nähert, um so größer wird das Bild. Tatsächlich ist auch der vorherige Fall $g = f$ ein Grenzfall von diesem, bei dem mithilfe der Lupe optimale Vergrößerung erreicht wird (mehr in Abschn. 3.1). Ein Beispielbild findet ihr in Abb. 2.13a.

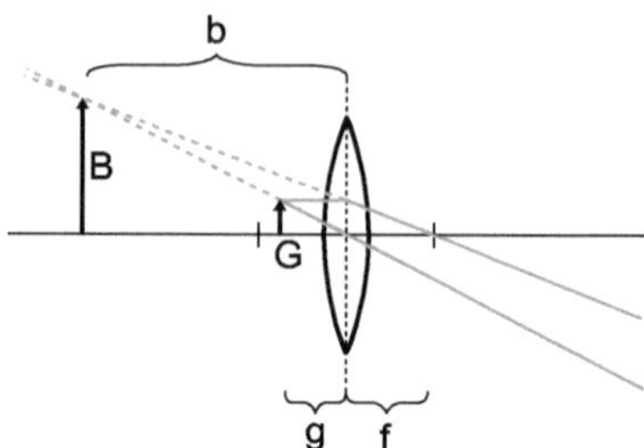

Abb. 2.11 $g < f$: Durch die konvexe Linse wird ein aufrecht stehendes, vergrößertes virtuelles Bild B des Gegenstands G erzeugt. Mehr zur Konstruktion dieses Strahlengangs im Abschn. 2.2.6

2.2.5 Abbildungen mit konkaven Linsen

Abbildungen mit konkaven Linsen sind weniger vielseitig. Hierbei erhält man immer ein virtuelles Bild, das verkleinert ist und nicht auf dem Kopf steht. Warum ist das so? Konkave Linsen besitzen eine Brennweite $f < 0$. Bereits aus dieser Tatsache lassen sich diese Dinge ableiten. Denn mit Gl. 2.14 bekommen wir

$$\frac{1}{g} + \frac{1}{b} < 0. \tag{2.27}$$

Da g immer größer 0 ist, die gesamte linke Seite aber negativ sein muss, muss das b auf alle Fälle negativ sein und gleichzeitig auch betragsmäßig kleiner als g. Nur dadurch wird die Differenz zwischen den beiden Brüchen kleiner als 0. Ein negatives b steht für ein virtuelles Bild, weiterhin folgt aus Gl. 2.15 auch

$$0 < V < 1 \text{ bzw. } 0 < B < G, \tag{2.28}$$

also, wie oben beschrieben, ein verkleinertes, nicht auf dem Kopf stehendes Bild. In Abb. 2.12 sind zwei Beispiele für unterschiedliche g gezeigt.

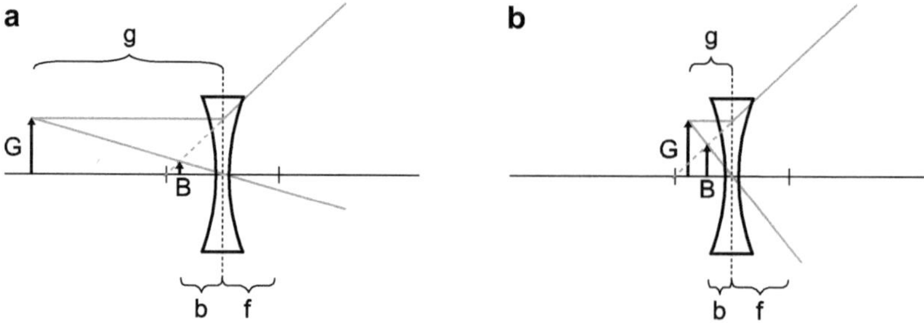

Abb. 2.12 Abbildungen an einer konkaven Linse. Egal ob der Gegenstand G weit weg von der Linse ist ($g > f$, zu sehen in (**a**)), oder sich sehr nahe an ihr befindet ($g < f$, abgebildet in (**b**)), das erzeugte Bild B ist immer virtuell, aufrecht und verkleinert

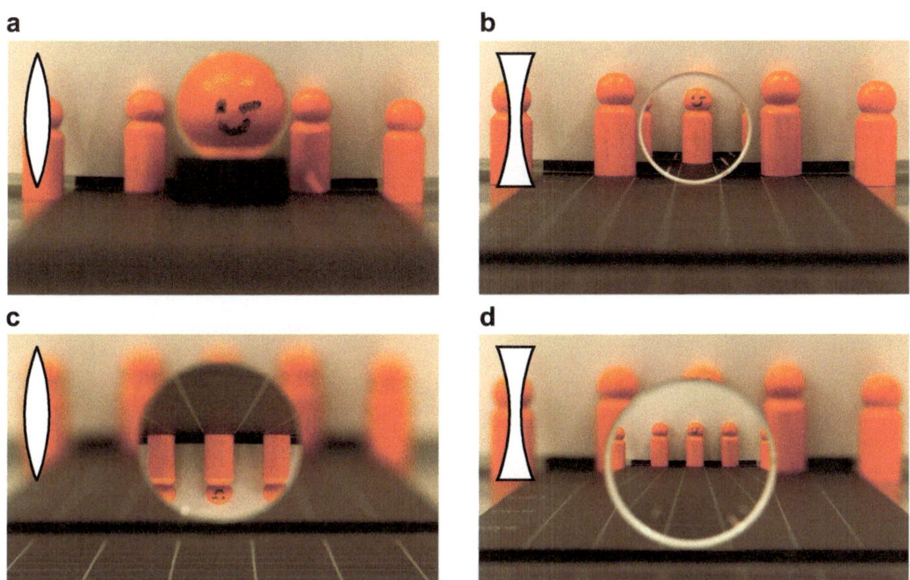

Abb. 2.13 Abbildung eines Gegenstands an einer konvexen Linse **a** innerhalb und **c** außerhalb der Brennweite der Linse. Für $g < f$ bei (**a**) ist das Bild gemäß Abschn. 2.2.4 vergrößert und aufrecht, für $g > f$ bei **c** steht es auf dem Kopf. **b** und **d** zeigen die Abbildung an einer konkaven Linse innerhalb und außerhalb der Brennweite der Linse. Beide Bilder sind verkleinert und aufrecht, analog zu Abschn. 2.2.5. Das Bild in (**c**) is reell, alle anderen Bilder sind virtuell

Abb. 2.13 zeigt eine konvexe und eine konkave Linse in jeweils unterschiedlichen Abständen zu kleinen Spielfiguren, die sich dadurch entweder innerhalb oder außerhalb der Brennweite befinden.

2.2.6 Konstruktion von Strahlengängen

All die hier gezeigten Strahlengänge lassen sich sehr einfach mit Stift und Lineal konstruieren. Ziel solcher Zeichnungen ist, aus einer gegebenen Linsenbrennweite f und einer Gegenstandsweite g oder -größe G das Bild B im richtigen Abstand b zu erhalten. Nachfolgend findet ihr eine Anleitung zur Konstruktion von Strahlengängen reeller und virtueller Bilder. Beim Skizzieren der Lichtstrahlen können die eigentlich gekrümmten Grenzflächen der Linse vernachlässigt werden. Man zeichnet also alle Strahlen ohne Brechung an den Grenzflächen bis zur Mitte der Linse.

Strahlengänge von reellen Bildern

Beginnen wir mit den reellen Bildern, wir konstruieren in Tab. 2.3 den Strahlengang aus Abb. 2.9a.

Tab. 2.3 Strahlengänge von reellen Bildern

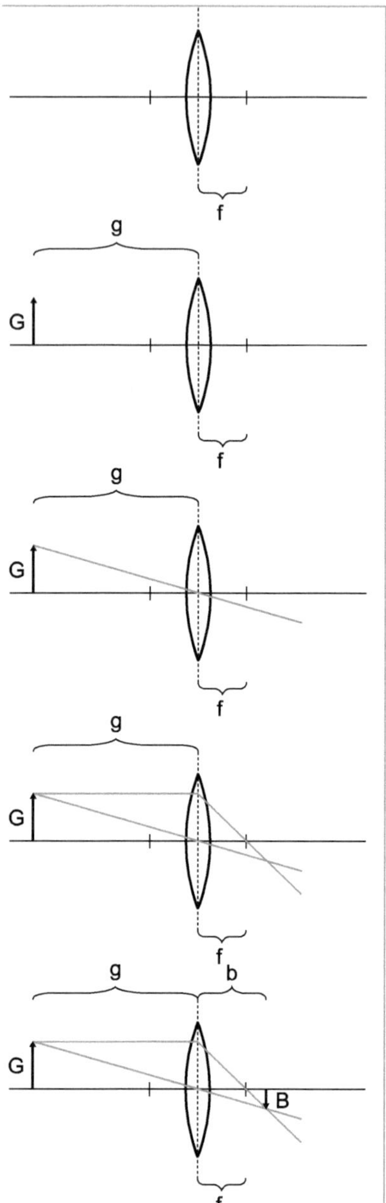

Schritt 1 Wir beginnen damit, die Linse mittig auf der optischen Achse zu platzieren. Im Abstand der Brennweite f von der Linse markieren wir beidseitig den Brennpunkt

Schritt 2 Links der Linse zeichnen wir im Abstand g den Gegenstand G ein, am besten als aufrecht stehenden Pfeil, etwas niedriger als die Linse

Schritt 3 Kommen wir zum ersten Strahl. Am einfachsten zu konstruieren ist der sogenannte Mittelpunktsstrahl. Er beginnt an der Pfeilspitze des Gegenstands und läuft durch den Mittelpunkt der Linse, ohne abgelenkt zu werden

Schritt 4 Als zweiten Strahl zeichnen wir von der Pfeilspitze aus eine zur optischen Achse parallele Linie bis zur Linse. Dieses parallele Licht wird immer so abgelenkt, dass es den Brennpunkt der Linse durchläuft. Dies können wir problemlos in die Skizze einzeichnen, da der Brennpunkt ja in Schritt 1 schon markiert wurde

Schritt 5 An der Stelle, an der sich die Linien kreuzen, entsteht das reelle Bild B im Abstand b. Wir zeichnen einen Pfeil von der optischen Achse in Richtung dieses Punktes und erhalten dadurch das reelle Bild

Strahlengänge von virtuellen Bildern

Virtuelle Bilder wurden im vorherigen Abschnitt ja schon genauer beschrieben. Jetzt wollen wir auch sie konstruieren, und zwar in Tab. 2.4 den Strahlengang aus Abb. 2.12a.

Mithilfe dieser Schritt-für-Schritt-Anleitungen solltet ihr sämtliche Strahlengänge konstruieren können, versucht es doch gleich mal in Aufgabe 2.5. Übrigens spielt die Größe der

Tab. 2.4 Strahlengänge von virtuellen Bildern

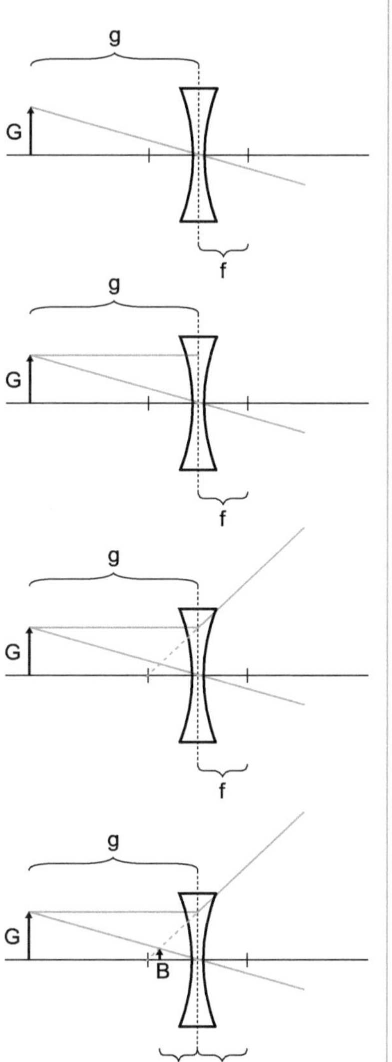

Schritt 1 Wir beginnen identisch zu den konkaven Linsen, bis inklusive Schritt 3 aus Tab. 2.3 ist alles identisch

Schritt 2 Auch der zweite Strahl beginnt genauso, wir zeichnen ihn als von der Pfeilspitze ausgehende, zur optischen Achse parallelen Linie bis zur Linse

Schritt 3 Jetzt kommt der Unterschied: Durch die negative Brennweite $f < 0$ der konvexen Linse wird das parallele Licht nicht auf den Brennpunkt gelenkt, eher in die entgegengesetzte Richtung. Die exakte Richtung des Strahls erhält man, wenn man seine Verlängerung zurück durch die Linse (gestrichelt) durch den Brennpunkt auf der Gegenstandsseite laufen lässt (vgl. auch Tab. 2.1)

Schritt 4 Dort, wo sich der Mittelpunktsstrahl und die gestrichelte Verlängerung des zweiten Strahls kreuzen, befindet sich das virtuelle Bild B des Gegenstands G. Wir zeichnen einen Pfeil von der optischen Achse in Richtung dieses Punktes und sind fertig

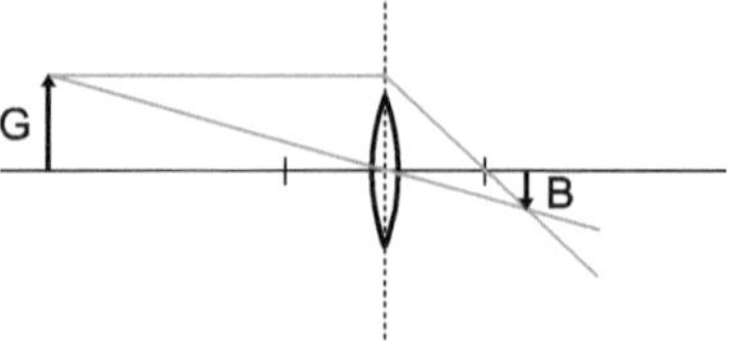

Abb. 2.14 Obwohl der Gegenstand G größer ist als die Linse, wird er vollständig durch sie abgebildet. Deshalb können wir das erzeugte Bild B konstruieren wie gewöhnlich, obwohl die gezeichneten Linien an der Linse vorbeilaufen

Linse für die Konstruktion des Strahlengangs keine Rolle. Eine Linse muss nicht so groß sein wie der durch sie abgebildete Gegenstand (vgl. Abb. 2.14). Wäre es so, könnten wir mit unseren Augen überhaupt nichts erkennen, was größer als unsere Augenlinse ist.

2.3   Fehlsichtigkeit

Vorneweg eine kurze Übersicht über die vielen Skizzen in diesem Kapitel:

- Abb. 2.15 zeigt ein gesundes Auge.
- Abb. 2.17 zeigt ein weitsichtiges Auge ohne Brille.
- Abb. 2.18 zeigt ein weitsichtiges Auge mit Brille.
- Abb. 2.19 zeigt ein kurzsichtiges Auge ohne Brille.
- Abb. 2.20 zeigt ein kurzsichtiges Auge mit Brille.

Auch unser Auge lässt sich als einfaches optisches System beschreiben. Durch die konvexe Augenlinse werden sämtliche Gegenstände als reelles Bild auf der Netzhaut abgebildet. Diese Linse ist nicht starr wie unsere bisher betrachteten Glaslinsen. Stattdessen lässt sie sich durch Muskeln unterschiedlich stark krümmen, wodurch sich ihre Radien und damit auch, gemäß Gl. 2.12, ihre Brennweite ändern. Dies ist wichtig für scharfes Sehen in nah und fern.

2.3.1   Das gesunde Auge

Der vereinfachte Strahlengang in einem gesunden Auge für sehr nahe Gegenstände ist in Abb. 2.15a gezeigt, für Objekte weit vom Auge entfernt in Abb. 2.15b. Hierbei ist die Brennweite f jeweils so angepasst, dass das Bild scharf auf der Netzhaut landet. Bei sehr nahen Gegenständen wird durch Anspannen der Muskeln die Brennweite auf ein Minimum reduziert. Bei (unendlich) weit entfernten Objekten, deren Licht stets parallel das Auge erreicht, ist die Brennweite maximal groß, da die Muskeln im Auge vollständig entspannt sind. Deshalb ist der Blick in die Ferne auch viel angenehmer für die Augen, als zum Beispiel Lesen auf kurze Distanz.

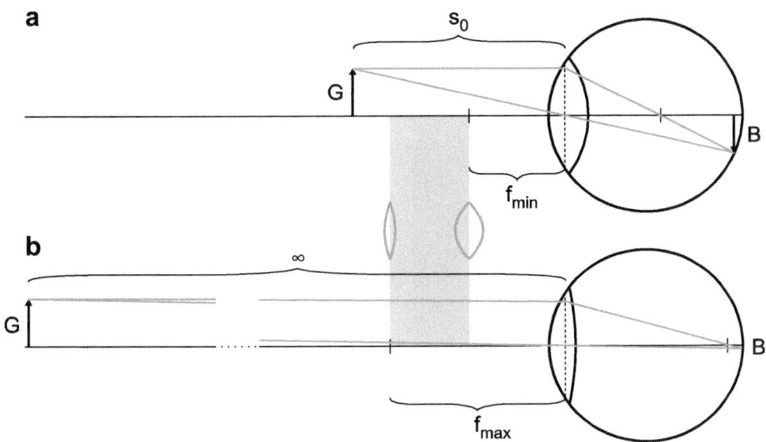

Abb. 2.15 Strahlengang im gesunden menschlichen Auge. **a** Fokussiert auf einen Gegenstand im Abstand der deutlichen Sehweite s_0. **b** Akkommodiert auf einen unendlich weit entfernten Gegenstand. Beide Male wird das erzeugte Bild genau auf der Netzhaut abgebildet. Dieses ist umso größer, je näher sich der Gegenstand am Auge befindet. Grau schattiert ist die sogenannte Akkommodationsbreite, der Bereich zwischen der minimal (f_{min}) und maximal (f_{max}) erreichbaren Brennweite der Augenlinse

Der minimale Abstand eines Gegenstands zum Auge, bei dem er noch scharf gesehen wird, beträgt bei Kindern weniger als 10 cm und steigt mit dem Alter auf bis zu einem Meter und mehr an (siehe Abschn. 2.3.4). Zur Vereinheitlichung von Rechnungen wurde die deutliche Sehweite $s_0 = 25$ cm als genereller Wert definiert, bei dem das menschliche Auge gerade noch scharf sehen kann. Durch die stufenlose Anpassung der Brennweite auf einen Wert innerhalb der Akkommodationsbreite zwischen f_{min} und f_{max} lässt sich im gesunden Auge alles im Abstand von s_0 bis unendlich scharf sehen.

Eine Fehlsichtigkeit tritt dann auf, wenn dies nicht möglich ist. Durch Brillen lässt sie sich oft korrigieren (Abb. 2.16).

2.3.2 Weitsichtigkeit

Die Weitsichtigkeit, die eigentlich Übersichtigkeit oder Hypermetropie genannt wird, hat zur Folge, dass man weit entfernte Gegenstände zwar scharf sehen kann, bei sehr nahen Objekten gelingt das Scharfstellen jedoch nicht mehr. Eine Ursache hierfür kann ein zu kurzer Augapfel sein, zu sehen in Abb. 2.17. Selbst die minimal mögliche Brennweite f_{min} reicht dann nicht aus, um einen scharfen Bildpunkt auf die Netzhaut zu bekommen, stattdessen entsteht das Bild dahinter. Auf der Netzhaut abgebildet wird ein sogenannter Zerstreuungskreis, dessen Radius umso größer ist, je größer die Unschärfe ist. Durch das Überlagern vieler benachbarter Zerstreuungskreise wird das Bild verschwommen. Eine anschauliche Skizze

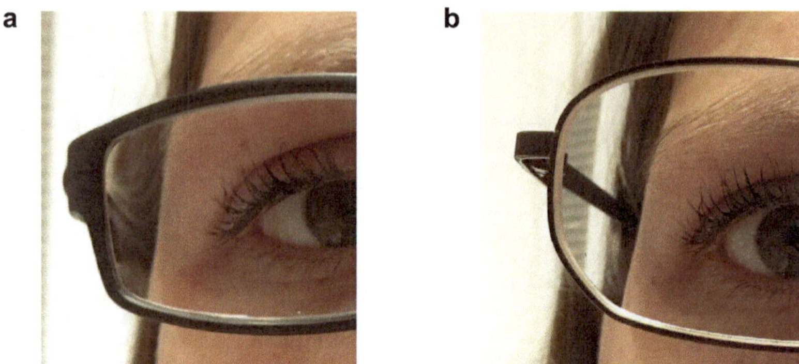

Abb. 2.16 Mit aufmerksamem Blick erkennt man sofort, ob eine Person weit- oder kurzsichtig ist. Bei Weitsichtigkeit **a** ist der Rand des Gesichts in der Brille etwas nach außen versetzt, bei Kurzsichtigkeit **b** nach innen. Ursache dafür sind die unterschiedlichen Linsen, mehr dazu im Folgenden

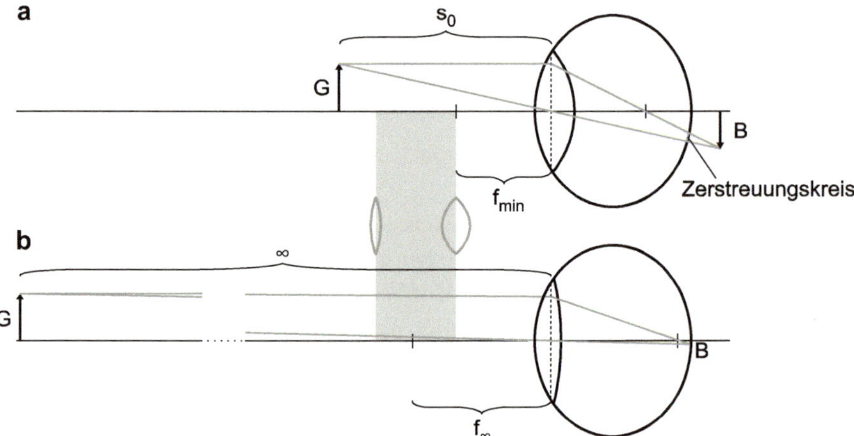

Abb. 2.17 Strahlengang im weitsichtigen Auge. **a** Beim Betrachten eines Gegenstands im Abstand der deutlichen Sehweite s_0. Durch den verkürzten Augapfel reicht selbst die minimale Brennweite f_{min} nicht aus, um einen scharfen Bildpunkt auf der Netzhaut abzubilden. **b** Gegenstände im Unendlichen können scharf gesehen werden, allerdings nicht mit der maximalen Brennweite f_{max} des entspannten Auges, sondern mit der hier als f_∞ bezeichneten Brennweite zwischen f_{min} und f_{max}. Grau schattiert ist analog zu Abb. 2.15 die Akkommodationsbreite

findet ihr in Abb. 2.17. Abhilfe kann eine Linse vor dem Auge in Form einer Brille oder Kontaktlinse schaffen. Die Stärke dieser Linsen wird üblicherweise durch ihre Brechkraft D angegeben, und es gilt

$$D = \frac{1}{f} \tag{2.29}$$

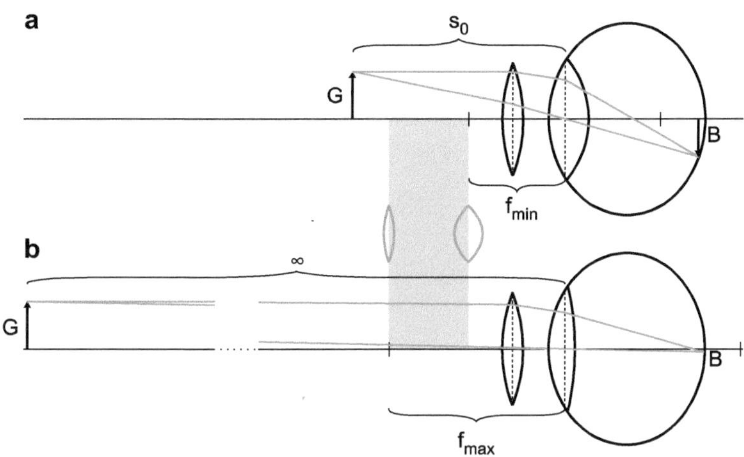

Abb. 2.18 Strahlengang im weitsichtigen Auge mit konvexer Linse. In **a** ist die Akkommodation auf einen Gegenstand im Abstand s_0 gezeigt. Das Bild kann dank der konvexen Linse, die die Strahlen vorfokussiert, nun scharf auf der Netzhaut abgebildet werden. Wie in **b** gezeigt, gelingt dank der Linse auch das entspannte Betrachten von weit entfernten Gegenständen mit der maximalen Akkommodation f_{max}

und

$$1\,\mathrm{dpt} = 1\frac{1}{\mathrm{m}}. \tag{2.30}$$

Hierbei ist f die Brennweite, dpt steht für Dioptrie. Eine Brille mit 2 dpt besitzt also eine Brennweite von $f = 50\,\mathrm{cm}$. Bei Weitsichtigkeit kommen konvexe Linsen zum Einsatz, sei es in Brillen oder Kontaktlinsen. Diese werden so vor dem Auge platziert, dass sie die Lichtstrahlen bereits etwas vorfokussieren, bevor sie auf die Augenlinse treffen. Dadurch wird bei gleicher Akkommodation der Augenlinse die Bildweite b etwas kleiner und auch nahe Gegenstände können noch scharf auf der Netzhaut abgebildet werden. Ferne Gegenstände können mit komplett entspanntem Auge betrachtet werden, genau wie beim gesunden Auge. In Abb. 2.18 sind die Strahlengänge skizziert.

2.3.3 Kurzsichtigkeit

Ein Mensch mit Kurzsichtigkeit, oder auch Myopie genannt, kann sehr nahe Gegenstände problemlos scharf sehen, dagegen werden weit entfernte nur unscharf auf der Netzhaut abgebildet. Analog zur Weitsichtigkeit kann hier ein zu langer Augapfel die Ursache sein. Selbst bei vollkommen entspanntem Auge mit Akkommodation f_{max} auf unendlich wird das Licht noch so stark fokussiert, dass die Strahlen bereits vor der Netzhaut zusammenlaufen und auf der Netzhaut selbst nur noch ein unscharfes Bild entsteht. Gleichzeitig können

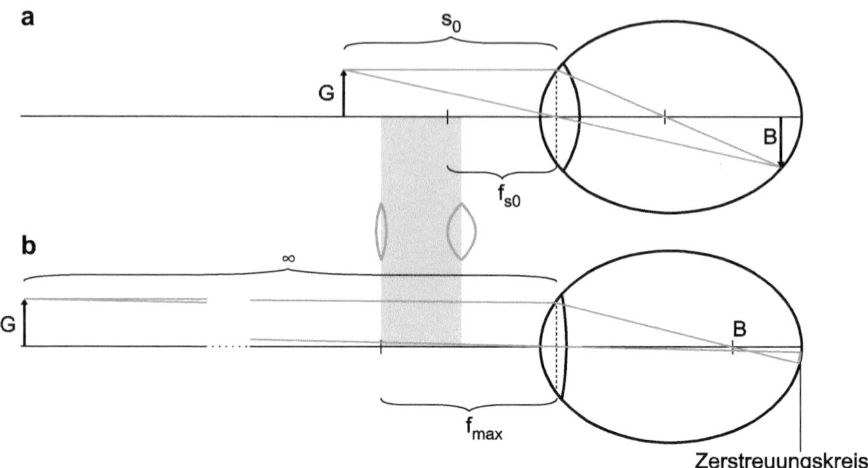

Abb. 2.19 Strahlengang im kurzsichtigen Auge. **a** Beim Betrachten eines Gegenstands im Abstand der deutlichen Sehweite s_0. Durch den verlängerten Augapfel reicht bereits eine weniger starke Fokussierung mit $f_{s_0} > f_{min}$ aus, um ein scharfes Bild auf der Netzhaut abzubilden. Das würde im Alltag nicht weiter stören. **b** Gegenstände im Unendlichen jedoch können überhaupt nicht scharf gesehen werden, selbst die maximal mögliche Brennweite f_{max} des vollkommen entspannten Auges reicht nicht aus, um das Bild auf die Netzhaut zu bringen. Grau schattiert ist analog zu Abb. 2.15 die Akkommodationsbreite

Gegenstände im Abstand s_0 bereits mit einer Brennweite $f_{s_0} > f_{min}$ scharf gesehen werden. In Abb. 2.19 ist dies skizziert.

Hier kann der Strahlengang mithilfe von konkaven Linsen korrigiert werden. Ihre negative Brennweite äußert sich in einem negativen Dioptriewert und sorgt, wie in Abb. 2.20 gezeigt, für eine Aufweitung der Lichtstrahlen und eine dadurch korrigierte Abbildung auf der Netzhaut.

2.3.4   Altersweitsichtigkeit

Die Altersweitsichtigkeit, auch Presbyopie, ist eine weitere Form der Fehlsichtigkeit, die in höherem Alter auftritt. Grund dafür ist die sinkende Elastizität der Augenlinse und eine damit einhergehende Erhöhung der minimal möglichen Brennweite f_{min}. Dadurch wird das Scharfsehen in kurzen Abständen, typischerweise beim Lesen, erschwert und eine Lesebrille mit konvexen Linsen wird notwendig.

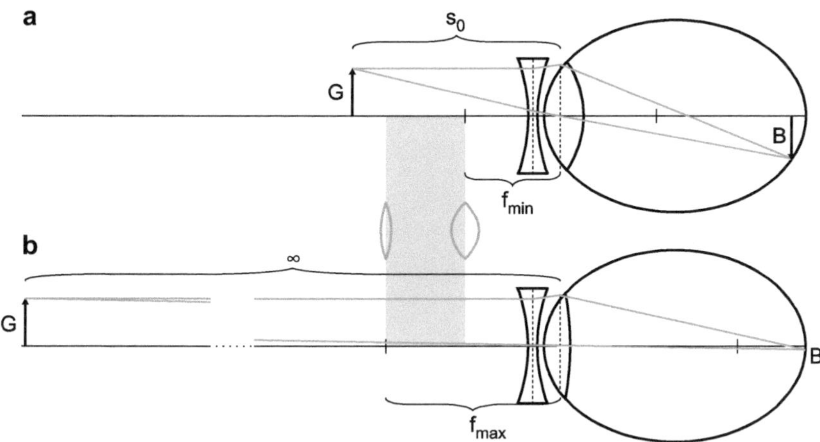

Abb. 2.20 Strahlengang im kurzsichtigen Auge mit konkaver Linse. In **a** ist die Akkommodation auf einen Gegenstand im Abstand s_0 gezeigt. Dieser wird nach wie vor scharf gesehen, aufgrund der Strahlaufweitung durch die konvexe Linse nun aber mit der minimalen Brennweite f_{min}. Gleichzeitig wird in **b** durch die Linse das Scharfsehen im Unendlichen mit f_{max} erreicht

2.4 Linsenfehler

Auch Glaslinsen liefern nicht ohne Weiteres ein perfektes Bild. Verschiedene Linsenfehler, die größtenteils weniger das menschliche Auge, sondern vor allem Kameras oder Teleskope betreffen können, sehen wir uns jetzt genauer an.

2.4.1 Chromatische Abberation

Bedient man sich des Altgriechischen und des Lateinischen, so lässt sich die chromatische Abberation übersetzen mit einer Abweichung vom Idealen, die wohl irgendwas mit den Farben zu tun hat. Das stimmt so weit auch. Eigentlich wissen wir an dieser Stelle auch schon alles, um sie zu verstehen. Bisher haben wir bei allen Linsen angenommen, dass ihr Glas einen konstanten Brechungsindex hat, egal, welches Licht gebrochen wird. Aus Abschn. 1.3 und Abb. 1.11 wissen wir, dass das nicht immer der Fall ist. So wird in Wasser und auch in Glas aufgrund der Dispersion langwelliges rotes Licht schwächer gebrochen als kurzwelliges blaues. Dies führt in der Linse dazu, dass Licht mit kürzerer Wellenlänge verhältnismäßig stärker fokussiert wird. In Abb. 2.21 seht ihr einen Strahlengang, an dem die unterschiedlichen Brennweiten gut erkennbar sind. Lässt man das gebündelte Licht einer Sammellinse auf ein Blatt Papier scheinen, so erkennt man aufgrund der chromatischen Abberation vor der Brennebene einen rötlichen Ring um die Lichtscheibe, weiter hinten

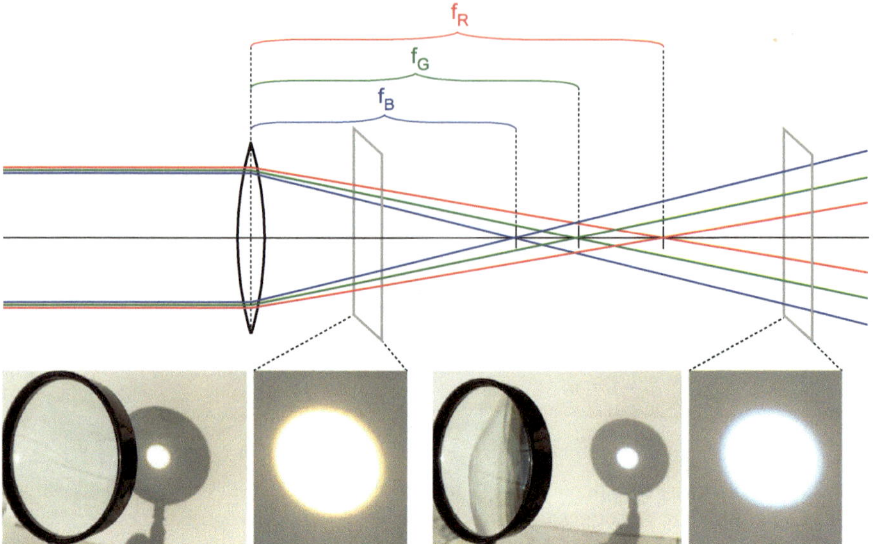

Abb. 2.21 Chromatische Abberation. Strahlengang durch eine Sammellinse für unterschiedliche Farben. Je nach Wellenlänge wird das Licht stärker oder schwächer fokussiert, was zu unterschiedlichen Brennweiten f_R, f_G und f_B führt. Mit einem Blatt Papier innerhalb der Brennweiten lässt sich eine weiße Scheibe mit rotem Ring erkennen. Erhöht man den Abstand des Papiers zur Sammellinse auf einen Wert größer den Brennweiten, so wird der Ring blau

dagegen einen blauen Rand. Und warum ist nicht die ganze Scheibe bunt? Abgesehen vom Rand trifft noch immer an jeder Stelle der Scheibe Licht jeder Wellenlänge ein, das sich zu Weiß zusammenmischt.

2.4.2   Sphärische Abberation

Nach dem gleichen Prinzip wie eben ermitteln wir aus der Bezeichnung dieses Linsenfehlers, dass irgendetwas nicht stimmt, und es hat mit einer Kugelform zu tun. Beim Durchgang durch eine Linse mit kugelförmigen Grenzflächen werden die Lichtstrahlen je nach ihrem Abstand zur optischen Achse unterschiedlich stark fokussiert. Dies hat unterschiedliche Brennpunkte und damit unscharfe Abbildungen zur Folge. Abhilfe schafft man sich mit besonders geformten, sogenannten asphärischen Linsen, deren Form von den Kugelflächen abweicht und diesen Fehler korrigiert, zu sehen in Abb. 2.22.

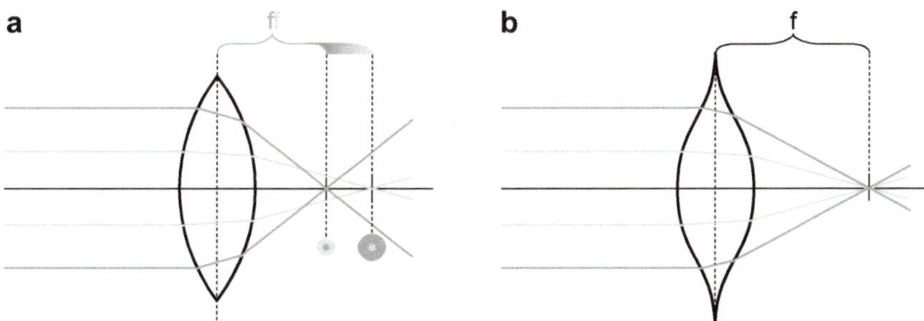

Abb. 2.22 a Sphärische Abberation an einer Linse mit kugelförmigen Grenzflächen. Lichtstrahlen, die weit entfernt von der optischen Achse auf die Linse einfallen, werden stärker fokussiert als achsennahe Strahlen. Dadurch ergeben sich je nach Einfallshöhe unterschiedliche Brennweiten f und es ist nicht möglich, alle Strahlen zu einem scharfen Bild zu fokussieren. Man muss einen Kompromiss finden zwischen einem scharfen Abbild der achsenfernen (dunkelgrauer Punkt im hellgrauen Zerstreuungskreis) oder der achsennahen Strahlen (hellgrauer Punkt im dunkelgrauen Zerstreuungskreis). **b** Eine asphärische Linse ist so geformt, dass auch die achsenfernen Strahlen den Brennpunkt der achsennahen erreichen, die sphärische Abberation verschwindet

2.4.3 Koma

Die Koma ist eigentlich nur eine Sonderform der sphärischen Abberation. Wir betrachten wieder zueinander parallel einfallendes Licht, das nun aber unter einem bestimmten Winkel zur optischen Achse auf die Linse trifft. Wieder ist der Abstand der Strahlen zur optischen Achse entscheidend, aber zusätzlich zur Schärfe wird nun auch die Position davon abhängig. Abb. 2.23 zeigt die unterschiedlichen Positionen der unterschiedlich scharfen Bereiche und der Zerstreuungskreise der verschiedenen Strahlen.

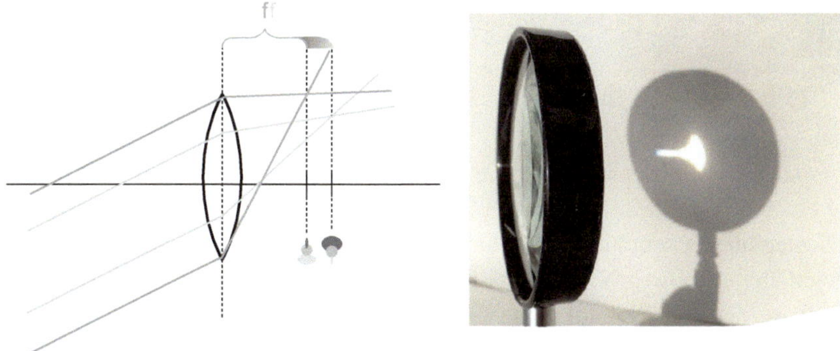

Abb. 2.23 Die Koma, eine Unterform des sphärischen Abberation für parallele, aber zur optischen Achse schräg einfallende Strahlen. Bei den zwei beispielhaften Brennweiten für achsennahe (hellgraue) und achsenferne (dunkelgraue) Strahlen unterscheiden sich die Fokuspunkte und Zerstreuungskreise in der Position relativ zur optischen Achse. (Vgl. hierzu Abb. 2.22)

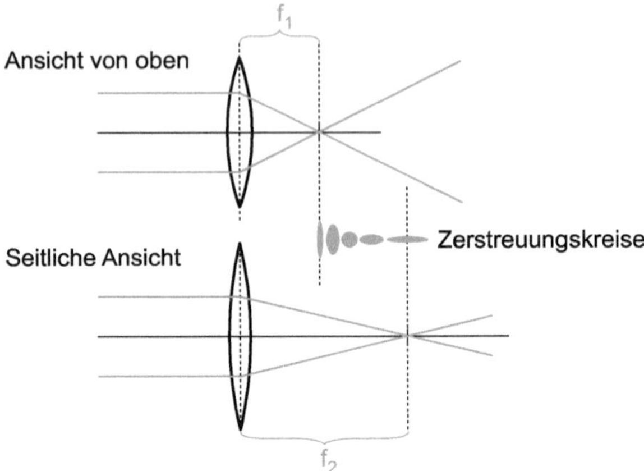

Abb. 2.24 Astigmatismus an einer nicht rotationssymmetrischen Linse in verschiedenen Ansichten. Durch unterschiedliche Brennweiten an derselben Linse kommt es je nach Abstand zur Linse zu unterschiedlich verzerrten Zerstreuungskreisen. Eine scharfe Abbildung ist überhaupt nicht möglich, das Optimum bildet der kreisförmige Zerstreuungskreis mit einer Brennweite innerhalb der beiden gezeigten f_1 und f_2

2.4.4　Astigmatismus

Astigmatismus tritt auf, wenn Licht auf eine nicht rotationssymmetrische Linse trifft. Durch die Asymmetrie werden die Strahlen wieder unterschiedlich stark fokussiert und es kommt erneut zu Unschärfe. Hierbei gibt es keinen Abstand mit optimaler Schärfe, da die Zerstreuungskreise mit unterschiedlichem Abstand nie verschwinden, sondern nur ihre Form ändern (mehr dazu in Abb. 2.24). Dieser Linsenfehler kann auch im menschlichen Auge auftreten, bekannt als Hornhautverkrümmung oder „Stabsehen", und wird durch spezielle Brillenlinsen kompensiert.

2.5　Die Fresnel-Linse

Eine besondere Form der Linse ist die Fresnel-Linse. Ihr Aufbau erklärt sich am besten anhand einer Skizze, zu sehen in Abb. 2.25b. Sie kommt zum Einsatz, wenn aufgrund zu hoher Kosten oder beschränkten Platzangebots Material eingespart werden muss. Nachdem seit vielen Jahren sehr große Fresnel-Linsen zur Bündelung des Lichts in Leuchttürme eingebaut werden, sorgt die aktuelle Smartphoneentwicklung für Bedarf an sehr kleinen Fresnel-Linsen. Hier finden sie aber nicht in der Kamera Einsatz, dafür liefern sie eine zu schlechte Abbildungsqualität. Stattdessen tauchen sie in dem ein oder anderen Smartphone

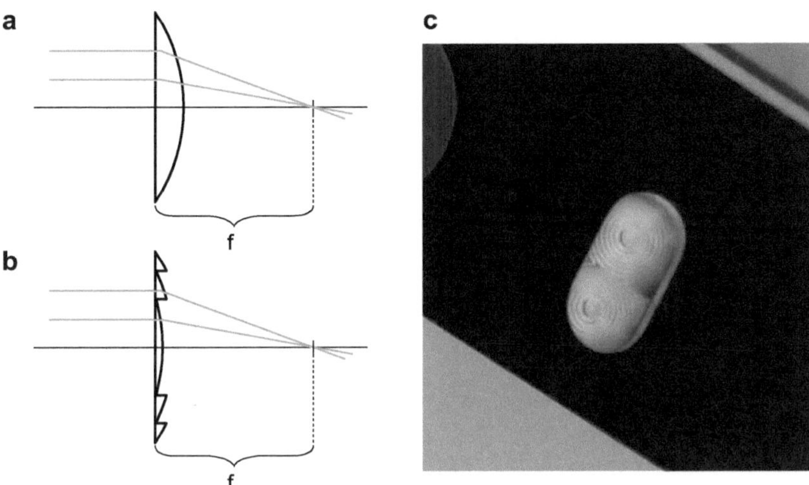

Abb. 2.25 **a** Herkömmliche Sammellinse mit Brennweite f. **b** Fresnel-Linse der gleichen Brennweite. Unnötiges Linsenmaterial fehlt hier, die Krümmung der Linse ist aber an jeder Stelle unverändert. Dadurch ergeben sich gleiche Brecheigenschaften, allerdings mit reduzierter Bildqualität. Bei der Bündelung von Lichtstrahlen, wie am Smartphonelicht (**c**), spielt diese aber sowieso keine Rolle

als Bündellinse vor der integrierten Taschenlampen-LED auf. Hier ist keine hochwertige Abbildung notwendig, und möglichst viel Platz soll eingespart werden. Abb. 2.25c zeigt diesen Einsatzzweck.

Aufgaben

2.1 Fisch im Kugelglas

Eine Katze (in Luft, $n_L = 1$) blickt auf ein kugelförmiges (Kugelradius $r = 15\,\mathrm{cm}$) Goldfischglas, das mit Wasser ($n_W = 1{,}33$) gefüllt ist. Im Glas schwimmt ein Fisch. Für die Katze sieht es so aus, als hätte der Fisch von ihr den Abstand $d_{\mathrm{scheinbar}} = 10\,\mathrm{cm}$. Sie selbst befindet sich $d_{\mathrm{K-G}} = 5\,\mathrm{cm}$ vom Glas entfernt. Die Dicke der Glasscheibe kann vernachlässigt werden.

a) Fertige eine Skizze an und zeichne alle relevanten Größen ein.
b) Wie weit ist der Fisch tatsächlich von der Katze entfernt?

2.2 Wassertropfen

Auf einem Salatblatt sitzt ein halbkugelförmiger Wassertropfen ($n_W = 1{,}33$). Dieser bricht das Licht der unendlich weit entfernten Sonne. Muss sich der Gärtner sorgen, dass das dadurch gebündelte Licht das Blatt verbrennt? Begründe deine Antwort.

2.3 Sehwinkel

Berechne den Sehwinkel, unter dem du deinen Daumen bei ausgestrecktem Arm siehst. Du befindest dich nun $d = 200\,\mathrm{m}$ vor einem Gebäude, das dir unter gleichem Winkel erscheint. Wie hoch ist das Haus?

2.4 Sonnenfinsternis

Von Zeit zu Zeit lässt sich auf der Erde ein beeindruckendes Spektakel beobachten, eine Sonnenfinsternis. Hierbei kann der eigentlich viel kleinere Mond die Sonne exakt vollständig verdecken.

a) Wieso kann der kleine Mond die große Sonne vollständig verdecken? Worauf kommt es an?
b) Die Sonne besitzt einen Durchmesser von $D_S = 1.390.000\,\mathrm{km}$, der Mond etwa $D_M = 3500\,\mathrm{km}$. Der Abstand von der Erde zum Mond beträgt etwa $d_{\mathrm{EM}} = 384.000\,\mathrm{km}$. Wie weit d_{ES} ist demzufolge die Sonne von der Erde entfernt?

2.5 Strahlengang

Konstruiere den Strahlengang eines virtuellen Bilds, das mithilfe einer Sammellinse erzeugt wird. Wo muss der Gegenstand stehen?

2.6 Kleinwinkelnäherung

Die Kleinwinkelnäherung aus Gl. 2.2 spielt in der Physik oft eine wichtige Rolle. Bewerte ihre Gültigkeit für Winkel zwischen $\alpha = 0°$ und $\alpha = 20°$ mithilfe einer Tabelle.

Lösungen

2.1 Fisch im Kugelglas

a) Der scheinbare Abstand $d_{\text{scheinbar}}$, unter dem die Katze den Fisch beobachtet, ist tatsächlich der Abstand von der Katze zum Bild des Fischs, das von der gekrümmten Fläche erzeugt wird. Wir können also die Bildweite b in unsere Skizze integrieren.

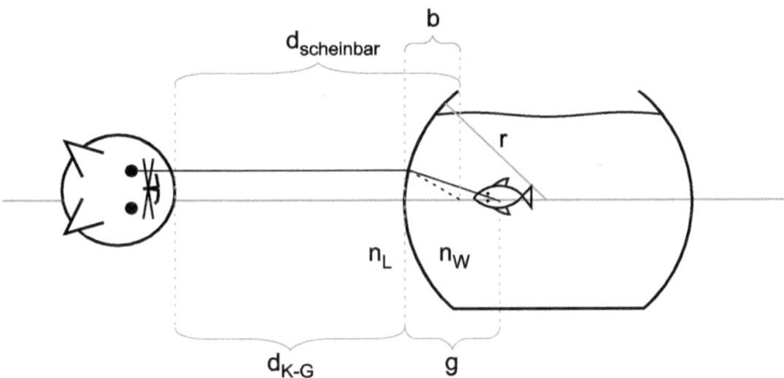

b) Gegeben: r, n_{L}, n_{W}, $d_{\text{scheinbar}}$, $d_{\text{K}-\text{G}}$
Gesucht: g
Der tatsächliche Abstand des Fischs zur Katze, $d_{\text{F}-\text{K}}$, ergibt sich über den Abstand $d_{\text{K}-\text{G}}$ der Katze zur Grenzfläche und die Gegenstandsweite g, die den Abstand vom Fisch zur Grenzfläche beschreibt:

$$d_{\text{F}-\text{K}} = d_{\text{K}-\text{G}} + g$$

Um das unbekannte g bestimmen zu können, nutzen wir die Formel für Lichtbrechung an gekrümmten Grenzflächen (Gl. 2.1):

$$\frac{n_{\text{W}}}{g} + \frac{n_{\text{L}}}{b} = \frac{n_{\text{L}} - n_{\text{W}}}{-r}$$

Achtung, hier ist etwas Wichtiges passiert, das leicht übersehen werden kann: Das r im Nenner hat ein negatives Vorzeichen bekommen, da die Grenzfläche, im Gegensatz zu Abb. 2.3, hier nicht vom Gegenstand weg, sondern zum Gegenstand hin gekrümmt ist. Aufgelöst nach g erhalten wir

$$g = \frac{n_\text{W} b r}{(n_\text{W} - n_\text{L})b - n_\text{L} r}.$$

Hier noch unbekannt ist nur noch die Bildweite b. Diese finden wir mithilfe der Skizze. Da sich Gegenstand und Bild auf der gleichen Seite der Grenzfläche befinden, muss b einen negativen Wert besitzen. So erhalten wir

$$b = -(d_\text{scheinbar} - d_\text{K-G}) = d_\text{K-G} - d_\text{scheinbar}.$$

Damit lässt sich das b aus obiger Gleichung eliminieren:

$$g = \frac{n_\text{W}(d_\text{K-G} - d_\text{scheinbar})r}{(n_\text{W} - n_\text{L})(d_\text{K-G} - d_\text{scheinbar}) - n_\text{L} r},$$

und wir erhalten für den gesuchten Abstand $d_\text{F-K}$

$$d_\text{F-K} = d_\text{K-G} + \frac{n_\text{W}(d_\text{K-G} - d_\text{scheinbar})r}{(n_\text{W} - n_\text{L})(d_\text{K-G} - d_\text{scheinbar}) - n_\text{L} r}$$

und mit allen bekannten Werten eingesetzt

$$d_\text{F-K} = 11\,\text{cm}.$$

Die Katze schätzt die Position des Fischs aufgrund der Grenzfläche also um 10% falsch ein.

2.2 Wassertropfen

Grundsätzlich ist ein Wassertropfen dazu in der Lage, Licht zu bündeln. Aber nein, der Gärtner muss sich keine Sorgen machen. Wir nutzen Formel 2.9, um die bildseitige Brennweite f_B für den kugelförmigen Tropfen zu bestimmen. Sie ergibt sich zu

$$f_\text{B} = \frac{n_\text{W}}{n_\text{W} - n_\text{L}} r,$$

wobei r den Radius des Tropfens beschreibt. Einsetzen der Brechungsindizes liefert uns

$$f_\text{B} = \frac{1{,}33}{1{,}33 - 1} = 4{,}03 r.$$

Der Brennpunkt dieser Wasserhalbkugel liegt also weit hinter dem Blatt, das von der Tropfenoberfläche ja nur $\frac{1}{2}r$ entfernt ist. Dadurch wird das Licht auf dem Blatt nicht scharf fokussiert und der Salat bleibt unversehrt.

2.3 Sehwinkel

Ein Daumen der Höhe $h_{\mathrm{D}} = 7\,\mathrm{cm}$ erscheint, bei ausgestrecktem Arm, im Abstand von $d_{\mathrm{D}} = 80\,\mathrm{cm}$ unter einem Sehwinkel ε von

$$\varepsilon = \arctan\frac{h_{\mathrm{D}}}{d_{\mathrm{D}}} \approx 5°.$$

Die Höhe h des Hauses ergibt sich dadurch zu

$$h = d\tan\varepsilon = 17{,}5\,\mathrm{m}.$$

2.4 Sonnenfinsternis

a) Entscheidend ist nicht die Größe des Objekts, sondern der Sehwinkel, unter dem wir es betrachten. Da sich der im Verhältnis zur Sonne sehr kleine Mond sehr viel näher an der Erde befindet, erscheint er uns unter einem ähnlichen Sehwinkel wie die Sonne. Dadurch erscheinen beide Himmelskörper in etwa gleich groß.

b) Unter der Annahme, dass beide Himmelskörper unter dem gleichen Sehwinkel ε erscheinen, erhalten wir

$$\frac{D_{\mathrm{S}}}{d_{\mathrm{ES}}} = \tan\varepsilon = \frac{D_{\mathrm{M}}}{d_{\mathrm{EM}}}.$$

Daraus folgt für den Abstand der Sonne zur Erde direkt

$$d_{\mathrm{ES}} = \frac{d_{\mathrm{EM}}}{D_{\mathrm{M}}}D_{\mathrm{S}} \approx 150.000.000\,\mathrm{km}.$$

2.5 Strahlengang

Nutzt die Anleitung in Tab. 2.4, um den Strahlengang zu konstruieren. In Abb. 2.11 seht ihr das Ergebnis. Um an einer Sammellinse ein virtuelles Bild zu erzeugen, muss sich der Gegenstand innerhalb der Brennweite befinden ($g < f$).

2.6 Kleinwinkelnäherung

Die Bewertung, ob die Kleinwinkelnäherung bei einem bestimmten α gültig ist oder nicht, ist hier nur grob festgelegt und hängt letztlich auch von der jeweiligen Fragestellung ab.

α in Grad	α im Bogenmaß	$\sin \alpha$	Näherung gültig
0	0	0	Ja
2	0,035	0,035	Ja
4	0,070	0,070	Ja
6	0,105	0,105	Ja
8	0,140	0,139	Ja
10	0,175	0,174	Ja
15	0,268	0,259	Nein
20	0,349	0,342	Nein

Nah und fern, groß und klein: Optische Geräte und Spiegel

3

Inhaltsverzeichnis

3.1 Linsensysteme und optische Geräte

Wie im letzten Kapitel beschrieben, wird die Korrektur von Fehlsichtigkeiten also durch ein Zusammenspiel von Augenlinse und Brille erreicht. Man spricht bei dieser Kombination mehrerer Linsen von Linsensystemen. Diese finden in allen optischen Geräten Anwendung, angefangen bei der einfachen Lupe über Kamera und Mikroskop hin zum Fernglas. All diese Anwendungen sehen wir uns jetzt genauer an. Informationen zur maximalen Auflösung dieser Geräte gibt es erst später im Buch, in Abschn. 6.4.6.

3.1.1 Die Lupe

Das einfachste optische System ist die Lupe. Mit nur einer einzigen konvexen Linse, meist an einem Griff befestigt, kann man Gegenstände größer wirken lassen, als sie sind. Erreicht wird das dadurch, dass man analog zu Abschn. 2.2.4 einen Gegenstand in der Brennebene oder zwischen Brennebene und Linse platziert, was ein virtuelles, aufrecht stehendes, vergrößertes Bild erzeugt. Wie Abb. 3.1 zeigt, befindet sich der Gegenstand für optimale Betrachtung direkt in der Brennebene, dann ist das Bild nämlich ins Unendliche gewandert (weshalb ihr es in der Skizze nicht findet). Wie kann man sich ein Bild im Unendlichen vorstellen?

© Springer-Verlag GmbH Deutschland, ein Teil von Springer Nature 2019

M. Gmelch und S. Reineke, *Durchblick in Optik*,

https://doi.org/10.1007/978-3-662-58939-7_3

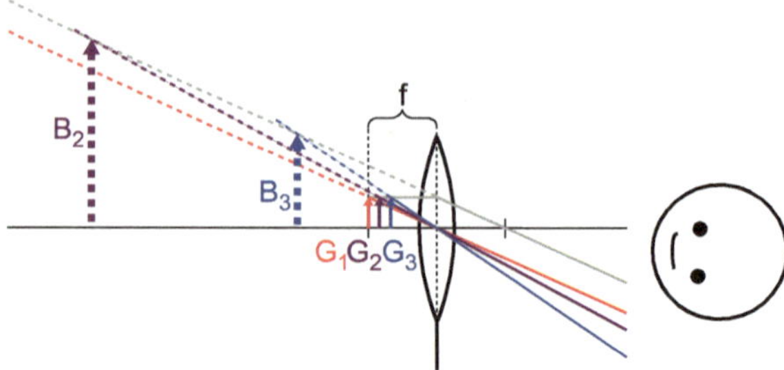

Abb. 3.1 Blick durch eine Lupe auf drei Gegenstände. G_1 befindet sich direkt in der Brennebene, was zu einem virtuellen Bild im Unendlichen führt. Bei G_2 und G_3 ist die Gegenstandsweite etwas kleiner, dadurch lassen sich die erzeugten Bilder B_2 und B_3 aus dem Strahlengang konstruieren. Man erkennt aber, dass die lineare Vergrößerung mit Annäherung der Gegenstandsweite an die Brennweite von G_3 auf G_2 deutlich zunimmt

In Abb. 3.2 ist die Kamera auf unendliche Entfernung scharfgestellt, sodass also (in Bezug auf die Brennweite) sehr weit entfernte Objekte scharf abgebildet werden, in diesem Fall der Baum und das Hochhaus. Die Spielfigur im Vordergrund dagegen ist nur unscharf zu erkennen. Packt man bei gleicher Kameraeinstellung jetzt eine Lupe vor die Figur, so ist sie auf einmal scharf und vergrößert zu erkennen. Der Grund dafür ist, dass wir durch die Lupe korrekterweise nicht die Figur selbst, sondern eben ihr Bild im Unendlichen sehen können. Dies ist für unser Auge besonders angenehm, da eine Fokussierung auf unendlich (gemäß Abschn. 2.3.1) einem vollständig entspannten Augenmuskel entspricht. Für diesen

Abb. 3.2 **a** Fokussiert man eine Kamera auf unendlich, so erscheinen weit entfernte Objekte, wie das Hochhaus und der Baum, scharf. Nahe Objekte, wie die Spielfigur, lassen sich nur verschwommen erkennen. **b** Bei gleicher Einstellung der Kamera lässt sich die Spielfigur scharf ablichten, wenn man mithilfe einer Lupe ein Bild von ihr im Unendlichen erzeugt

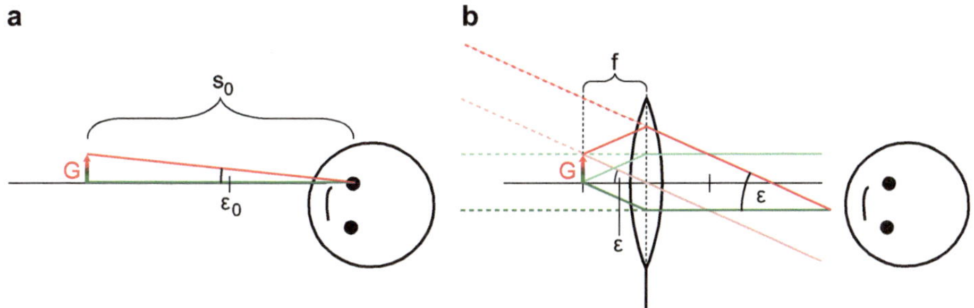

Abb. 3.3 **a** Ein Mensch betrachtet einen Gegenstand der Höhe G im Abstand der deutlichen Sehweite s_0. Daraus ergibt sich ein bestimmter Sehwinkel ε_0. **b** Platziert man den Gegenstand genau in der Brennebene einer Sammellinse, so werden die Lichtstrahlen analog zu Abb. 2.8 jedes einzelnen Punkts des Gegenstandes parallelisiert. Beispielhaft gezeigt sind der Anfangspunkt (grün) und der Endpunkt (rot) des Pfeils. Der dadurch erreichte Sehwinkel ε ist gegenüber ε_0 vergrößert

optimalen Fall lässt sich die Vergrößerung berechnen. Aufmerksame Leser könnten jetzt anmerken, wir haben sie ja in Abschn. 2.2.4 schon berechnet, und sie beträgt $V = \infty$. Und damit habt ihr auch recht. Dies ist aber die lineare Vergrößerung aus Gl. 2.15 und beschreibt das lineare Verhältnis zwischen Gegenstand und Bild. Um die für das Auge erkennbare Vergrößerung angeben zu können, ist dies aber nicht ausreichend, da zum Beispiel der Abstand des Bilds zum Auge nicht berücksichtigt ist. Besser geeignet ist deshalb die in Gl. 2.11 eingeführte Winkelvergrößerung

$$V_\sphericalangle = \frac{\tan \varepsilon}{\tan \varepsilon_0}.$$

Wir müssen also ε und ε_0 bestimmen. Sehen wir uns dafür die Situation mit und ohne Lupe in Abb. 3.3 an. Durch einfache Geometrie erhalten wir aus Abb. 3.3a

$$\tan \varepsilon_0 = \frac{G}{s_0} \tag{3.1}$$

und durch etwas genaueres Hinschauen und das Ausnutzen von Parallelwinkeln in Abb. 3.3b auch

$$\tan \varepsilon = \frac{G}{f}. \tag{3.2}$$

Zusammengesetzt erhalten wir für die maximale Winkelvergrößerung der Lupe also

$$V_{\sphericalangle,\text{Lupe}} = \frac{\frac{G}{f}}{\frac{G}{s_0}} = \frac{s_0}{f}. \tag{3.3}$$

Hierbei gilt gemäß Abschn. 2.3.1 stets $s_0 = 25\,\text{cm}$. Die Winkelvergrößerung und dadurch auch der Sehwinkel für einen Gegenstand, der in der Brennebene einer Lupe positioniert ist, ist also ausschließlich von deren Brennweite abhängig, nicht aber vom Abstand des Beobachters zur Lupe. Das hat zur Folge, dass das Bild im Verhältnis zur Lupe größer wird,

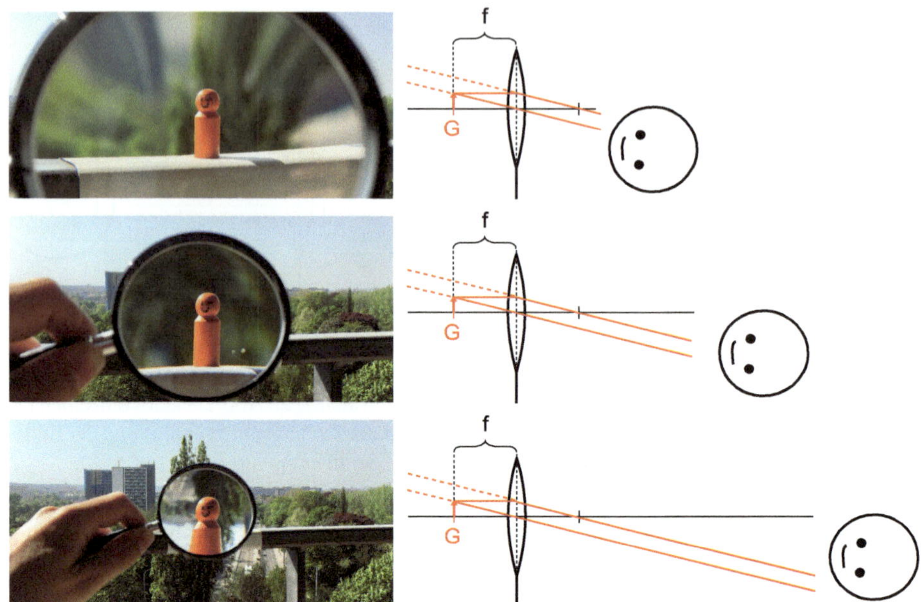

Abb. 3.4 Eine Spielfigur, die in der Brennebene einer Lupe steht, wirkt immer gleich groß, unabhängig vom Abstand des Betrachters zur Lupe. Der Sehwinkel bleibt also gleich, stattdessen ändert der Bildausschnitt seine Größe

wenn man sich von ihr entfernt (siehe Abb. 3.4). Das steht im krassen Gegensatz zu unserer alltäglichen Erfahrung, dass Gegenstände mit steigender Entfernung kleiner erscheinen, also ihr Sehwinkel (auch scheinbare Größe genannt) abnimmt.

3.1.2 Die Kamera

Als nächstes System wollen wir uns die Kamera ansehen. Ähnlich zu unserem Auge wird auch hier das Bild eines Gegenstands mithilfe eines Linsensystems auf einen Detektor gebracht. Hierbei ist Bild nicht gleich Bild. Über verschiedene Einstellungen, wie die Blendenöffnung, die Fokussierung oder den optischen Zoom gibt es an der Kamera viele Möglichkeiten, das einfallende Licht zu verarbeiten. Sehen wir uns die einzelnen Funktionen genauer an.

Die Grundlagen und die Blende

Wie Abb. 3.5 zeigt, ließen sich einfachste Kameras bereits mit einer einzigen Linse realisieren. Hierfür wird durch eine Sammellinse ein reelles Bild der Umgebung auf einem Detektor abgebildet. In der (nicht maßstabsgetreuen) Abb. 3.6a bringt die konvexe Linse

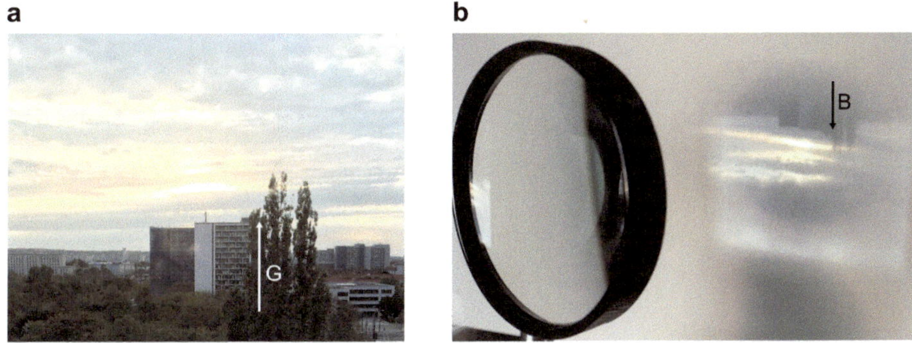

Abb. 3.5 Die Arbeitsweise einer Kamera mit einer einzigen Linse, einer Lupe, dargestellt. Die in **a** gezeigte Umgebung lässt sich in **b** mit der Lupe als reelles, auf dem Kopf stehendes Bild auf einem Schirm, einem Blatt Papier, einem Film oder einem Detektor abbilden

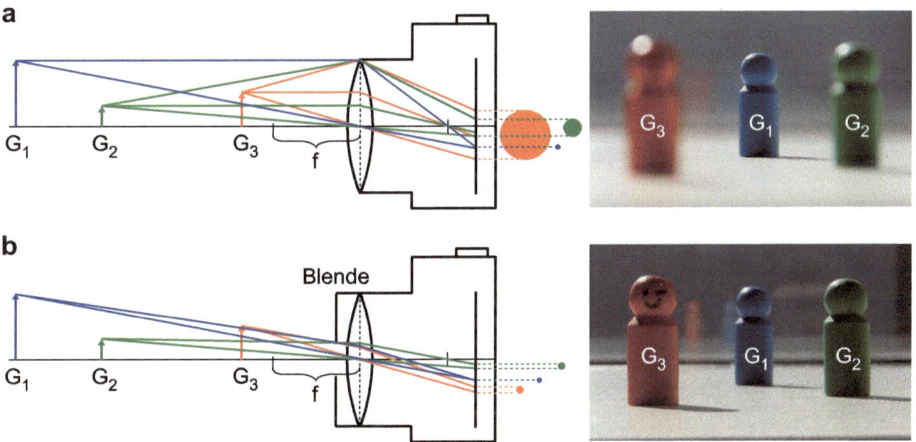

Abb. 3.6 a Einfachster Aufbau einer Kamera mit fester Brennweite und ohne Blende oder optischem Zoom. Eine konvexe Linse liefert Bilder der Gegenstände auf einen Detektor. Richtig scharf ist das Bild nur für Gegenstände in einem bestimmten Abstand, der von der Kamera nicht geändert werden kann. Hier wird G_1 scharf abgebildet, G_2 und G_3 sind zu nahe an der Kamera, ihre Zerstreuungskreise (orange und grün) sind sehr groß. **b** Durch das Schließen der Blende werden achsenferne Strahlen abgeschnitten, wodurch sich die Unschärfe nicht fokussierter Gegenstände auf dem Detektor reduzieren lässt. Um mit stark geschlossener Blende gleiche Helligkeit auf den Detektor zu bringen, muss die Belichtungszeit entsprechend erhöht werden, so geschehen im Foto

das Bild der Gegenstände auf den Detektor. Bei diesem einfachen Aufbau ist es allerdings nicht möglich, zu zoomen oder auf bestimmte Abstände scharf zu stellen. So wird hier auch nur Gegenstand G_1 scharf auf den Detektor abgebildet. G_2 und G_3 hingegen sind nur unscharf zu erkennen, da die Lichtstrahlen der Pfeilspitzen nicht in einem einzelnen Punkt auf dem Detektor fokussiert werden, sondern scheibenförmige unscharfe

Tab. 3.1 Übersicht über typische Blendenzahlen bei Kameras

Blendenzahl	Anteil an durchgelassenem Licht
$f/1,4$	1
$f/2$	$\frac{1}{2}$
$f/2,8$	$\frac{1}{4}$
$f/4$	$\frac{1}{8}$
$f/5,6$	$\frac{1}{16}$
$f/8$	$\frac{1}{32}$
$f/11$	$\frac{1}{64}$

Zerstreuungskreise bilden. Die sogenannte Schärfentiefe (oder Tiefenschärfe) gibt an, wie stark sich die Gegenstandsweiten verschiedener Objekte unterscheiden dürfen, ohne dass eines davon unscharf abgebildet wird. Vergrößern lässt sie sich dadurch, dass man das einfallende Licht durch eine Blende zuschneidet, zu sehen in Abb. 3.6b. Dadurch verkleinern sich die Zerstreuungskreise auf dem Detektor und die Schärfentiefe nimmt zu.

Das dazugehörige, in der Fotografie eingesetzte Maß ist die Blendenzahl. Sie gibt an, wie weit die Blende (auch Apertur genannt) geöffnet ist und wie viel Licht den Detektor erreicht. Technisch gesehen ist die Blende einfach ein kreisförmiges Loch im Strahlengang mit einstellbarem Durchmesser. Tab. 3.1 gibt eine Übersicht über typische Werte. Deren Schrittweite ist über den Faktor $\sqrt{2}$ so gewählt, dass der Anteil an durchgelassenem Licht jeweils halbiert wird. Die seltsame Schreibweise beschreibt die Öffnung der Blende über einen Bruchteil der Brennweite f.

Die Fokussierung

Möchte man Objekte in unterschiedlichen Abständen scharf abbilden, muss die Fokussierung der Kamera verändert werden. Physikalisch ausgedrückt bedeutet das, dass das Bild für verschiedene Gegenstandsweiten scharf auf dem Detektor landen muss. Dies könnte im einfachsten Fall durch einen variablen Abstand zwischen Linse und Detektor realisiert werden, welcher auf die benötigte Bildweite eingestellt wird. Abb. 3.7a zeigt diese Art der Fokussierung für unterschiedliche Gegenstandsweiten. Üblicher ist aber eine Kombination mehrerer Linsen, mit deren Hilfe die effektive Brennweite des Systems angepasst wird, um ein scharfes Bild abzubilden, zu sehen in Abb. 3.7b.

Die Zoomfunktion

Eine weitere technische Errungenschaft in Kameras ist die sogenannte optische Zoomfunktion. Hierbei kann das Bild ohne Qualitätsverlust vergrößert werden, Gegenstände werden „herangezoomt". Physikalisch werden die erzeugten Bilder auf dem Detektor durch

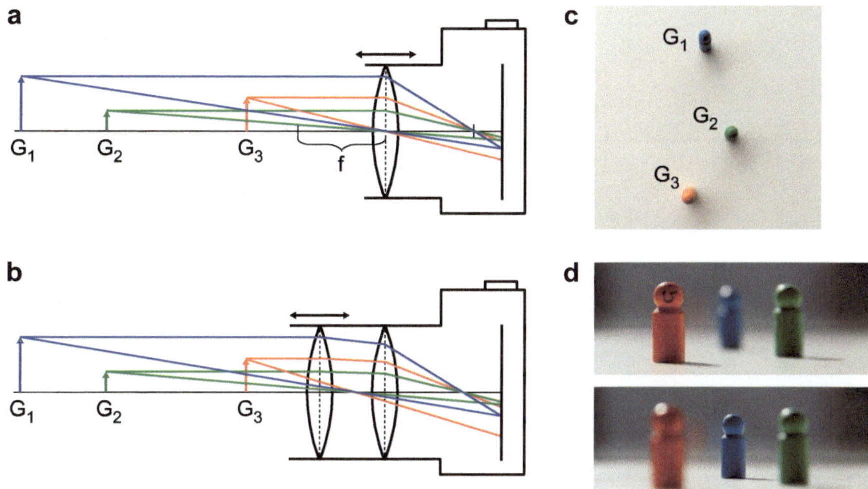

Abb. 3.7 a Die primitivste Möglichkeit, eine Kamera auf Gegenstände in unterschiedlicher Entfernung scharfzustellen: Der Abstand der Linse zum Detektor wird auf die jeweilige Bildweite angepasst. **b** Die üblichere Möglichkeit: Das Linsensystem verschiebt sich gegeneinander so, dass durch eine veränderte Brennweite unterschiedliche Gegenstandsweiten zur selben Bildweite führen. Tatsächlich handelt es sich in modernen Kameras aber um mehr als nur diese zwei Linsen. **c** Draufsicht auf die Szene, die in **d** fotografiert wurde. **d** Je nach Einstellung der Kamera sind unterschiedlich weit entfernte Gegenstände scharf gestellt

Verschieben einer Zerstreuungslinse im Zoomobjektiv vergrößert. Abb. 3.8 zeigt die Aufnahme eines Gegenstands G (a) ohne und (b) mit Zoom. Bei Letzterem ist das Bild B am Detektor deutlich vergrößert. Aus der Skizze kann man schon gut erkennen, warum der optische Zoom in Smartphonekameras praktisch nicht zu finden ist: Das Objektiv benötigt aufgrund des großen Verschiebewegs sehr viel Platz.

3.1.3 Das Mikroskop – eine verbesserte Lupe

Ähnlich wie in der Kamera sind auch im Mikroskop, gezeigt in Abb. 3.9, mehrere Linsen verbaut, auch wenn die Anforderungen an die Optik ein bisschen anders sind. Sehen wir sie uns einmal an: Wir möchten gerne sehr kleine Objekte möglichst groß und dazu mit entspanntem Auge betrachten. Wir erinnern uns an die Lupe aus Abschn. 3.1.1, mit deren Hilfe wir genau das schon erreichen. Wozu dann das Mikroskop? Die Vergrößerung der Lupe ist begrenzt, mehr als fünf- bis zehnfach lässt sich kaum erreichen. Das ist für viele Anwendungen natürlich zu wenig. Im Mikroskop wird deshalb auf eine zweistufige Vergrößerung gesetzt: Wir erzeugen (mithilfe des Objektivs, also auf Objektseite) zunächst ein

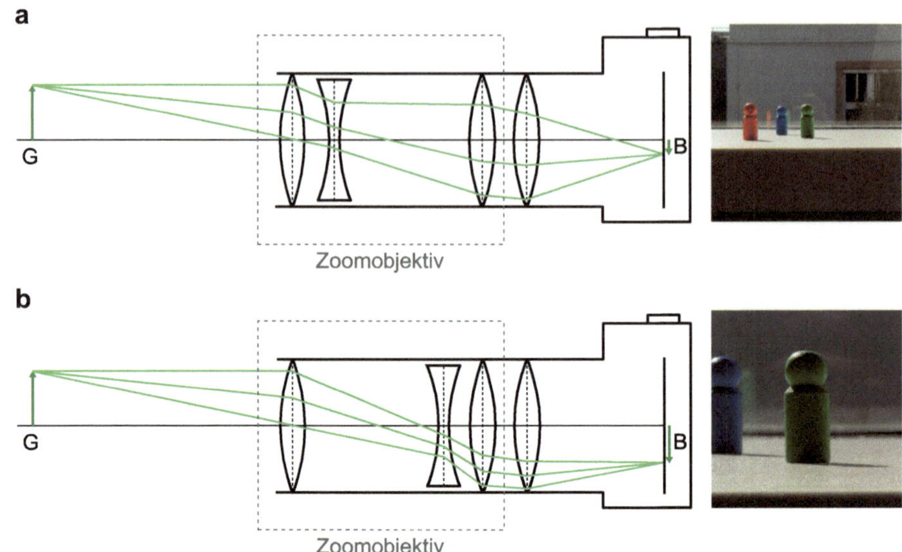

Abb. 3.8 Linsensystem einer Kamera mit Zoomobjektiv eingestellt für normale (**a**) und vergrößerte (**b**) Aufnahmen. Durch das Verschieben einer Zerstreuungslinse wird das Bild B des Gegenstands G auf dem Detektor vergrößert

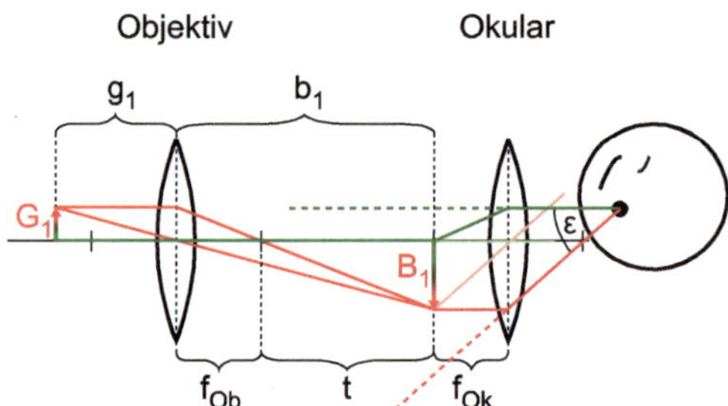

Abb. 3.9 Strahlengang beim Blick durch ein Mikroskop. Die Vergrößerung durch das Okular ist völlig analog zur der der Lupe in Abb. 3.3. Jedoch wird durch das Okular hier nicht der Gegenstand G_1, sondern das auf dem Kopf stehende Bild B_1 der Objektivabbildung vergrößert. Dieses entsteht entsprechend Abb. 2.9. Das Mikroskop ist also eigentlich nur eine Kombination zweier Vergrößerungstechniken. Wichtig ist, dass das Bild B_1 exakt in der Fokusebene des Okulars abgebildet wird, nur dadurch wird optimale Vergrößerung erzielt. t bezeichnet die sogenannte Tubuslänge, den Abstand zwischen den Brennebenen der beiden Linsen

vergrößertes Bild, das wir dann wiederum mit einer Lupe (durch das Okular, also auf Augenseite) betrachten. Dadurch ergibt sich die Gesamtvergrößerung als Produkt dieser beiden:

$$V_{\sphericalangle,\text{Mikroskop}} = V_{\text{Objektiv}} \cdot V_{\text{Okular}} \tag{3.4}$$

Hierbei ist

$$V_{\text{Okular}} = V_{\sphericalangle,\text{Lupe}} = \frac{s_0}{f_{\text{Ok}}} \tag{3.5}$$

die Winkelvergrößerung des Okulars mit der deutlichen Sehweite s_0 und der Brennweite des Okulars f_{Ok}. Im Gegensatz dazu ist V_{Objektiv} keine Winkel-, sondern eine lineare Vergrößerung gemäß Gl. 2.15:

$$V_{\text{Objektiv}} = -\frac{b_1}{g_1}$$

mit der Gegenstandsweite g_1 und der Bildweite b_1. Um eine allgemeine Formel für V_{Objektiv} bzw. $V_{\sphericalangle,\text{Mikroskop}}$ zu finden, müssen wir noch b_1 und g_1 durch feste Mikroskopgrößen ausdrücken. Nach kurzer Rechnung, zu finden in Aufgabe 3.1, kommen wir auf

$$V_{\text{Objektiv}} = -\frac{t}{f_{\text{Ob}}} \tag{3.6}$$

mit der Brennweite des Objektivs f_{Ob} und der Tubuslänge t. Letztere bezeichnet den Abstand der Brennpunkte der beiden Linsen. Schließlich erhalten wir für die Gesamtvergrößerung des Mikroskops

$$V_{\sphericalangle,\text{Mikroskop}} = -\frac{t}{f_{\text{Ob}}}\frac{s_0}{f_{\text{Ok}}}. \tag{3.7}$$

Das Minuszeichen weist auf ein auf dem Kopf stehendes Bild hin. Höchste Vergrößerung erreicht man mit kleinen Brennweiten f_{Ob} und f_{Ok} und großer Tubuslänge t. Maximal möglich ist etwa das 1500-Fache, danach begrenzt das Beugungslimit eine weitere Vergrößerung. Mehr dazu in Abschn. 6.4.6.

3.1.4 Das Kepler-Teleskop

Während man mit dem Mikroskop sehr nahe, kleine Dinge untersuchen will, so ist das Teleskop oder Fernrohr eher für das Gegenteil zuständig. Bereits vor über 400 Jahren wurden die ersten solchen Geräte hergestellt. Hier sehen wir uns zwei unterschiedliche Typen an, beide mit eigenen Vor- und Nachteilen. Bevor wir uns diese beiden Bauarten aber genauer ansehen, überlegen wir, was wir mit einem Fernrohr überhaupt erreichen wollen: Wir möchten sehr weit entfernte Gegenstände (also $g \to \infty$) gerne vergrößert und analog zum Mikroskop mit entspanntem Auge betrachten können. Diese Analogie legt nahe, dass wir auch im Fernrohr als Okular einfach eine Lupe verwenden, die uns paralleles Licht liefert. Und genauso wie im Mikroskop müssen wir das beobachtete Objekt G_1 dazu als Bild auf der Brennebene des Okulars im Abstand f_{Ok} abbilden. Damit ergibt sich für das Kepler-Teleskop auch ein ähnlicher Strahlengang, zu sehen in Abb. 3.10. Der Unterschied ist, dass die Gegenstandsweite g_1 im Vergleich zum Mikroskop nun annähernd unendlich groß ist. Dadurch trifft sein Licht parallel auf die Objektivlinse und wird genau in der Brennebene im Abstand f_{Ob} als Bild B_1 fokussiert. Die Brennebenen der beiden Linsen liegen also genau aufeinander!

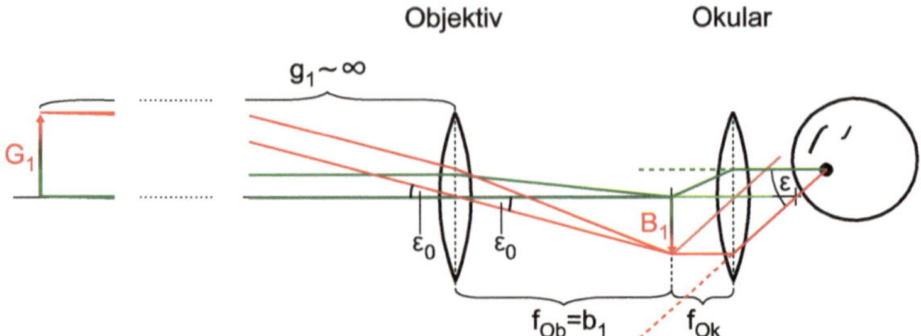

Abb. 3.10 Strahlengang beim Blick durch ein Kepler-Teleskop. Die Vergrößerung durch das Okular ist völlig analog zur der des Mikroskops in Abb. 3.9: Auch hier wird durch das Okular nicht der Gegenstand G_1, sondern das Bild B_1 der Objektivabbildung vergrößert. Da vom unendlich weit entfernten Gegenstand paralleles Licht eintrifft, entsteht dieses Bild in der Brennebene des Objektivs. Diese Position muss auch der Brennebene des Okulars entsprechen, um die optimale Lupenvergrößerung zu erreichen. Dadurch wird der Sehwinkel von ε_0 auf ε vergrößert und das Bild auf den Kopf gestellt

Wir wollen auch hier die Gesamtvergrößerung ausrechnen. Da wir die Gegenstandsweite als unendlich groß annehmen, würde Gl. 2.15 stets zu einer linearen Vergrößerung des Objektivs $V_{\text{Objektiv}} = 0$ führen. Damit kommen wir nicht weiter, deshalb setzen wir die Gesamtvergrößerung etwas allgemeiner an, gemäß Gl. 2.11 als

$$V_{\triangleleft} = \frac{\tan \varepsilon}{\tan \varepsilon_0}.$$

Beide Teile dieses Bruchs lassen sich direkt aus Abb. 3.10 ablesen, woraus sich die Gesamtvergrößerung des Kepler-Teleskops zu

$$V_{\triangleleft, \text{Kepler-Teleskop}} = \frac{\frac{B_1}{f_{Ok}}}{-\frac{B_1}{f_{Ob}}} = -\frac{f_{Ob}}{f_{Ok}} \tag{3.8}$$

ergibt, die nur noch die Brennweiten der beiden Linsen enthält. Auch hier steht das Bild aufgrund des Minuszeichens wieder auf dem Kopf. Das ist für die Beobachtung des Nachthimmels nicht weiter tragisch. Möchte man aber irdische Dinge mit einem Feldstecher beobachten, so stört das kopfstehende Bild doch sehr. Deswegen wird es entweder durch sogenannte Umkehrprismen wieder gerade gedreht, oder man greift auf die nachfolgende, zweite Teleskopbauform zurück.

3.1.5 Das Galilei-Teleskop

Das Galilei-Teleskop dient ebenfalls dem optischen Vergrößern von entfernten Gegenständen. Im Gegensatz zum Kepler-Fernrohr liefert es auch ohne Umkehrprisma ein aufrecht

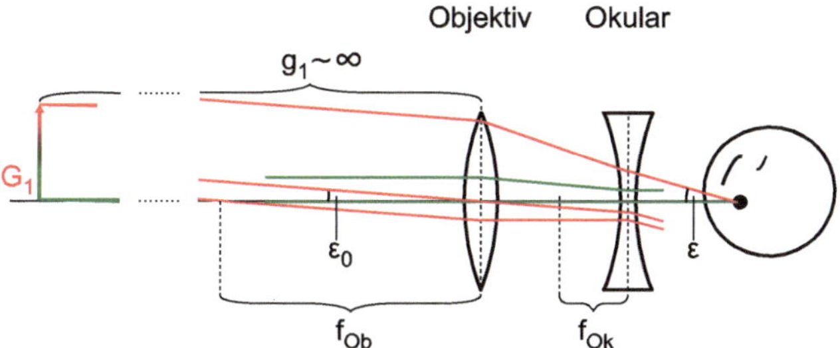

Abb. 3.11 Strahlengang beim Blick durch ein Galilei-Teleskop. Im Gegensatz zum Kepler-Fernrohr kommt als Okular eine Zerstreuungslinse zum Einsatz. Das Objektiv ist aber wieder eine Sammellinse. Weiterhin entsteht hier kein reelles Zwischenbild im Fernrohr, da das Licht durch das Okular zuvor schon wieder parallelisiert wird. Hierfür muss die konkave Okularlinse innerhalb der Brennweite der konvexen Objektivlinse liegen. Das beobachtete Bild ist virtuell, aufrecht und befindet sich im Unendlichen. Die Vergrößerung ergibt sich wieder aus den Winkeln ε und ε_0

stehendes Bild. Dafür wird die Okularlinse durch eine Zerstreuungslinse ersetzt und näher an das Objektiv herangerückt. Abb. 3.11 zeigt den Strahlengang. Die Gesamtvergrößerung des Galilei-Fernrohrs lässt sich wieder über Winkelbetrachtungen herleiten und ist mit

$$V_{\sphericalangle,\text{Galilei}}\text{-Teleskop} = -\frac{f_{\mathrm{Ob}}}{f_{\mathrm{Ok}}} \tag{3.9}$$

bezüglich der Formel identisch zum Kepler-Teleskop. Da hier das Okular als konkave Zerstreuungslinse eine negative Brennweite $f_{Ok} < 0$ besitzt, wird die Vergrößerung insgesamt positiv, und das beobachtete virtuelle Bild im Unendlichen steht aufrecht.

3.2 Spiegelabbildungen

Neben den oben beschriebenen Linsenteleskopen lassen sich Fernrohre auch mit Spiegeln realisieren. Ähnlich zu Linsen kann man auch mit ihnen Abbildungen von Gegenständen realisieren. Der Unterschied ist, dass sich hier Gegenstand und Beobachter immer auf der gleichen Seite des Spiegels befinden. Macht auch Sinn, durch Spiegel kann man ja nicht durchsehen. Aber eins nach dem anderen. Eine zunächst wenig spektakuläre Frage ist, welche Farbe denn ein Spiegel hat. Eine kurze Befragung von Freunden ergibt eine einhellige Meinung: Spiegel sind silbern. Aber sollte dann nicht auch alles, was wir darin sehen, zumindest einen leichten Silberstich haben? Nein, denn im Gegensatz zu Rot, Blau, Grün und allen weiteren Farben ist das, was wir als Silber erkennen, eigentlich keine eigene Farbe. Vielmehr ist ein Gegenstand dann silbern, wenn er möglichst gut einfallendes Licht direkt zurückwirft, also spiegelt. Tatsächlich sehen wir dadurch den Spiegel selbst gar nicht, sondern nur das von ihm reflektierte Licht. Und das ist auch genau unsere Definition der Farbe Silber. Einleuchtend wird das zum Beispiel im Spiegelkabinett: Könnten wir die Spiegel als solche erkennen, würden wir uns von diesen Labyrinthen nicht so verwirren lassen.

3.2.1   Der ebene Spiegel

Am einfachsten zu beschreiben und am häufigsten im Alltag vertreten ist der ebene Spiegel. Seine Funktion ist klar, er soll uns ein Spiegelbild von uns selbst liefern oder uns zum Beispiel im Auto einen Blick nach hinten ermöglichen. Die Bezeichnung Spiegelbild legt es schon nahe: Ähnlich zu den Linsen lassen sich auch mit Spiegeln Abbildungen von Gegenständen erzeugen. Beim ebenen Spiegel sind diese immer virtuell. Analog zu Abschn. 2.2.3 bedeutet das, dass von dem Bild nur scheinbar direkt Lichtstrahlen ausgehen. Abb. 3.12 sollte euch beim Verständnis helfen. Dieses virtuelle Bild ist das, was wir bei unserem täglichen Blick in den Spiegel sehen. Es befindet sich hinter dem Spiegel, steht aufrecht und ist weder vergrößert noch verkleinert. Sein Abstand zur Spiegelebene entspricht genau dem Abstand, den auch der abgebildete Gegenstand hat.

3.2.2   Der konvexe Spiegel

Abb. 3.13 zeigt Spiegelungen an der Unterseite eines Suppenlöffels. Physikalisch ausgedrückt sehen wir die Abbildung an einem konvexen, also nach außen gebogenen Spiegel. Aufgrund dieser Krümmung treffen die von der optischen Achse weiter entfernten Strahlen mit im Vergleich zum ebenen Spiegel vergrößertem Winkel θ_E auf und werden infolgedessen auch unter größerem Winkel θ_A reflektiert. Verlängert man die Reflexionen durch den Spiegel hindurch, so ergibt sich bei ihrem Schnittpunkt wieder ein virtuelles Bild $B < G$. Dies ist im Vergleich zum Gegenstand verkleinert und näher an der Spiegelebene ($b < g$). Solche Spiegel kommen immer dann zum Einsatz, wenn man gerne einen möglichst großen Bildausschnitt auf kleiner Fläche abbilden möchte. Häufig anzutreffen sind sie im

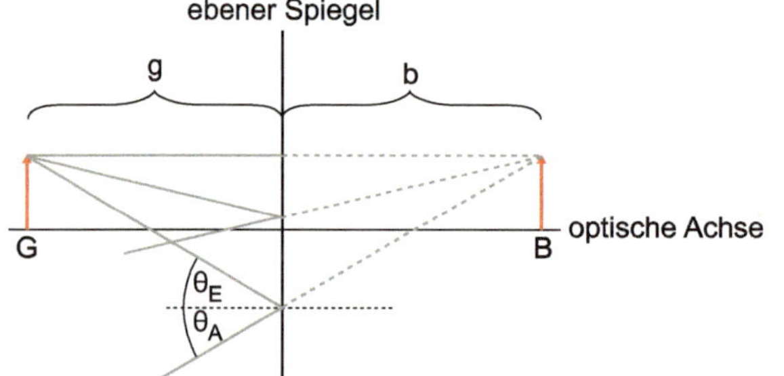

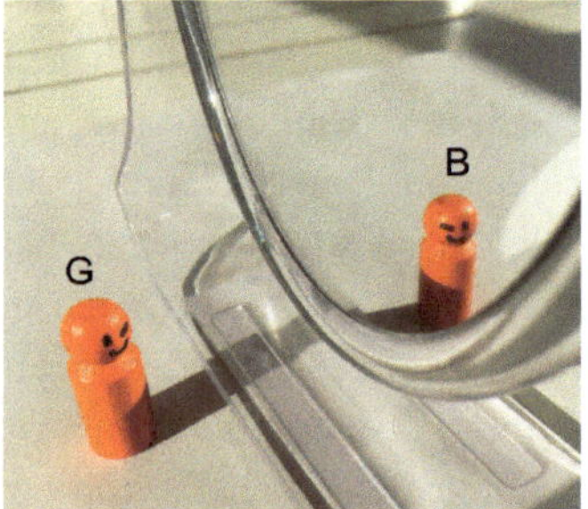

Abb. 3.12 Vor einem ebenen Spiegel steht im Abstand g ein Gegenstand G. Die von ihm ausgehenden Lichtstrahlen treffen in einem bestimmten Winkel θ_E auf die Spiegelfläche und werden unter gleichem Winkel ($\theta_A = \theta_E$) reflektiert. Verlängert man diese reflektierten Strahlen über die Spiegelebene nach hinten, so ergibt sich an ihrem Schnittpunkt das virtuelle Bild B im gleichen Abstand $b = g$ zum Spiegel

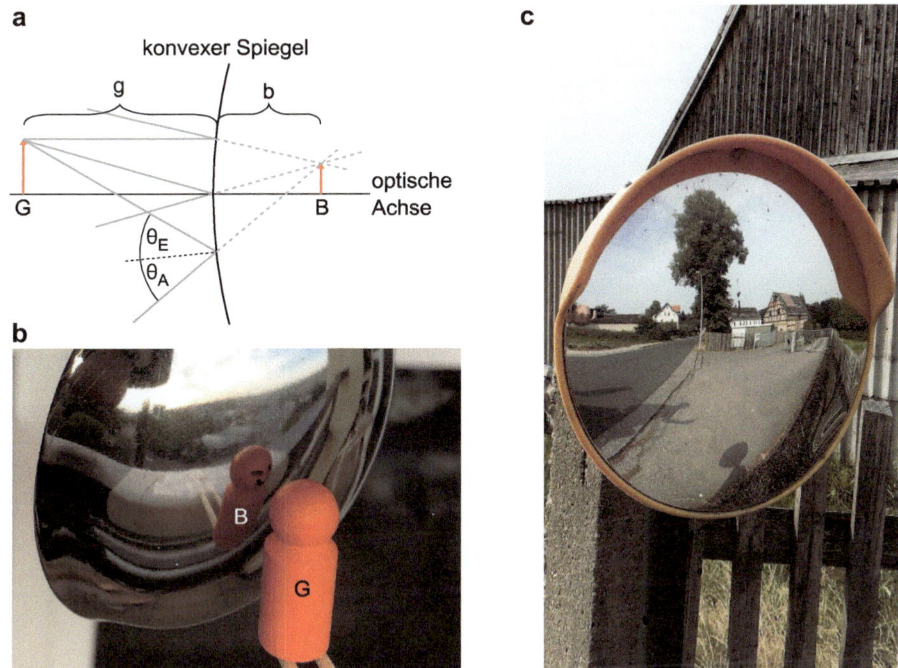

Abb. 3.13 a und **b** Vor einem konvexen Spiegel steht im Abstand g eine Spielfigur G. Die von ihr ausgehenden Lichtstrahlen treffen in einem bestimmten Winkel θ_E auf die Spiegelfläche und werden wieder unter gleichem Winkel ($\theta_A = \theta_E$) reflektiert. Aufgrund der konvexen Spiegelkrümmung nehmen diese Winkel mit steigendem Abstand zur optischen Achse stärker zu als beim ebenen Spiegel. Dadurch ergeben die Verlängerungen der reflektierten Strahlen über die Spiegelebene nach hinten ein verkleinertes virtuelles Bild $B < G$ mit geringerer Bildweite $b < g$. **c** Das verkleinerte Bild im Konvexspiegel wird im Straßenverkehr genutzt, um auf kleiner Fläche große Übersicht zu erzielen

Straßenverkehr. Die Spiegel zum Um-die-Ecke-Blicken an Einmündungen und auch die meisten Autoaußenspiegel sind Konvexspiegel, ebenso die gewölbten Spiegel gegen Diebstahl in Geschäften. Ähnlich zu den Linsen lassen sich auch diesen Spiegeln Brennweiten zuordnen. Fällt wie in Abb. 3.14 paralleles Licht auf den Konvexspiegel, so wird dies so zerstreut, dass es scheinbar von einem virtuellen Punkt hinter dem Spiegel auszugehen scheint, dem Brennpunkt im Abstand f. Dies ist analog zur (konkaven!) Zerstreuungslinse, weshalb die Brennweite beim konvexen Spiegel auch stets negativ ist.

Abb. 3.14 Parallel einfallendes Licht wird vom konvexen Spiegel so gestreut, dass es von einem einzigen Punkt hinter dem Spiegel auszugehen scheint, dem Brennpunkt im Abstand f

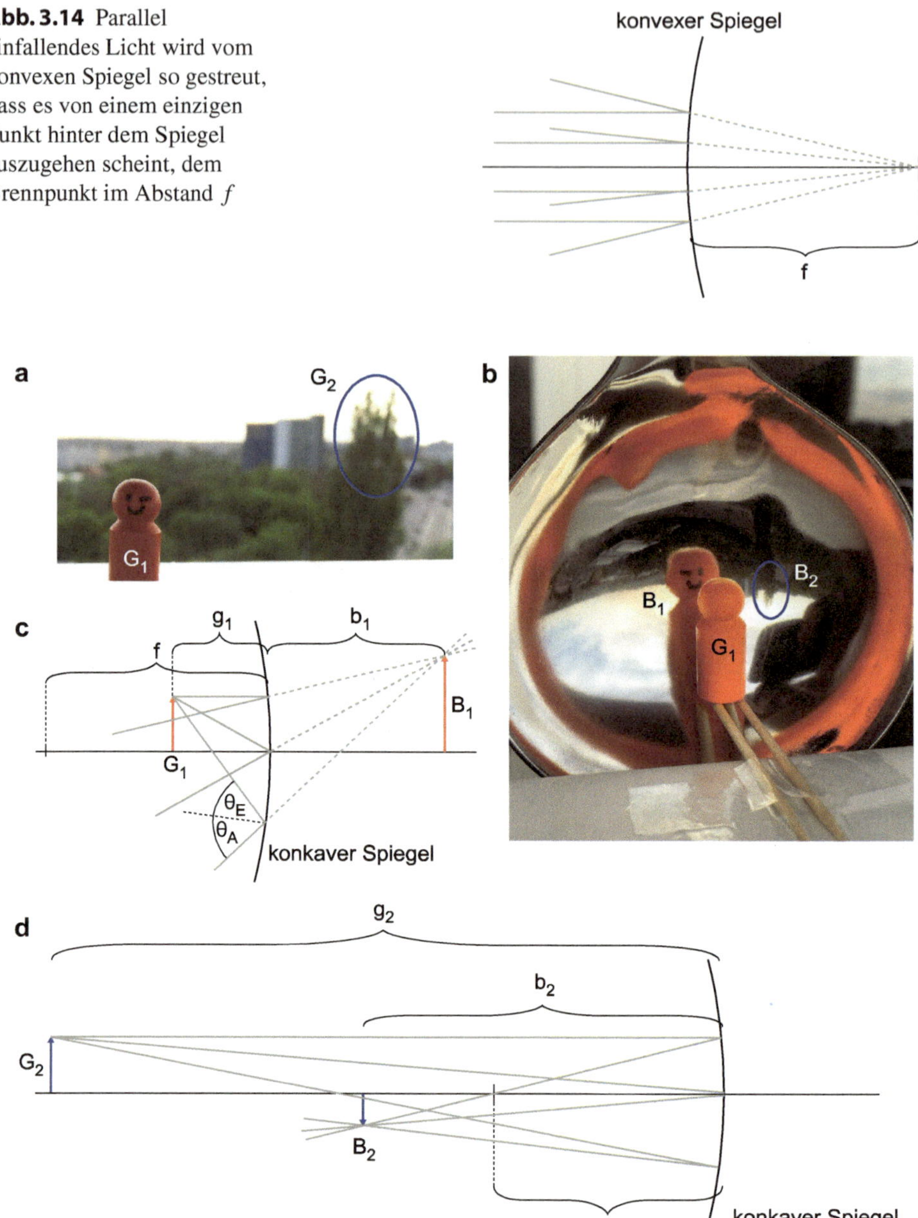

Abb. 3.15 Eine Spielfigur G_1 (orange) und ein Baum G_2 (blau eingekreist) mit unterschiedlichen Gegenstandsweiten werden gleichzeitig an der konkaven Seite eines Suppenlöffels gespiegelt. **a** Die beiden Objekte. **b** Die durch die Spiegelung resultierenden Bilder B_1 (virtuell, aufrecht und vergrößert) und B_2 (reell, auf dem Kopf und verkleinert). **c** Strahlengang für die Spielfigur mit $g_1 < f$. **d** Strahlengang für den Baum mit $g_2 > f$

3.2.3 Der konkave Spiegel

Das Analogon zur konvexen Sammellinse ist der konkave Spiegel, auch Hohlspiegel genannt. An unserem Suppenlöffel finden wir diese Spiegelfläche an der Innenseite. Genau wie durch die Linse lässt sich dadurch je nach Position des Gegenstands ein virtuelles oder reelles Bild erzeugen (vgl. Abschn. 2.2.4). Ersteres ergibt sich, ebenfalls ähnlich zur Sammellinse, durch eine sehr kleine Gegenstandsweite g_1, zu sehen in Abb. 3.15c. Das Bild entsteht hinter der Spiegelebene, steht aufrecht und ist vergrößert. So funktionieren die vergrößernden Kosmetikspiegel im Bad. Erhöhen wir die Gegenstandsweite auf g_2 (Abb. 3.15d), so verändert sich auch das erzeugte Bild. Denn ist der Gegenstand weiter entfernt als die Brennweite des Spiegels ($g > f$), so wird das Bild reell. Es steht auf dem Kopf und kann vergrößert oder verkleinert sein.

Lässt man die Gegenstandsweite gegen unendlich gehen, so erhält man auch hier parallel einfallende Strahlen, die im Brennpunkt gebündelt werden (Abb. 3.16). Genutzt wird diese Fokussierung auf unzähligen Hausdächern auf der ganzen Welt: Mithilfe eines Hohlspiegels namens Satellitenschüssel wird das vom weit entfernten Satelliten abgestrahlte TV-Signal auf einen Detektor geworfen, der sich genau im Brennpunkt befindet. Exakterweise handelt es sich hierbei um ein sogenanntes Rotationsparaboloid, also eine Schüssel mit parabelförmigem Querschnitt. Nur mit dieser Form wird eine Fokussierung aller Strahlen im Brennpunkt erreicht, wie Abb. 3.17 zeigt. Ist der Reflektor kugelförmig, so macht man mit steigendem Abstand zur optischen Achse einen immer größeren Fehler in der Fokussierung. Es handelt sich hierbei um die sphärische Abberation, die auch in Abschn. 2.4.2 schon an Linsen beschrieben wurde.

Genauso wie mit Linsen lassen sich mit konkaven Spiegeln ebenfalls Teleskope bauen. Vor allem für sehr große Teleskope mit vielen Metern Durchmesser werden Spiegel verwendet, da präzise Linsen in dieser Größe kaum herzustellen wären und zudem wesentlich mehr Gewicht mit sich brächten. Auch die den Satellitenschüsseln ähnlichen Radioteleskope besitzen die Form eines parabolischen Hohlspiegels.

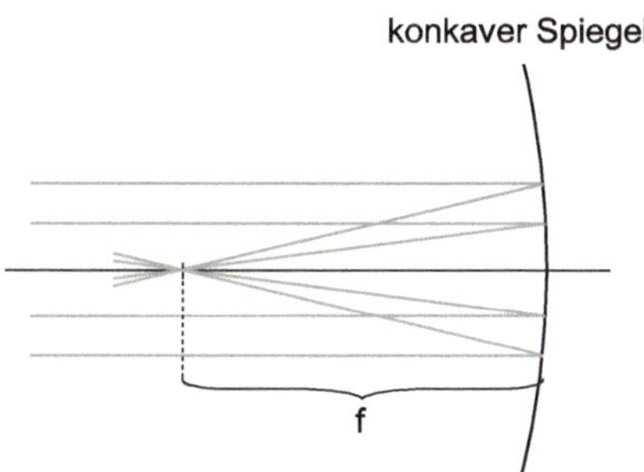

Abb. 3.16 Parallel einfallendes Licht wird im Brennpunkt des Hohlspiegels fokussiert. Dies wird bei Satellitenschüsseln eingesetzt, wobei der Empfänger im Brennpunkt der Schüssel sitzt

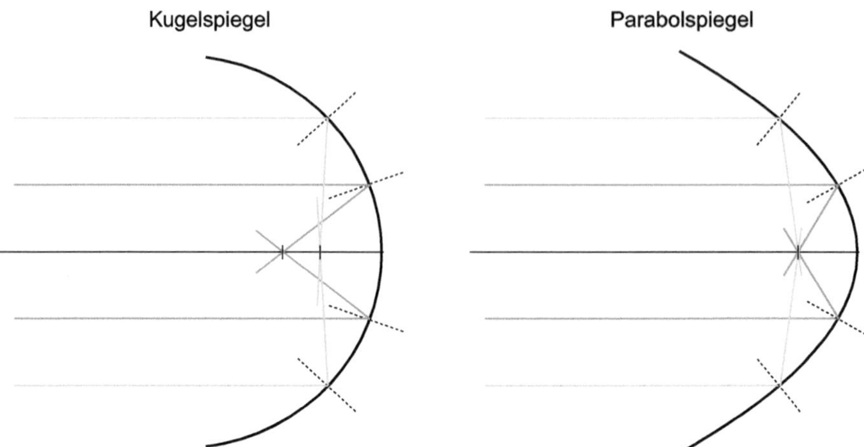

Abb. 3.17 Während beim Kugelspiegel achsenferne Strahlen (hellgrau) eine deutlich kürzere Brennweite besitzen als achsennahe (dunkelgrau), ist der Fokuspunkt beim Parabolspiegel unabhängig vom Achsenabstand

Aufgaben

3.1 Mikroskop

In Abschn. 3.1.3 wird die Vergrößerung eines Mikroskops angegeben, allerdings fehlte ein Stück der Herleitung.

a) Versuche, mithilfe von Abb. 3.9 und der Linsengleichung die Vergrößerung des Objektivs V_{Ob} in Abhängigkeit der Mikroskopgrößen t und f_{Ob} herzuleiten.
b) Finde zwei sinnvolle Konfigurationen, um ein Mikroskop mit 50-facher Vergrößerung zu realisieren.

3.2 Zerstreuungskreis

Mit einer Sammellinse (Brennweite $f = 5\,\mathrm{cm}$, Durchmesser $D = 3\,\mathrm{cm}$) wird von einem Gegenstand G, der sich $g_1 = 10\,\mathrm{cm}$ von der Linse entfernt befindet, ein scharfes Bild auf einem Blatt Papier abgebildet. Im Abstand $g_2 = 20\,\mathrm{cm}$ zur Linse befindet sich eine Punktlichtquelle. Welchen Durchmesser d_Z hat der von ihr erzeugte Zerstreuungskreis auf dem Papier? Wie könnte man ihn verkleinern?

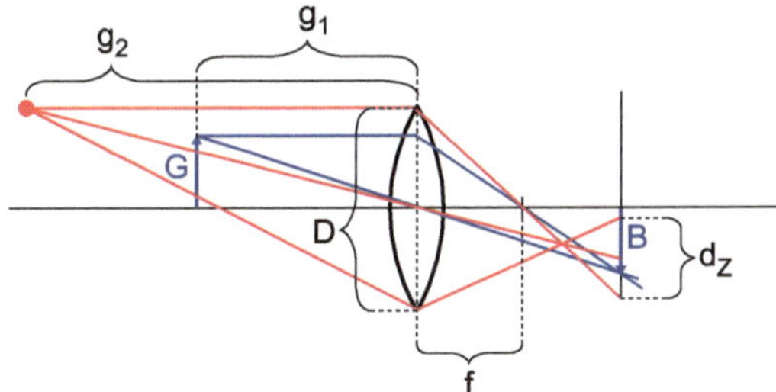

3.3 Ebener Spiegel

Eine Person der Größe h, Höhe der Augen h_A, möchte sich in einem an der Wand hängenden Spiegel vollständig von Fuß bis Kopf betrachten können. Wie groß D muss der Spiegel mindestens sein, und wie hoch h_S muss er hängen? Spielt der Abstand der Person zum Spiegel eine Rolle?

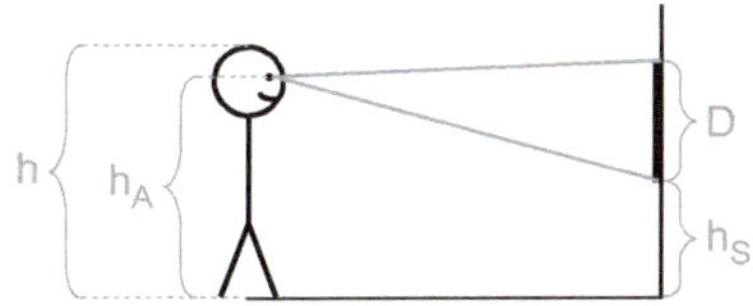

Lösungen

3.1 Mikroskop

a) Die lineare Vergrößerung des Objektivs V_{Ob} ist über Gl. 2.15 gegeben als

$$V_{\text{Ob}} = -\frac{b_1}{g_1}.$$

Aus Abb. 3.9 erhalten wir für b_1

$$b_1 = f_{\text{Ob}} + t.$$

Aus der Linsengleichung folgt

$$g_1 = \frac{1}{\frac{1}{f_{\text{Ob}}} - \frac{1}{b_1}} = \frac{f_{\text{Ob}} b_1}{b_1 - f_{\text{Ob}}} = \frac{f_{\text{Ob}}(f_{\text{Ob}} + t)}{f_{\text{Ob}} + t - f_{\text{Ob}}} = \frac{f_{\text{Ob}}(f_{\text{Ob}} + t)}{t}.$$

Das führt durch Einsetzen in die erste Gleichung zu

$$V_{\text{Ob}} = -\frac{f_{\text{Ob}} + t}{f_{\text{Ob}}(f_{\text{Ob}} + t)} t = -\frac{t}{f_{\text{Ob}}}.$$

Das ist die Vergrößerung des Objektivs, nur noch abhängig von der Objektivbrennweite f_{Ob} und der Tubuslänge t, wie sie auch in Abschn. 3.1.3 nachzulesen ist.

b) Für die Gesamtvergrößerung eines Mikroskops nutzen wir Gl. 3.7. Da ein Mikroskop ein auf dem Kopf stehendes Bild erzeugt, hat die gewünschte Vergrößerung ein negatives Vorzeichen:

$$V_{\vartriangleleft,\text{Mikroskop}} = -50$$

Die deutliche Sehweite s_0 beträgt stets

$$s_0 = 25\,\text{cm}.$$

Damit das Mikroskop eine normale Größe hat, setzen wir die Tubuslänge t auf

$$t = 5\,\text{cm}.$$

Dadurch ergibt sich aus Gl. 3.7 mit eingesetzten Werten

$$-50 = -\frac{5\,\text{cm}}{f_{\text{Ob}}}\frac{25\,\text{cm}}{f_{\text{Ok}}}.$$

Umgestellt nach den noch freien Parametern erhalten wir

$$f_{\text{Ob}} f_{\text{Ok}} = 2{,}5\,\text{cm}^2.$$

Zwei mögliche Lösungen wären also

$$f_{Ob1} = 1\,cm \text{ und } f_{Ok1} = 2,5\,cm$$

oder auch

$$f_{Ob2} = 2\,cm \text{ und } f_{Ok2} = 1,25\,cm.$$

3.2 Zerstreuungskreis

Gegeben: f, D, g_1, g_2
Gesucht: d_Z

Zunächst erweitern wir die Skizze um die beiden Bildweiten von Gegenstand (b_1) und Lichtquelle (b_2), die wir zur Bestimmung von d_Z benötigen.

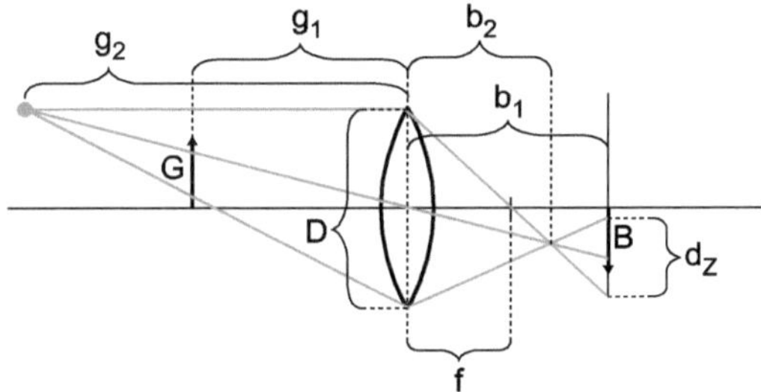

Das gesuchte d_Z ergibt sich nun über den Strahlensatz und

$$\frac{d_Z}{D} = \frac{b_1 - b_2}{b_2} = \frac{b_1}{b_2} - 1.$$

Hier sind nur noch die beiden Bildweiten unbekannt. Diese ergeben sich über die Linsengleichung (Gl. 2.14) zu

$$b_{1|2} = \frac{g_{1|2}\,f}{g_{1|2} - f}.$$

Eingesetzt führt dies zu einem Durchmesser des Zerstreuungskreises von

$$d_Z = D \left(\frac{g_1(g_2 - f)}{g_2(g_1 - f)} - 1 \right) = 1,5\,cm.$$

Dieser skaliert also linear mit der Größe der Linse D. Eine kleinere Linse, oder ein kleinerer beleuchteter Bereich auf der Linse, führt also auch zu einem kleineren Zerstreuungskreis. Dies entspricht genau der Funktion der Blende aus Abschn. 3.1.2.

3.3 Ebener Spiegel

Nach Abschn. 3.2.1 ist beim ebenen Spiegel die Bildweite b gleich der Gegenstandsweite g.

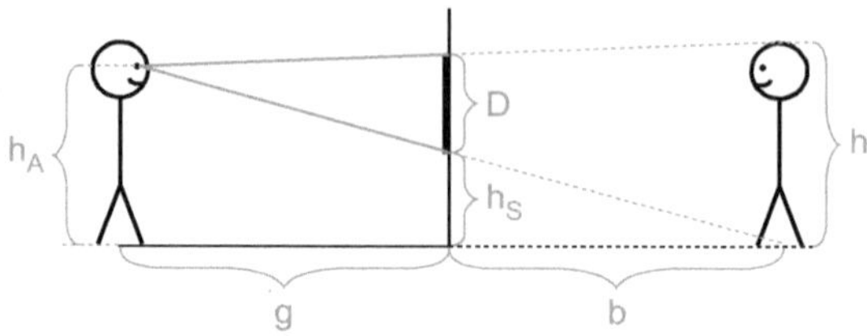

Mithilfe der Skizze nutzen wir den Strahlensatz und erhalten

$$\frac{D}{h} = \frac{g}{g+b}.$$

Wegen

$$b = g$$

gilt

$$\frac{D}{h} = \frac{g}{2g} = \frac{1}{2}.$$

Dadurch ergibt sich für die Größe D des Spiegels

$$D = \frac{1}{2}h.$$

Um h_S zu bestimmen, können wir ebenfalls den Strahlensatz anwenden und erhalten analog zu oben

$$h_S = \frac{1}{2}h_A.$$

Um sicherzustellen, dass man sich vollständig betrachten kann, muss der Spiegel also mindestens die halbe Größe der Person haben und seine Unterkante muss auf halber Augenhöhe liegen. Da in den Formeln das g nicht mehr auftaucht, sind die Ergebnisse auch unabhängig vom Abstand der Person zum Spiegel.

Auf und ab mit Höchstgeschwindigkeit: Welleneigenschaften

Inhaltsverzeichnis

Aus dem letzten Kapitel nehmen wir mit, dass sowohl Hohlspiegel als auch Satellitenschüsseln und auch Radioteleskope nach dem gleichen Prinzip funktionieren, obwohl sie alle mit verschieden großen Wellenlängen des elektromagnetischen Spektrums arbeiten. Dieses haben wir mit all seinen unterschiedlichen Bereichen schon in Abschn. 1.2 kennengelernt. Warum aber spricht man von Wellenlänge? Und warum von elektromagnetisch? Diesen Fragen wollen wir in diesem Kapitel auf den Grund gehen.

4.1   Das Licht als elektromagnetische Welle

Nachdem wir das Licht in den letzten Kapiteln immer als einfache Strahlen betrachtet haben, wollen wir jetzt ein bisschen genauer hinsehen. Viele Effekte wie Brechung von Licht an Grenzflächen, Abbildungen und Fokussierung durch Linsen konnten wir mit der Strahlenoptik zwar erfolgreich beschreiben und (hoffentlich) verstehen, aber an zahlreichen Phänomenen würden wir uns damit die Zähne ausbeißen. Warum zum Beispiel funkelt eine CD in allen Farben, wenn wir sie in die Sonne halten? Warum können wir im Kino mithilfe einer Brille auf einmal dreidimensionale Filme sehen? Und wieso dreht sich unser Essen in der Mikrowelle? Hier genügt es nicht mehr, das Licht als Strahlen zu betrachten, stattdessen

© Springer-Verlag GmbH Deutschland, ein Teil von Springer Nature 2019   93
M. Gmelch und S. Reineke, *Durchblick in Optik*,
https://doi.org/10.1007/978-3-662-58939-7_4

spielt hier die Wellennatur des Lichts die entscheidende Rolle. Um dieser genauer auf den Grund gehen zu können, schaffen wir in diesem Kapitel zunächst einmal die Grundlagen zum Licht als Welle und zur Wellenoptik. Es wird hier also etwas alltagsferner, lasst euch davon aber bitte nicht abschrecken.

4.1.1 Grundsätzliches zu Lichtwellen

Als Einstieg stellen wir uns die Frage, was denn eine Welle ausmacht. Zunächst kann man eine Welle sehr schön mathematisch beschreiben, zum Beispiel als

$$E(\vec{x}, t) = E_0 \sin(\omega t - \vec{k}\vec{x}) \tag{4.1}$$

mit einem Vorfaktor E_0, der Kreisfrequenz ω, der Zeit t, dem Wellenvektor $\vec{k}$ und dem dreidimensionalen Ort $\vec{x}$. Das $E(\vec{x}, t)$ hier steht übrigens für die elektrische Feldstärke. Na vielen Dank! Das war zumindest mein Gedanke, als ich diese Gleichung zum ersten Mal gesehen habe. Deshalb wollen wir sie uns wieder einmal etwas auseinanderpflücken und Stück für Stück verstehen, angefangen bei ihren Bestandteilen:

E_0 gibt die maximal bzw. minimal mögliche Auslenkung der Welle an, auch Amplitude genannt. Danach kommt in der Formel nur noch der Sinus. Ein Sinus kann immer nur ausschließlich Werte zwischen -1 und 1 annehmen, so ist es auch hier. Was also auf alle Fälle gilt, ist, dass sich der Wert $E(\vec{x}, t)$ zwischen $-E_0$ und $+E_0$ bewegt, völlig unabhängig davon, was im Sinus danach kommt.

sin   ist die Sinusschwingung, also eine periodische Wiederholung von allen Werten zwischen -1 und 1. Er ist abhängig von den Konstanten ω und $\vec{k}$ und den beiden Variablen t und $\vec{x}$. Unsere Welle schwingt also nicht nur in Abhängigkeit von der Zeit, sondern zusätzlich auch vom (dreidimensionalen) Ort.

ω als Kreisfrequenz erlaubt eine Aussage, wie schnell (in der Zeit) sich an einem festgelegten Ort(!) ein bestimmter Auslenkungswert wiederholt. Mit steigender Kreisfrequenz nimmt der Zeitabstand zwischen zwei identischen Auslenkungswerten am selben Ort, die sogenannte Periodendauer T, ab. Die Kreisfrequenz berechnet sich über

$$\omega = 2\pi f = \frac{2\pi}{T} \tag{4.2}$$

und hat die Einheit $\frac{1}{s}$. Das f ist die Lichtfrequenz, die ihr schon in Abb. 1.8 kennengelernt habt und die bis auf den Faktor 2π identisch zu ω ist.

t ist die Variable der Zeit. Möchte man die Welle, also $E(\vec{x}, t)$, in Abhängigkeit der Zeit in ein Diagramm zeichnen, so muss man sich auf einen bestimmen Ort $\vec{x} = \vec{x_0}$ festlegen, an dem man sie betrachten will. Dadurch wird die Anzahl der Variablen auf die Zeit reduziert und das Ganze als $E(\vec{x_0}, t)$ zeichenbar.

$\vec{k}$ als Wellenvektor ist für den Ort $\vec{x}$ das, was die Kreisfrequenz ω für die Zeit t ist. Er gibt Auskunft darüber, wie oft (innerhalb einer gewissen Wegstrecke) sich zu einer bestimmten Zeit ein bestimmter Auslenkungswert wiederholt. Mit steigendem Wellenvektor reduziert sich der räumliche Abstand zwischen zwei identischen Auslenkungswerten zum selben Zeitpunkt, die sogenannte Wellenlänge λ. Der Wellenvektor ist im Allgemeinen dreidimensional, sein Betrag $|\vec{k}|$ berechnet sich über

$$|\vec{k}| = k = \frac{2\pi}{\lambda}, \tag{4.3}$$

nennt sich auch Kreiswellenzahl und hat die Einheit $\frac{1}{m}$. Unter der Wellenzahl (ohne Kreis-) versteht man korrekterweise nur den Term $\frac{1}{\lambda}$. Trotzdem wird oft auch die Kreiswellenzahl k so verkürzt bezeichnet.

$\vec{x}$ schließlich beschreibt den dreidimensionalen Ort, an dem man die Auslenkung der Welle betrachtet. Bei parallelen Lichtstrahlen, die sich alle in die gleiche Richtung bewegen, lässt sich die Ortsabhängigkeit auf eine Dimension reduzieren, und $\vec{x}$ reduziert sich auf x. Man spricht dann von ebenen Wellen. Diese Annahme machen wir auf den kommenden Seiten, um das Ganze nicht unnötig zu verkomplizieren. Möchte man $E(x, t)$ gegen diesen Ort x auftragen, so muss hier die Zeit t auf einen festen Moment t_0 festgelegt werden, man betrachtet also $E(x, t_0)$.

Wichtig an dieser Stelle ist, dass euch der Unterschied zwischen der Zeit- und der Ortsabhängigkeit der Welle klar ist. Einmal ändert sich die Welle über die Zeit, beschrieben durch ω und t. Zusätzlich dazu ist sie auch abhängig vom Ort, festgelegt durch k und x. Diese Werte sind aber immer verknüpft, und zwar über die Lichtgeschwindigkeit, die wir uns in Abschn. 4.2.2 genauer ansehen werden. Wenn euch noch nicht alle Parameter klar sind, findet ihr im folgenden Abschn. 4.1.2 zwei Skizzen (Abb. 4.1), in denen sämtliche Variablen der Wellengleichung eingezeichnet sind.

4.1.2   Ebene Wellen

Eine ebene Welle breitet sich über ihre gesamte Breite geradlinig in die gleiche Richtung aus. Abb. 4.1 zeigt die orts- und die zeitabhängige Betrachtung einer ebenen Welle. Um eine der beiden Abhängigkeiten, also von der Zeit t oder dem Ort x, schön darstellen zu können, muss man die andere, die sich nicht ändert, als Konstante festsetzen, also x_0 bzw. t_0.

In Abb. 4.2 sind unterschiedliche Darstellungsweisen einer ebenen Welle im Vergleich zu sehen. Oft wird sie in Zeichnungen auf nur eine Welle reduziert (Abb. 4.2b). Auch eine Darstellung nur der Wellenfronten, also der maximalen Auslenkung ist möglich (Abb. 4.2c). Die einfachste Art, eine ebene Welle darzustellen, ist ein einfacher Pfeil in Ausbreitungsrichtung (Abb. 4.2d), senkrecht zu den Wellenfronten. Diese Darstellung haben wir auch

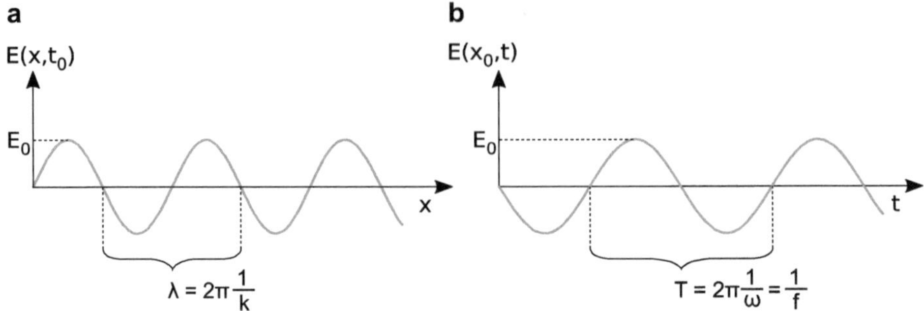

Abb. 4.1 **a** Eine ebene Welle, die sich im Raum ausbreitet, betrachtet zu einem bestimmten Zeitpunkt t_0. E_0 zeigt die maximale Amplitude, und der räumliche Abstand zwischen zwei Nulldurchgängen (oder auch zwischen zwei Maxima oder zwei Minima) ist die Wellenlänge λ. **b** Eine ebene Welle, betrachtet an einem festgelegten Ort x_0 im Raum, wie sie sich über die Zeit verändert. Der Zeitabstand zwischen zwei Nulldurchgängen ist gegeben durch die Periodendauer T. Möchte man beide Abhängigkeiten darstellen, wird oft die Ortsabhängigkeit, also **a** zu verschiedenen Zeiten (t_0, t_1,...) gezeigt. In diesen beiden Skizzen könnt ihr übrigens sämtliche Variablen der Wellengleichung wiederfinden

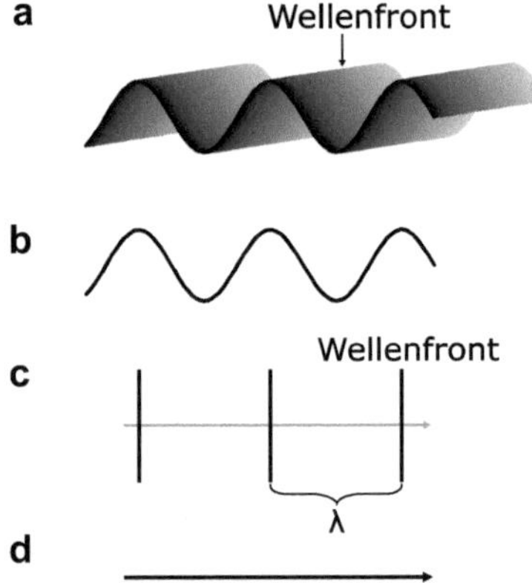

Abb. 4.2 Viermal das Gleiche: **a** Eine ebene Lichtwelle, die sich geradlinig ausbreitet. Ihre Wellenfronten liegen alle auf einer Linie. **b** Die gleiche Welle, dargestellt über nur eine gezeichnete Sinuskurve. **c** Erneut die Welle, abgebildet über ihre Wellenfronten. Diese haben zueinander eine Wellenlänge λ Abstand und bewegen sich alle gleichermaßen in Ausbreitungsrichtung. **d** Wieder die gleiche Welle, dargestellt durch einen einfachen Pfeil in Ausbreitungsrichtung

in den bisherigen Kapiteln bei den Grenzflächen und den Linsen verwendet. Sie ist immer dann ausreichend, wenn der Wellencharakter des Lichts keine Rolle für die Problemstellung spielt.

Durch die Darstellung der Wellenfronten lassen sich auch kompliziertere Wellenbewegungen anschaulich zeichnen. In Abb. 4.3 sind ein paar Beispiele gezeigt. Abb. 4.3a ist die schon bekannte einfache Ausbreitung einer ebenen Welle. Abb. 4.3b zeigt uns die

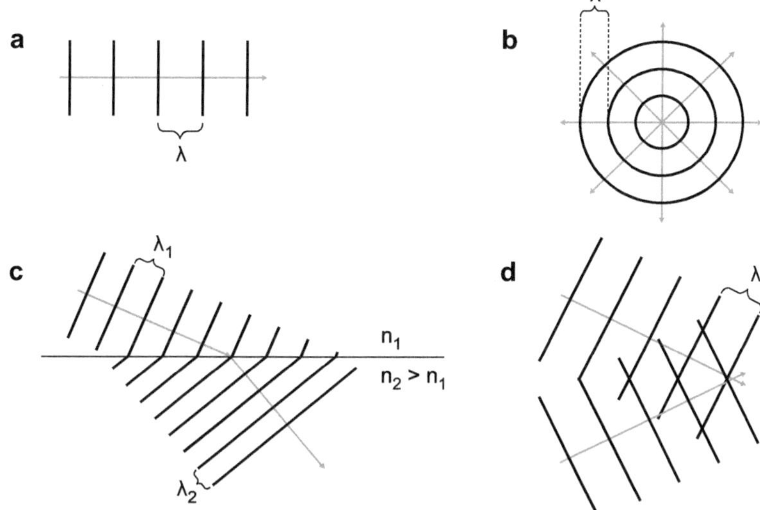

Abb. 4.3 **a** Ebene Welle mit der Wellenlänge λ, analog zu Abb. 4.2c. **b** Keine ebene Welle, sondern eine Kugelwelle! Hier breiten sich die Wellenfronten nicht geradlinig in eine gemeinsame Richtung aus, sondern radial von einem Punkt nach außen. **c** Eine ebene Lichtwelle trifft auf eine Grenzfläche, analog zu Abb. 1.3. Durch die Darstellung der Wellenfronten erkennen wir jetzt aber, dass sich die Wellenlänge durch den Übergang von n_1 auf n_2 von dem Wert λ_1 auf λ_2 reduziert. Mehr dazu im nächsten Abschn. 4.1.3. **d** Zwei ebene Wellen laufen unter einem bestimmten Winkel aufeinander zu, die Wellenfronten überlagern sich und können miteinander wechselwirken (siehe auch Kap. 6)

Ausbreitung einer sogenannten Kugelwelle, die von einem Punkt aus radial, also in alle Richtungen gleichermaßen nach außen läuft. In sehr weiten Abständen von diesem Zentrum lassen sich Kugelwellen immer als ebene Wellen annähern, da hier die Krümmung der Wellenfronten sehr klein wird. Den Strahlengang in Abb. 4.3c kennen wir schon aus Abschn. 1.1. Hier trifft eine ebene Welle auf eine Grenzfläche zweier Medien mit unterschiedlichem Brechungsindex, es kommt zur Lichtbrechung. Diese hat nicht nur Einfluss auf die Ausbreitungsrichtung der Welle, sondern auch auf die Wellenlänge. Hierzu mehr folgt im nächsten Abschn. 4.1.3. Abb. 4.3d zeigt uns das Übereinanderlaufen zweier Wellen. Die Wellenfronten können sich hier entweder aufaddieren oder gegenseitig auslöschen. Diesen Effekt nennt man Interferenz, ausführlich besprochen wird er in Kap. 6.

4.1.3   Wellenlänge und Frequenz

Im gesamten Buch war jetzt schon dauernd die Rede von Wellenlängen, Lichtfrequenzen und Farben und dass das irgendwie zusammenhängt. In Abb. 4.3c des letzten Abschnitts haben wir aber etwas Merkwürdiges festgestellt: Die Wellenlänge des Lichts ändert sich beim

Tab. 4.1 Frequenz f und Wellenlänge λ von grünem Licht als Bespiel in verschiedenen Medien mit unterschiedlichem Brechungsindex

Medium	Brechungsindex n	Frequenz f von grünem Licht (THz)	Wellenlänge λ von grünem Licht (nm)
Vakuum	1	566	530
Luft	~ 1	566	530
Wasser	1,33	566	398
Glas	1,5	566	353
Diamant	2,42	566	219

Übergang zwischen zwei Medien mit unterschiedlichem Brechungsindex. Bedeutet das, dass sich bei diesem Übergang die Farbe des Lichts ändert? Nein, denn wenn es so wäre, würde unsere rote Kaffeetasse beim Abspülen unter Wasser auf einmal grün aussehen. Obwohl sich also die Wellenlänge λ ändert, bleibt der Farbeindruck der gleiche. Der ist nämlich exakterweise nicht direkt von λ abhängig, sondern von der Frequenz f des Lichts. Und diese ändert sich beim Übergang in ein anderes Medium nicht. Warum spricht man (und auch wir bisher in diesem Buch) aber trotzdem oft von der Wellenlänge einer bestimmten Farbe, zum Beispiel Grün bei 530 nm oder Rot bei 650 nm? Bei diesen Aussagen geht man stets von Licht im Vakuum mit dem Brechungsindex $n_{\text{Vakuum}} = 1$ aus. Betrachtet man aber Lichtwellen in Medien mit höherem Brechungsindex, so nimmt die Wellenlänge einer bestimmten Farbe λ_{Medium} mit steigendem Brechungsindex n_{Medium} gemäß

$$\lambda_{\text{Medium}} = \lambda_{\text{Vakuum}} \frac{1}{n_{\text{Medium}}} \tag{4.4}$$

ab. Die entsprechende Lichtfrequenz bei dieser Farbe f_{Medium} hingegen ist davon nicht betroffen, es gilt stets

$$f_{\text{Medium}} = f_{\text{Vakuum}}, \tag{4.5}$$

unabhängig vom Brechungsindex n_{Medium}. Als Beispiel findet Ihr f und λ von grünem Licht für unterschiedliche Materialien in Tab. 4.1. Da Luft ebenfalls einen Brechungsindex von ungefähr 1 hat, gelten auch in ihr die Vakuumwerte der Wellenlänge in sehr guter Näherung. Besitzen alle Lichtwellen ausschließlich dieselbe Wellenlänge λ, so spricht man von monochromatischem, also einfarbigem Licht.

4.1.4 Das Huygenssche Prinzip

Mit dem Wissen über die, je nach Brechungsindex, unterschiedlichen Wellenlängen wollen wir uns noch einmal Abb. 4.3c ansehen. Wie lässt sich ein solches Bild konstruieren? Wichtig dafür (und für viele andere Dinge) ist das Huygenssche Prinzip. Es besagt, dass sich eine ebene Welle immer als Überlagerung vieler einzelner Kugelwellen, der sogenannten

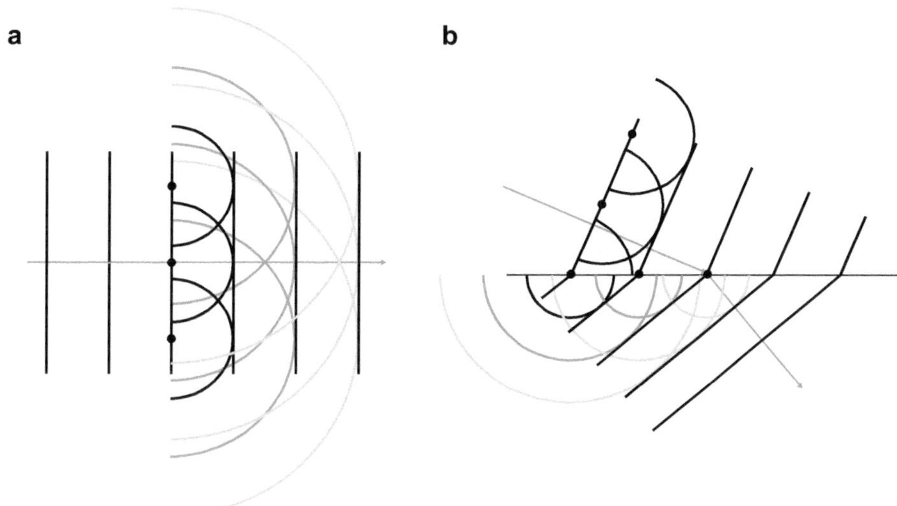

Abb. 4.4 a Huygenssches Prinzip: Ebene Wellen lassen sich auch beschreiben als eine Überlagerung
vieler einzelner kugelförmiger Elementarwellen, deren gemeinsame Front die Wellenfront der ebenen
Welle bildet. **b** Trifft eine ebene Welle auf eine Grenzfläche, so gilt auch hier das Huygenssche Prinzip.
Die Elementarwellen an der Grenzfläche, mit veränderterer Wellenlänge, überlagern sich zu einer
ebenen Welle mit geänderter Ausbreitungsrichtung, das Licht wird also gebrochen

Elementarwellen, beschreiben lässt. In Abb. 4.4a sind beispielhaft ein paar dieser Kugelwellen in die ebene Welle eingezeichnet. Die geradlinigen Wellenfronten bilden sich damit als
gemeinsame Linie der einzelnen Wellen in Ausbreitungsrichtung. Die Elementarwellenan-
teile in alle anderen Richtungen löschen sich genau aus, sodass effektiv nur die ebene Welle
übrig bleibt.

Betrachten wir jetzt in Abb. 4.4b den Übergang in ein Medium mit anderem Brechungsindex, so treten auch hier an der Grenzfläche Elementarwellen auf. Durch ihre veränderte
Wellenlänge entsteht die gemeinsame Wellenfront nun aber in anderem Winkel als zuvor.
Dies ist die Ursache für Lichtbrechung an Grenzflächen. Viele weitere Effekte lassen sich
sehr gut mit dem Huygensschen Prinzip erklären, sei es die Interferenz aufgrund von Beugung (Abschn. 6.4.1) oder die Doppelbrechung (Abschn. 5.4.2).

4.1.5 Intensität

Die Intensität I einer monochromatischen, elektromagnetischen Lichtwelle ist proportional
zum Quadrat der Amplitude E_0 des elektrischen Feldvektors:

$$I = n \frac{c_0 \varepsilon_0}{2} E_0^2 \tag{4.6}$$

mit dem Brechungsindex des umgebenden Mediums n, der Lichtgeschwindigkeit im Vakuum c_0, der elektrischen Feldkonstante $\varepsilon_0 = 8{,}854 \cdot 10^{-12}\,\frac{\text{As}}{\text{Vm}}$ und der maximalen Amplitude E_0. Diese quadratische Abhängigkeit wird noch in mehreren Kapiteln wichtig werden, wie beim Gesetz von Malus (Abschn. 5.1.2) oder bei Interferenzmustern (Kap. 6).

4.1.6 Phasenverschiebung

Betrachtet man zwei unterschiedliche Wellen, die sich mit gleicher Frequenz f und Wellenlänge λ in die gleiche Richtung ausbreiten, so ist es interessant, wie die Minima und Maxima der beiden Wellen zueinander verschoben sind. Einen quantitativen Wert liefert die sogenannte Phasenverschiebung, auch Phasenlage genannt (Abb. 4.5). Sie entspricht entweder dem Wegunterschied $\Delta\lambda$, dem Zeitunterschied ΔT oder dem Winkelunterschied $\Delta\varphi$ der beiden Wellen zueinander. Obwohl sich die Phasenverschiebung über

$$\frac{\Delta\varphi}{360°} = \frac{\Delta\lambda}{\lambda} = \frac{\Delta T}{T} \tag{4.7}$$

berechnet, wird meistens nicht dieses Verhältnis, sondern einfach nur $\Delta\varphi$ angegeben. Das berechnet sich durch einfaches Umstellen aus

$$\Delta\varphi = 360° \frac{\Delta\lambda}{\lambda} = 360° \frac{\Delta T}{T}. \tag{4.8}$$

Die 360° entsprechen im Bogenmaß 2π. Ist die Phasenverschiebung gleich null, so bezeichnet man die beiden Wellen als in Phase. In Tab. 4.2 sind einige Phasenverschiebungen aufgelistet.

Gilt $\Delta\varphi = 90°$ bzw. $\Delta\varphi = 270°$, so erreicht die eine Welle ihr Maximum genau beim Nulldurchgang der anderen. $\Delta\varphi = 180°$ bezeichnet man als gegenphasig, es treffen Maxima und Minima zusammen. Eine Verschiebung von 360° entspricht genau der Verschiebung um eine Wellenlänge oder Periodendauer, die Wellen überlagern sich also wieder vollständig,

Abb. 4.5 Zwei Wellen mit gleicher Frequenz, Wellenlänge und Amplitude, aber zueinander phasenverschoben

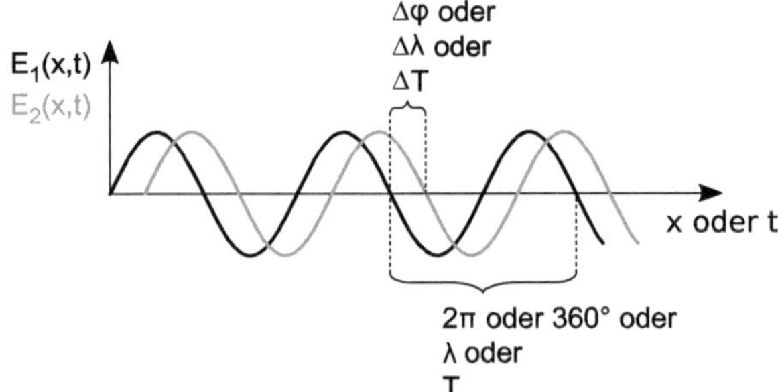

Tab. 4.2 Phasenverschiebungen zwischen zwei Wellen (schwarz und grau)

φ in Grad	φ im Bogenmaß	$\dfrac{\Delta\varphi}{360°}, \dfrac{\Delta\lambda}{\lambda}, \dfrac{\Delta T}{T}$	Skizze
$0°$	0	0	
$90°$	$\dfrac{\pi}{2}$	$0{,}25$	
$180°$	π	$0{,}5$	
$270°$	$\dfrac{3\pi}{2}$	$0{,}75$	
$360°$	2π	1	

als wäre die Phasenverschiebung gleich null. Für höhere Winkel geht es dann wieder von vorne los. Die Phasenverschiebung zweier Wellen zueinander spielt in der Wellenoptik oft eine große Rolle.

4.1.7 Der Begriff „elektromagnetisch"

Wenn ihr noch einmal Abb. 4.1 aufschlagt, findet ihr neben Ort, Zeit, Wellenlänge und vielen weiteren Variablen auch die Amplitude E_0. Sie steht für den sogenannten elektrischen Feldvektor $\vec{E}$. Dieser ist zusammen mit dem Vektor der magnetischen Flussdichte $\vec{B}$ die Größe, die bei der elektromagnetischen Welle in Abhängigkeit von Zeit und Ort schwingt. Gewöhnlich wird bei der Darstellung auf den magnetischen Anteil der Welle verzichtet, trotzdem ist er ein fundamentaler Bestandteil jeder Lichtwelle. Wie in Abb. 4.6 zu sehen, steht $\vec{B}$ immer senkrecht auf $\vec{E}$ und auch senkrecht zur Ausbreitungsrichtung $\vec{x}$. Daher bezeichnet man diese Wellen als Transversalwellen.

Dazu im Gegensatz stehen die Longitudinalwellen, deren Schwingung in Ausbreitungsrichtung stattfindet. Ein Beispiel hierfür sind die Schallwellen. Diese können sich außerdem nur in Luft ausbreiten, während das Licht (und auch jede andere Welle des elektromagnetischen Spektrums) kein Trägermedium benötigt, es breitet sich auch im Vakuum aus. Früher hatte man dazu noch die Vorstellung, das Trägermedium dieser Wellen sei der sogenannte Äther. Daher rührt auch die bei Radiosendungen geläufige Bezeichnung „in den Äther schicken".

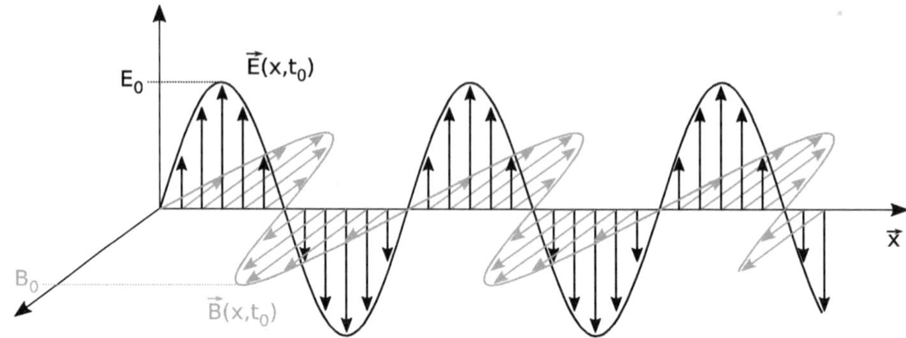

Abb. 4.6 Elektromagnetische Welle in Abhängigkeit des dreidimensionalen Orts $\vec{x}$ zu einem festen Zeitpunkt t_0. Senkrecht zur Ausbreitungsrichtung schwingen der elektrische Feldvektor $\vec{E}$ und der Vektor der magnetischen Flussdichte $\vec{B}$. Diese beiden Vektoren stehen wiederum senkrecht aufeinander. Die maximalen Amplituden bezeichnet man als E_0 und B_0. Fast immer wird diese komplizierte Abbildung für bessere Übersicht auf den elektrischen Anteil der Welle reduziert, so auch weiterhin in diesem Buch

4.2 Verschiedene Geschwindigkeiten des Lichts

Ein interessante Tatsache bezüglich des Radioempfangs ist, dass das Musiksignal von der Radiobox zu eurem Ohr als Schall länger unterwegs ist als von der weit entfernten Sendeantenne zu eurem Radiogerät als elektromagnetische Welle. Das könnt ihr in Aufgabe 4.2 ausrechnen.

4.2.1 Die Lichtgeschwindigkeit

Vakuumlichtgeschwindigkeit

Licht bewegt sich im Vakuum mit einer Geschwindigkeit von

$$c_{\text{Vakuum}} = c_0 = 299\,792\,458\,\frac{\text{m}}{\text{s}}. \tag{4.9}$$

Diese entspricht umgerechnet etwa einer Milliarde Kilometer pro Stunde. Von der Sonne braucht das Licht etwa acht Minuten zu uns auf die Erde, vom Mond nur etwas mehr als eine Sekunde. Gleichzeitig ist diese Geschwindigkeit die absolute Obergrenze für die Übertragung von Informationen, oder mit anderen Worten: Sind zwei Orte ein Lichtjahr (also die Strecke, die das Licht in einem Jahr zurücklegt) voneinander entfernt, so haben sie keinerlei Möglichkeit, ohne Verzögerung miteinander zu kommunizieren. Jegliches Signal ist mindestens dieses eine Jahr zwischen den beiden Orten unterwegs. Diese Laufzeit hat bei Raumsonden schon starke Auswirkungen: Ein Signal der in den Siebzigerjahren gestarteten Raumsonde Voyager 1 ist inzwischen, selbst mit Lichtgeschwindigkeit, etwa 20 h unterwegs, bevor es uns auf der Erde erreicht. Aber auch im Alltag macht sich diese Geschwindigkeitsgrenze inzwischen bemerkbar. So funktioniert das GPS-System in unseren Navigationsgeräten und Smartphones durch Bestimmung der Laufzeiten von Signalen, die von mehreren Satelliten ausgesandt werden. Über die Unterschiede dieser Zeiten kann auf die exakten Abstände zu den Satelliten und damit auf den Aufenthaltsort zurückgerechnet werden.

Eine negative Folge dieses natürlichen Limits macht sich auch in modernen Computerprozessoren bemerkbar. Durch die hohen Rechenfrequenzen von vielen Gigahertz beträgt der zeitliche Abstand zwischen zwei aufeinanderfolgenden Signalen nur etwa 10^{-10} s, also 100 Pikosekunden. Verrechnet mit der Lichtgeschwindigkeit als Obergrenze entspricht dies einem Signalweg von etwa 3 cm. Die Signale laufen also gerade einmal eine zwei Finger breite Strecke, bevor das nächste Signal startet. Sind die Laufwege ungeschickt angeordnet, so kann es vorkommen, dass ein eigentlich später gestartetes Signal aufgrund eines kürzeren Wegs eher registriert wird als sein Vorgänger. In der Planung der Signalstrecken am Prozessor muss dies vermieden werden, da es sonst zu Fehlern im Rechenprozess kommen kann.

Lichtgeschwindigkeit im Medium

Analog zur Wellenlänge λ_{Medium} bleibt die Lichtgeschwindigkeit beim Übergang vom Vakuum (c_0) in ein Medium (c_{Medium}) mit größerem Brechungsindex n nicht konstant, sondern ändert sich mit

$$c_{\text{Medium}} = c_0 \frac{1}{n_{\text{Medium}}}. \tag{4.10}$$

In Wasser oder Glas ist die Lichtgeschwindigkeit also reduziert, in Luft entspricht sie in etwa der im Vakuum. Allgemein, in allen Medien und im Vakuum, lässt sie sich auch als Produkt der Lichtfrequenz f und der entsprechenden Wellenlänge λ schreiben:

$$c_{\text{Medium}} = f \lambda_{\text{Medium}} \tag{4.11}$$

4.2.2   Phasen- und Gruppengeschwindigkeit

Jetzt wird es ein bisschen komplizierter. Tatsächlich gibt es nämlich nicht einfach nur *die* Lichtgeschwindigkeit, stattdessen gibt es in der Wellenausbreitung unterschiedliche Bewegungen mit unterschiedlichen Geschwindigkeiten. Stichwörter sind hier die Phasengeschwindigkeit und die Gruppengeschwindigkeit. Mit diesen beiden Begriffen tut man sich anfangs wirklich schwer, aber das soll uns nicht abhalten. Sehen wir uns erst einmal an, worin sich diese beiden Geschwindigkeiten grundsätzlich unterscheiden.

Stau auf der Autobahn

Wie kann man bei einer Welle überhaupt zwei verschiedene Geschwindigkeiten beobachten? Eine ungefähre Vorstellung von den beiden Größen können wir bekommen, wenn wir uns einen kurzen Stau auf der Autobahn vorstellen oder in Abb. 4.7a ansehen. Im Stau fahren alle Autos sehr langsam nach vorne, ihre Geschwindigkeit nennen wir jetzt Phasengeschwindigkeit v_p. Am vorderen Ende des Staus haben die Autos wieder freie Fahrt und entfernen sich von der Gruppe. Am Stauende aber sammeln sich die Autos an und werden Teil dieser Autogruppe. Diese Gruppe löst sich also vorne auf, während sie hinten an Größe zunimmt. Der Stau bewegt sich dadurch auf der Autobahn deutlich langsamer vorwärts als die einzelnen Autos im Stau, unter Umständen sogar entgegengesetzt zur Phasengeschwindigkeit nach hinten. Diese Bewegung der gesamten Gruppe, in der die Geschwindigkeit der einzelnen Autos quasi keine Rolle mehr spielt, beschreibt man durch die Gruppengeschwindigkeit v_g. Sie kann wie hier entgegengesetzt zur Phasengeschwindigkeit sein, muss es aber nicht.

Wellenpakete

Abb. 4.7b veranschaulicht den Zusammenhang dieser Autos zu unseren Wellen. Einzelne fahrende Autos entsprechen den Lichtwellen, die sich ausbreiten. Die Bewegung des Staus als Autogruppe entspricht der Bewegung eines sogenannten Wellenpakets. Im Gegensatz zur ebenen Welle, die als unendlich weit nach vorne und hinten reichend angenommen wird, ist ein Wellenpaket, ähnlich zum Stau auf der Straße, räumlich begrenzt, es hat also einen Anfang und ein Ende, wie in der Abbildung auch zu sehen. Erzeugen lässt sich ein

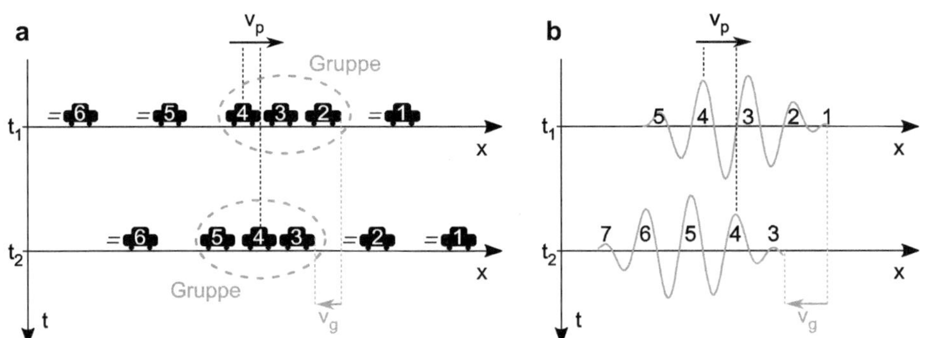

Abb. 4.7 a Ein Stau zu zwei verschiedenen Zeitpunkten t_1 und t_2. Die einzelnen Autos im Stau (zu t_1 Nummer 2 bis 4, zu t_2 Nummer 3 bis 5) bewegen sich mit der Phasengeschwindigkeit v_p nach vorne. Der Stau als Autogruppe hingegen bewegt sich mit der Gruppengeschwindigkeit v_g nach hinten. **b** Analogie der Autos zu unseren Wellen: Die Bewegung eines einzelnen Autos beschreibt die Fortschreitung der Lichtwelle mit v_p und die Autogruppe ein Wellenpaket, das sich mit v_g ausbreitet

Abb. 4.8 Addiert man mehrere ebene Wellen mit unterschiedlicher Frequenz, so löschen sie sich an manchen Stellen aus und an anderen verstärken sie sich. Dadurch kann es zur Entstehung von Wellenpaketen kommen. In diesem Beispiel ist die Frequenz der schwarzen Welle um zehn Prozent größer als die der grauen

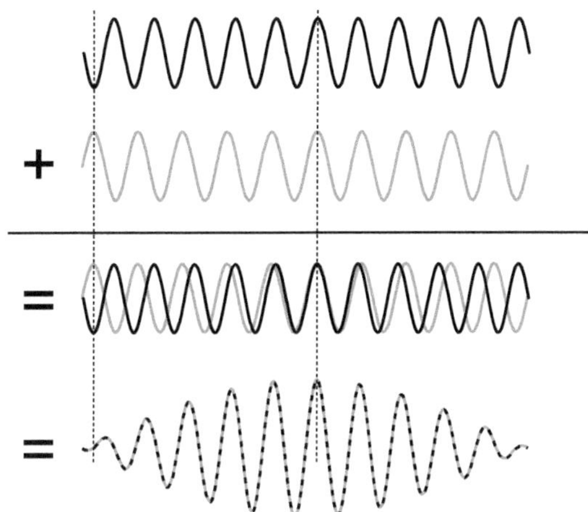

solches Wellenpaket dadurch, dass man mehrere ebene Wellen unterschiedlicher Frequenz zusammenaddiert. In Abb. 4.8 werden beispielhaft zwei Wellen addiert, deren Frequenzen sich um zehn Prozent voneinander unterscheiden.

Phasen- und Gruppengeschwindigkeit von Licht

Wir sehen uns jetzt konkret verschiedene Wellenausbreitungen an. Bewegungen in Büchern darzustellen, ist immer kompliziert, aber wir versuchen es einmal mit einer Reihe von Momentaufnahmen in Abb. 4.9, genauso wie schon beim Stau in Abb. 4.7. Die Gruppengeschwindigkeit v_g beschreibt die Fortschreitung des gesamten Wellenpakets über die Zeit, während die Phasengeschwindigkeit v_p die Bewegung der einzelnen Wellenberge und -täler darstellt. Sind beide Werte gleich groß, so läuft das Wellenpaket nach vorne, ohne seine Form dabei zu ändern (Abb. 4.9a). Diese Bewegung tritt im Vakuum auf.

Abb. 4.9b und 4.9c kommen in der Natur nicht vor, sie sind hier nur zum Verständnis gezeigt. Je eine der beiden Geschwindigkeiten ist auf null gesetzt, um die Auswirkungen der anderen besser darstellen zu können. Gilt $v_\mathrm{g} = 0$, so bleibt das Wellenpaket auf der Stelle, und die Wellenberge wandern durch die Gruppe hindurch und nehmen dabei an Amplitude erst zu und dann wieder ab. Bei $v_\mathrm{p} = 0$ wandert zwar die gesamte Gruppe, die einzelnen Phasen bleiben jedoch an gleicher Position und nehmen dort zunächst zu und dann ab.

Dispersion

Den letzten Fall (Abb. 4.9d), dass beide Geschwindigkeiten ungleich null, aber verschieden groß sind, nennt man Dispersion. Diese Bezeichnung sollte euch schon bekannt vorkommen, und zwar aus Abschn. 1.3. Na toll, wieder einmal der gleiche Begriff für verschiedene Dinge, möchte man sich jetzt denken. Hier ist es aber tatsächlich der gleiche Effekt.

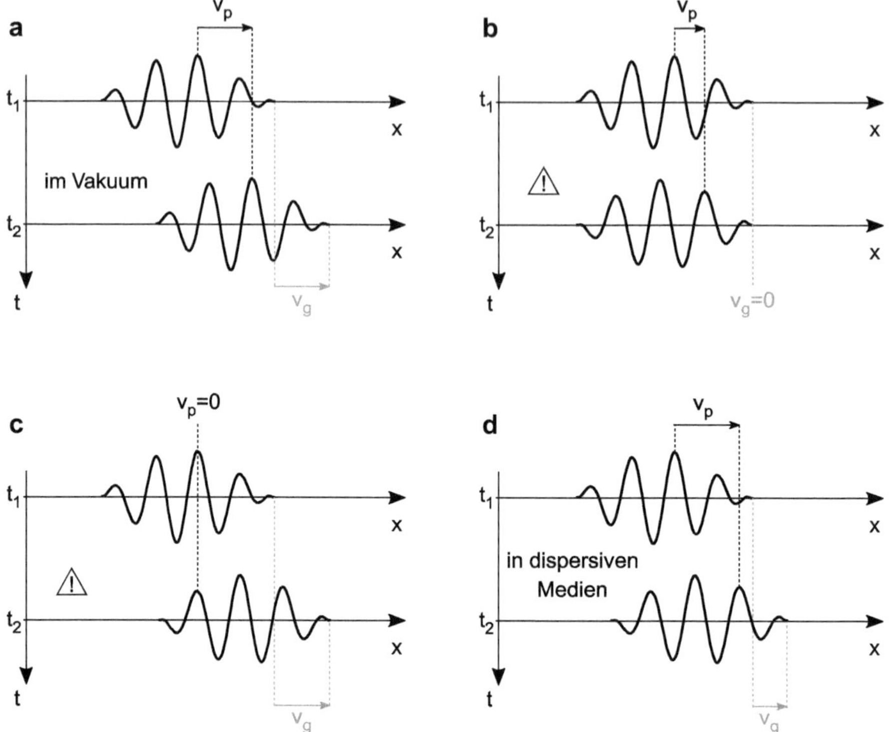

Abb. 4.9 **a** Lichtausbreitung im Vakuum, es gilt $v_p = v_g$. Durch die identischen Geschwindigkeiten von Gruppe und Phase ändert sich die Form des Wellenpakets nicht. **b** Diese Abbildung dient nur dem Verständnis, hier gilt $v_g = 0$, das Wellenpaket bleibt also am selben Ort, obwohl sich die einzelnen Wellen mit v_p hindurchbewegen. So etwas tritt in der Realität praktisch nicht auf. **c** Dieser Fall ist das Gegenteil zu **b**), die einzige Gemeinsamkeit ist, dass er in der Praxis ebenfalls nicht vorkommt. Doch zum Verständnis bewegt sich hier nur das Wellenpaket (mit v_g), während die Phasengeschwindigkeit v_p gleich null ist. Dadurch bleiben die einzelnen Wellenberge und Täler trotz der Gruppenbewegung an der gleichen Position. **d** Dieser Fall existiert aber wieder, er tritt in allen dispersiven Medien auf. Beide Geschwindigkeiten sind ungleich null, unterscheiden sich aber im Wert. In diesem Beispiel ist v_p größer als v_g

Zur Wiederholung: In Abschn. 1.3 haben wir von Dispersion gesprochen, wenn der Brechungsindex eines Mediums abhängig von der Lichtwellenlänge ist, also

$$n = n(\lambda) \quad \text{oder} \quad \frac{\partial n}{\partial \lambda} \neq 0. \tag{4.12}$$

Wie passt das jetzt zur Phasen- und Gruppengeschwindigkeit? Aus Gl. 4.10 wissen wir, dass die Lichtgeschwindigkeit c_{Medium} mit steigendem Brechungsindex n abnimmt. Hierbei handelt es sich um die Phasengeschwindigkeit unserer Wellen, es gilt

$$v_{\mathrm{p}} = v_{\mathrm{p}}(n) \text{ oder } \frac{\partial v_{\mathrm{p}}}{\partial n} \neq 0. \tag{4.13}$$

Wenn also die Phasengeschwindigkeit v_{p} abhängig vom Brechungsindex ist und dieser wiederum abhängig von der Wellenlänge λ des Lichts, so erhalten wir für Wellen mit unterschiedlichem λ unterschiedlich schnelle Ausbreitung:

$$v_{\mathrm{p}} = v_{\mathrm{p}}(\lambda) \text{ oder } \frac{\partial v_{\mathrm{p}}}{\partial \lambda} \neq 0 \tag{4.14}$$

Jetzt haben wir es fast geschafft: Abb. 4.8 hat uns gezeigt, dass ein Wellenpaket aus solchen Wellen mit unterschiedlichem λ zusammengesetzt ist, die in dispersiven Medien also mit unterschiedlichen Geschwindigkeiten unterwegs sind. Das hat zur Folge, dass sich zu jedem Zeitpunkt unterschiedliche Anteile der Wellen zum Wellenpaket aufsummieren: Ein Wellenberg von Welle 1 trifft mal auf einen Berg von Welle 2, kurze Zeit später auf ein Wellental. Dadurch bewegt sich das Wellenpaket relativ zu seiner Phase, also mit einer anderen Geschwindigkeit v_{g} als v_{p}. Ohne Dispersion, zum Vergleich, bewegen sich alle Bestandteile des Wellenpakets gleich schnell, weswegen sich zu allen Zeitpunkten die gleichen Teile beider Wellen aufsummieren. Dadurch sieht das Wellenpaket zu jedem Zeitpunkt auch gleich aus, und es bewegt sich mit der Phase mit, es gilt $v_{\mathrm{g}} = v_{\mathrm{p}}$.

Die unterschiedlichen Geschwindigkeiten sind also eine direkte Folge der Dispersion, die wir schon aus Abschn. 1.3 kennen. Eine weitere Folge der Dispersion ist, dass ein Wellenpaket auseinanderläuft, also seine Ausdehnung in Ausbreitungsrichtung mit der Zeit immer größer wird. Das ist qualitativ dargestellt in Abb. 4.10. Negativ bemerkbar macht sich dieses Verhalten in Lichtwellenleitern, durch die die Daten als sehr kurze Wellenpakete mit sehr hoher Frequenz geschickt werden. Durch die Dispersion können sich die einzelnen Pakete so sehr verbreitern, dass sie mit den benachbarten überlappen und die übertragenen Daten damit verloren gehen. Diese Glasfaserkabel werden deswegen aus Materialien mit möglichst geringer Dispersion gefertigt.

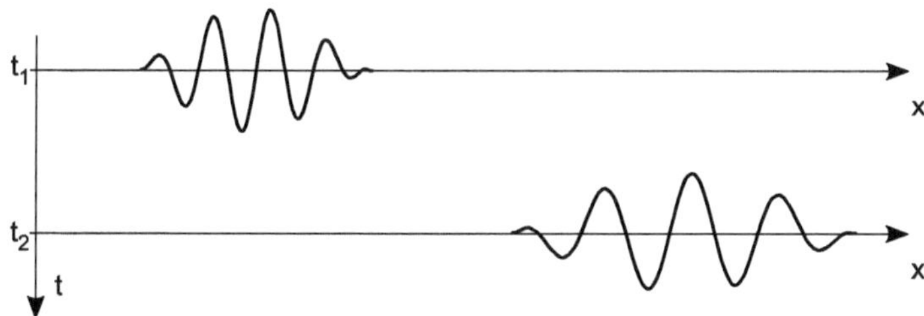

Abb. 4.10 Breitet sich ein Wellenpaket in einem dispersiven Medium aus, so wird es mit fortlaufender Zeit (von t_1 nach t_2) immer breiter

Mathematisches zu Phasen- und Gruppengeschwindigkeit

Jetzt wollen wir uns dem Ganzen noch etwas mathematischer nähern. Nach Abschn. 4.1.1 lässt sich die Lichtgeschwindigkeit aus Gl. 4.11 auch schreiben als

$$c = \lambda f = \frac{\omega}{k} = v_\mathrm{p},$$
(4.15)

mit der Kreisfrequenz $\omega = 2\pi f$ und der Kreiswellenzahl $k = \frac{2\pi}{\lambda}$. Diese Gleichung beschreibt gleichzeitig auch die Phasengeschwindigkeit v_p, also die Bewegung der einzelnen Wellenberge. Durch dieses Verhältnis von ω und k werden die Abhängigkeiten der Welle von der Zeit t und dem Raum x (kennengelernt in Abschn. 4.1.1) miteinander verknüpft. Das bedeutet, dass ein Fortschreiten in der Zeit immer auch mit einem Fortschreiten im Ort zusammenhängen muss, oder mit anderen Worten: Licht kann nicht stehen bleiben. Die Gruppengeschwindigkeit v_g kann geschrieben werden als

$$v_\mathrm{g} = \frac{\partial \omega}{\partial k},$$
(4.16)

wieder mit der Kreisfrequenz $\omega = 2\pi f$ und der Kreiswellenzahl $k = \frac{2\pi}{\lambda}$, die ∂ stehen für die partielle Ableitung. In Worten steht hier also: Die Gruppengeschwindigkeit entspricht der Änderung der Kreisfrequenz unserer Welle in Abhängigkeit von ihrer Kreiswellenzahl. Das ist leider alles andere als anschaulich. Mit ein bisschen Mathematik wollen wir dieser Definition trotzdem ein paar gut verständliche Informationen entlocken. Über die Phasengeschwindigkeit aus Gl. 4.15 erhalten wir für ω:

$$\omega = v_\mathrm{p} k.$$
(4.17)

Da sich v_g ja genau aus der Ableitung dieser Kreisfrequenz ergibt, rechnen wir

$$v_\mathrm{g} = \frac{\partial (v_\mathrm{p} k)}{\partial k}$$
(4.18)

Mit der Produktregel für Ableitungen ergibt sich:

$$v_\mathrm{g} = v_\mathrm{p} \frac{\partial k}{\partial k} + k \frac{\partial v_\mathrm{p}}{\partial k}$$
(4.19)

$$v_\mathrm{g} = v_\mathrm{p} + k \frac{\partial v_\mathrm{p}}{\partial k}$$
(4.20)

In Worten setzt sich die Gruppengeschwindigkeit aus zwei Teilen zusammen, aus der Phasengeschwindigkeit selbst und der Änderung der Phasengeschwindigkeit in Abhängigkeit von der Kreiswellenzahl k. Da dieses k wieder sehr unanschaulich ist, ersetzen wir es nach Gl. 4.3 durch

$$k = \frac{2\pi}{\lambda},$$
(4.21)

mit der Wellenlänge λ. Vorsicht, das ∂k lässt sich nicht so einfach gewinnen. Um auch das ersetzen zu können, müssen wir es zunächst bestimmen über die Ableitung von k nach λ:

$$\frac{\partial k}{\partial \lambda} = -2\pi \frac{1}{\lambda^2} \qquad (4.22)$$

Daraus ergibt sich durch Umstellen

$$\partial k = -2\pi \frac{\partial \lambda}{\lambda^2}. \qquad (4.23)$$

Jetzt können wir in Gl. 4.20 einsetzen, und es folgt:

$$v_\text{g} = v_\text{p} + \frac{2\pi}{\lambda} \left(-\frac{\lambda^2}{2\pi} \frac{\partial v_\text{p}}{\partial \lambda} \right) \qquad (4.24)$$

$$v_\text{g} = v_\text{p} - \lambda \frac{\partial v_\text{p}}{\partial \lambda} \qquad (4.25)$$

Diese letzte partielle Ableitung beschreibt die Dispersion. Wie wir ja schon wissen, ist in Medien ohne Dispersion die Lichtgeschwindigkeit unabhängig von der Wellenlänge, es ändert sich also das v_p nicht mit λ. Dadurch wird die Ableitung null, der hintere Term verschwindet, und die Gruppengeschwindigkeit entspricht der Phasengeschwindigkeit, wie schon oben für nicht-dispersive Medien beschrieben.

Zusammenfassung

Ärgert euch nicht, wenn ihr nicht alles sofort verstanden habt, denn Phasen- und Gruppengeschwindigkeit haben schon viele Generationen vor euch sehr geärgert. Für mündliche Prüfungen reicht es gewöhnlich auch aus, den qualitativen Unterschied der beiden beschreiben zu können. Die Phasengeschwindigkeit beschreibt das Fortschreiten der einzelnen Wellenberge und -täler, während die Gruppengeschwindigkeit die Bewegung von Wellenpaketen beschreibt. Im Vakuum und in einem Medium ohne Dispersion sind beide Geschwindigkeiten gleich groß.

4.3 Kohärenz

Neben den verschiedenen Geschwindigkeiten gibt es bei den Wellen noch ein weiteres Thema, mit dem man im Physikstudium zu kämpfen hat: die Kohärenz. Bemüht man das alte Lateinwörterbuch, so stößt man bei dem Wort *cohaerere* auf „verbunden sein"oder „(mit etwas) zusammenhängen". Es geht also darum, wie Wellen, genauer ihre Phasen, untereinander zusammenhängen, wie sie zueinander angeordnet sind.

4.3.1 Zeitliche und räumliche Kohärenz

Man unterscheidet zwei verschiedene Begriffe: Je länger der Zeitraum ist, in dem in einer Welle die Anordnung der Phasen zueinander beibehalten werden kann, desto höher ist ihre zeitliche Kohärenz. Daneben gibt es noch die räumliche Kohärenz, die den Zusammenhang zwischen räumlich getrennten Wellen beschreibt. Beide Größen reichen von (nur theoretisch) perfekt kohärent zu absolut inkohärent, dazwischen ist alles möglich. Als ersten Eindruck seht ihr in Abb. 4.11 vier verschiedene Beispiele zur Kohärenz. Ihr seht die Wellen in zwei Darstellungen, oben immer die tatsächliche Wellenform. Die Welle breitet sich mit der Zeit t und in die Richtung x aus. Da die Darstellung beider Abhängigkeiten schwierig

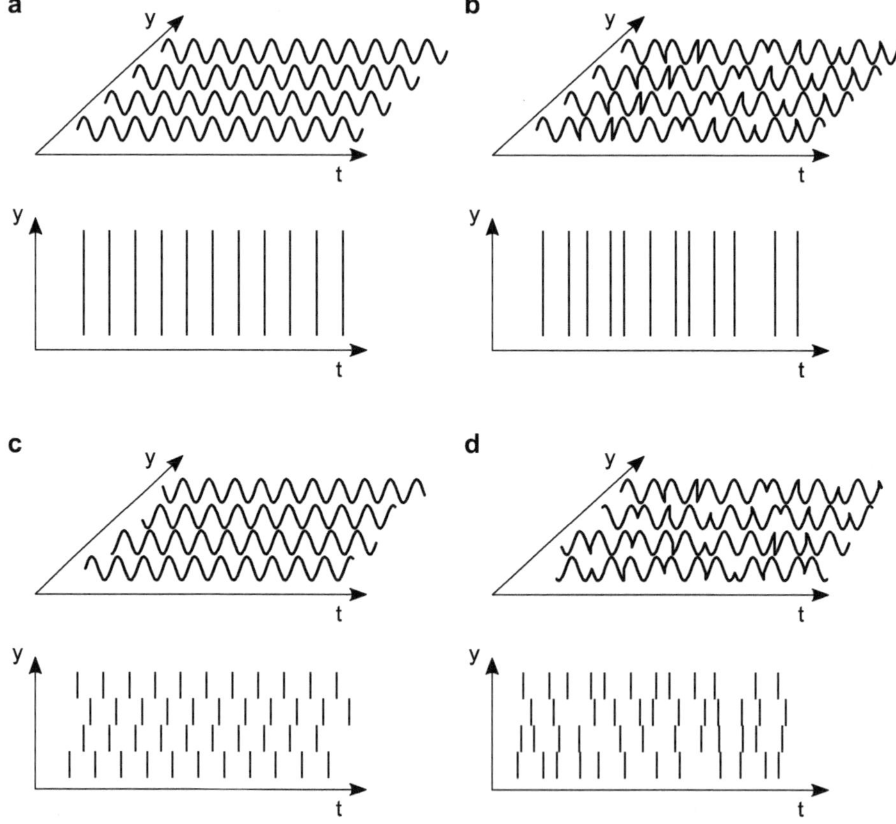

Abb. 4.11 Anschauliche Beispiele zur räumlichen und zeitlichen Kohärenz, gezeichnet als Wellen und als Wellenfronten. **a** Räumlich und zeitlich kohärentes Licht, **b** räumlich kohärentes, aber zeitlich inkohärentes Licht, **c** räumlich inkohärentes, aber zeitlich kohärentes Licht, **d** räumlich und zeitlich inkohärentes Licht

ist, reduzieren wir uns hier auf die Zeit t, genau wie in Abb. 4.1b. Auf der y-Achse sind benachbarte Wellen eingezeichnet, die alle in die gleiche Richtung x laufen.

Zusätzlich zu dieser Darstellung seht ihr darunter auch das Verhalten der Wellenfronten, eine Darstellung, die wir aus Abb. 4.3 schon kennen. Letztere ist wahrscheinlich übersichtlicher, dafür ein bisschen weniger anschaulich. In Abb. 4.11a sehen wir sowohl räumlich als auch zeitlich perfekt kohärente Wellen. Die Wellenfronten der unterschiedlichen Einzelwellen liegen alle auf einer Linie (räumlich kohärent), und in jeder einzelnen Welle haben die Maxima konstant den gleichen zeitlichen Abstand zueinander (zeitlich kohärent). Geht wie in Abb. 4.11b die zeitliche Kohärenz verloren, so macht sich das anschaulich durch Bruchstellen in einer Welle bemerkbar. Die Amplitude der einzelnen Phasen, der Maxima und Minima der Wellen, ändert ihren Wert schlagartig. Dieses Verhalten wird als Phasensprung bezeichnet. Es hat zur Folge, dass die Wellenfronten über die Zeit unterschiedliche Abstände zueinander haben. Ein Maß für die zeitliche Kohärenz ist die Kohärenzzeit τ_k. Sie gibt an, wie lange eine Welle schwingt, bevor der nächste Phasensprung die zeitliche Kohärenz zerstört. Über

$$l_k = \tau_k c_{\text{Medium}} \tag{4.26}$$

lässt sich mit ihr die Kohärenzlänge l_k bestimmen, mit der Lichtgeschwindigkeit im Medium c_{Medium}. Auch dieser Wert beschreibt die zeitliche Kohärenz, nicht die räumliche! Diese ist in diesem Beispiel nämlich noch vollständig vorhanden, denn über die y-Achse gesehen liegen die Fronten noch immer auf einer Linie. Im Gegensatz hierzu zeigt Abb. 4.11c räumlich inkohärentes Licht, denn hier erreichen die in y-Richtung verteilten Wellen ihre Maxima zu unterschiedlichen Zeitpunkten, die Wellenfronten sind zueinander verschoben. Die zeitliche Kohärenz der einzelnen Wellen ist davon nicht betroffen, sie breiten sich hier ohne Phasensprung, mit Wellenfronten in konstantem Abstand, zueinander aus. In Abb. 4.11d ist schließlich sowohl die räumliche als auch die zeitliche Kohärenz des Lichts verschwunden, das Licht breitet sich inkohärent aus.

4.3.2 Kohärenz verschiedener Lichtquellen

Wie ihr euch vielleicht schon denken könnt, ist sehr gute räumliche und zeitliche Kohärenz sehr schwer zu erreichen. Eine einfache Lichtquelle wie eine Glühlampe oder eine LED emittieren ihr Licht ohne feste Phasenbeziehung oder Ordnung, also wie in Abb. 4.11d, mit sehr geringer Kohärenz. Ein Laser hingegen erreicht neben sehr guter räumlicher auch eine hohe zeitliche Kohärenz mit Kohärenzlängen von mehreren Kilometern und gilt damit als Lichtquelle mit besten Kohärenzeigenschaften. Die hier und auch in anderen Lehrbüchern gemachte Unterscheidung zwischen kohärenten und inkohärenten Lichtquellen ist aber nicht exakt. So lässt sich für gewisse Anwendungen auch aus Glühlampen kohärentes Licht gewinnen, und auch die Sonne kann als kohärente Lichtquelle benutzt werden. Entscheidend ist nur, dass die Kohärenzlänge des Lichts größer ist als die beteiligten optischen

Strukturen. So benötigt man für Interferometer mit optischen Weglängen von vielen Zentimetern bis Metern immer einen Laser (Abschn. 6.5), für Dünnschichtinterferenzeffekte mit optischen Wegen von wenigen Mikrometern zeigt bereits Sonnenlicht mit Kohärenzlängen im Mikrometerbereich ausreichend Kohärenz. Genauer wird hierauf noch einmal in Abschn. 6.3 eingegangen.

4.4   Polarisation

Als letzte wichtige Eigenschaft der Wellen beschäftigen wir uns nun noch mit ihrer Polarisation. Nicht ganz so kompliziert wie Kohärenz und Gruppengeschwindigkeit, aber mindestens genauso wichtig. Wie wir schon gelernt haben, versteckt sich hinter dem Begriff „Licht" eine elektromagnetische Transversalwelle, bei der der elektrische und der magnetische Feldvektor senkrecht zur Ausbreitungsrichtung schwingen. Die genaue Richtung der Schwingung, also nach oben und unten oder nach links und rechts, haben wir dabei bisher außer Acht gelassen. Das ändern wir jetzt, und wir bezeichnen diese Schwingungsrichtung der elektromagnetischen Welle als Polarisation. Diese kann unterschiedlich ausgeprägt sein.

4.4.1   Unpolarisiertes Licht

Starten wir mit dem Licht, das wir mit großem Abstand am häufigsten in unserer Umgebung antreffen, dem unpolarisierten Licht. Ähnlich wie der Begriff „inkohärent" aus dem letzten Abschnitt bezeichnet es fehlende Ordnung in der Welle. Diesmal aber nicht in Bezug auf die Kohärenz, sondern auf die Schwingungsrichtungen der Wellen. Bei unpolarisiertem Licht gibt es nämlich keine bevorzugte, besonders häufig auftretende Richtung. Stattdessen schwingen die Feldvektoren beliebig in alle Richtungen, die senkrecht auf die Ausbreitungsrichtung stehen. Eine entsprechende Skizze, Abb. 4.12a, sieht erwartungsgemäß chaotisch

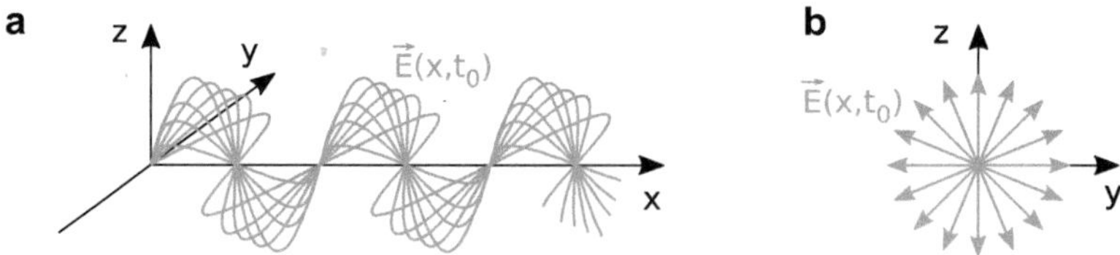

Abb. 4.12 Unpolarisiertes Licht. **a** Unpolarisierte elektromagnetische Welle, angedeutet durch Schwingungen in mehrere Richtungen in die y-z-Ebene. Durch die zahlreichen unterschiedlich orientierten Wellen wird es schnell unübersichtlich. **b** Draufsicht aus der Richtung der Ausbreitung. Die gleichmäßige Verteilung der Schwingungsrichtungen in einer unpolarisierten Welle ist durch den Stern der Feldvektoren schön ersichtlich

aus. Übersichtlicher wird es, wenn man die unterschiedlichen Richtungen von $\vec{E}$ aus der Richtung der Ausbreitung betrachtet, zu sehen in Abb. 4.12b. Hier wird unpolarisiertes Licht dargestellt als ein Stern von Feldvektoren, die in alle Richtungen in die y-z-Ebene senkrecht zur Ausbreitungsrichtung x zeigen.

4.4.2   Lineare Polarisation

Die erste besondere Form stellt nun die lineare Polarisation dar. Hierbei schwingt der elektrische Feldvektor ausschließlich in eine Richtung, die er auch in Abhängigkeit der Zeit oder des Ausbreitungsorts x nicht ändert. Abb. 4.13 zeigt drei ebene Wellen, die sich wieder alle in x-Richtung ausbreiten. Daneben ist wieder jeweils die Draufsicht aus Richtung x der Ausbreitung skizziert. Dort ist gut zu erkennen, dass die Schwingungsrichtung von $\vec{E}$

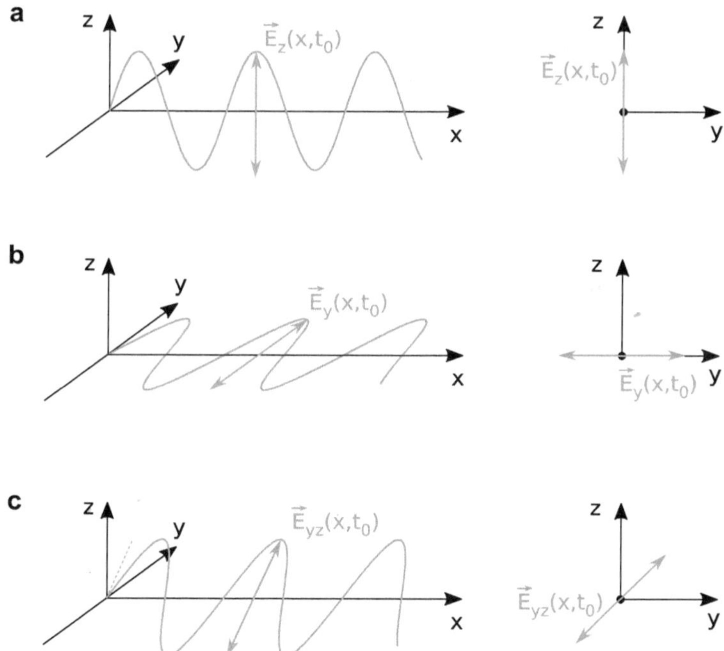

Abb. 4.13 Linear polarisiertes Licht, gezeichnet als Welle und in Draufsicht. **a** Schwingung des elektrischen Feldvektors in z-Richtung, **b** Schwingung des elektrischen Feldvektors in y-Richtung, **c** Schwingung des elektrischen Feldvektors in eine Richtung, die einer Kombination aus y- und z-Anteilen entspricht

stets unverändert bleibt. In Abb. 4.13a schwingt der Feldvektor immer in z-Richtung, in Abb. 4.13b in y- Richtung und in Abb. 4.13c in eine Richtung irgendwo dazwischen. Dieses Verhalten nennt man linear polarisiert, der Feldvektor bewegt sich immer nur auf einer Linie auf und ab.

Die Wellen in Abb. 4.13a und b sind zueinander senkrecht polarisiert. Diese Eigenschaft wird später noch wichtig. Außerdem kann man sich mithilfe der Vektoraddition und Abb. 4.14 gut vorstellen, dass man die Welle in Abb. 4.13c aus einer Überlagerung von Abb. 4.13a und b bilden kann. Hierfür müssen die Phasen aber genau zueinander passen. Nur wenn die beiden Wellen gleichphasig schwingen, also zum selben Zeitpunkt ihre Maxima und Minima erreichen, entsteht eine sauber linear polarisierte Welle. Das Gegenteil hierzu folgt sofort im nächsten Abschn. 4.4.3.

4.4.3 Zirkulare Polarisation

Addiert man zwei senkrecht zueinander stehende, linear polarisierte Wellen gleicher Amplitude und mit einer Phasenverschiebung von 90°, also (nach Abschn. 4.1.6) so, dass die eine Welle ihr Amplitudenmaximum genau dann erreicht, wenn die andere gerade einen Nulldurchgang erfährt, so erreicht man zirkulare Polarisation. Man kann sie sich vorstellen als schraubenförmige Bewegung des Feldvektors. In Abb. 4.15 seht ihr eine Skizze davon, für die der Autor einen ganzen Tag seines Lebens gebraucht hat. Versucht zu erkennen, wie sich die schwarz gezeichnete Spiralform aus der Überlagerung der beiden (roten und blauen) Wellen in y- und z-Richtung ergibt. Der einzige Unterschied in der Entstehung, verglichen zur linear polarisierten Welle in Abb. 4.14, ist hierbei die schon genannte Phasenverschiebung von 90°. Das wird in Abschn. 5.5 noch wichtig.

Insgesamt vollführt der elektromagnetische Feldvektor auf seinem Weg in x-Richtung also eine kreisförmige Rotation Richtung y und z, die in Abb. 4.15b sehr schön zu sehen ist. Diese Draufsicht ähnelt auf den ersten Blick sehr dem unpolarisierten Licht aus Abb. 4.12b. Der Unterschied dazu ist, dass hier die verschiedenen Polarisationsrichtungen nicht alle

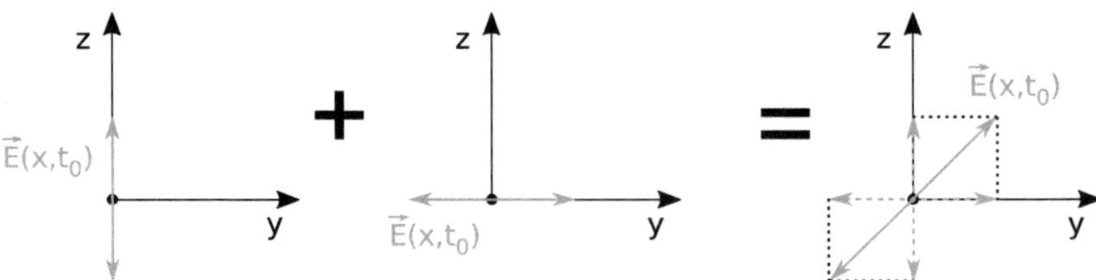

Abb. 4.14 Vektoraddition von y- und z-Anteilen einer linear polarisierten Schwingung. Hierbei ist noch entscheidend, dass die beiden Teilwellen in Phase schwingen, also eine Phasenverschiebung von null besitzen. Andernfalls kommt es nicht zu einer linear, sondern zu einer zirkular oder elliptisch polarisierten Welle

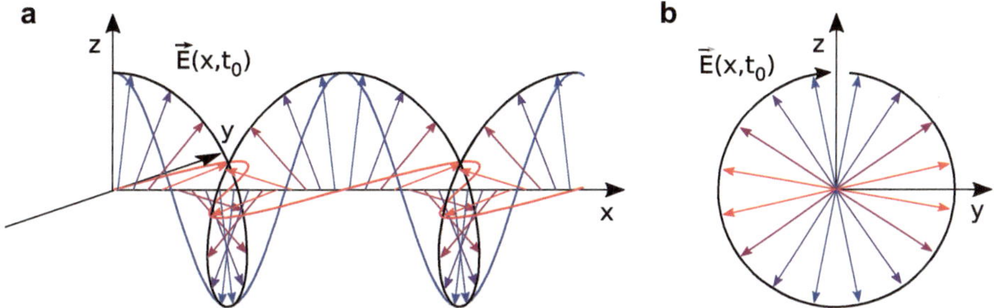

Abb. 4.15 Zirkular polarisiertes Licht. **a** Darstellung als Welle, die sich in x-Richtung ausbreitet. Die Richtung des elektromagnetischen Feldvektors $\vec{E}$ ergibt sich zu jedem Moment als Überlagerung zweier linear polarisierter Auslenkungen in y- und z-Richtung (rot und blau eingezeichnet). Diese besitzen die gleiche Amplitude und sind um eine Viertelwellenlänge, also 90°, zueinander phasenverschoben. Dadurch vollzieht der Feldvektor eine Schraubenbewegung, sein Betrag ist dabei konstant. **b** Blick auf die Lichtwelle, auf der x-Achse sitzend

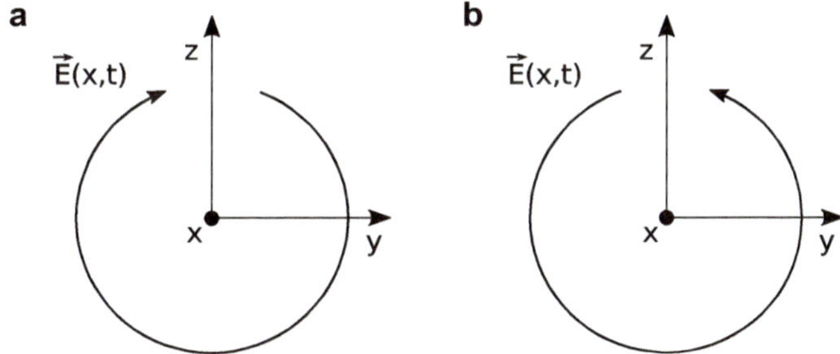

Abb. 4.16 Beide Wellen bewegen sich auf den Beobachter zu. **a** Rechtszirkulare Welle, **b** linkszirkulare Welle

gleichzeitig auftreten, sondern durchrotieren. Man unterscheidet hier rechtszirkulare und linkszirkulare Polarisation. Vorsicht, hierbei betrachtet man die Welle auf sich selbst zukommend. Beispielsweise zeigt Abb. 4.15 eine rechtszirkulare Welle, da sich der Feldvektor beim Blick auf die Lichtquelle im Uhrzeigersinn dreht. Diese Rechtsdrehung ist nochmals in Abb. 4.16a gezeigt, neben einer linksdrehenden Welle in Abb. 4.16b.

Überlagert man eine rechtsdrehende und eine linksdrehende Welle gleicher Frequenz, so addieren sich Teile davon auf, während andere sich gegenseitig aufheben. Dadurch entsteht wieder linear polarisiertes Licht. Dessen Lage im Raum wird von der Phasenverschiebung der beiden zirkularen Wellen bestimmt. Mehr dazu in Aufgabe 4.3.

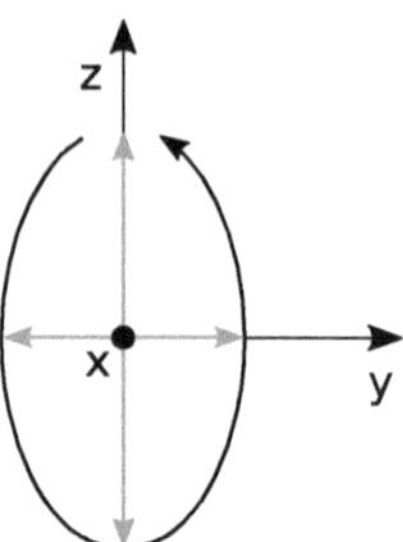

Abb. 4.17 Elliptisch polarisiertes Licht in Draufsicht. Es setzt sich zusammen aus zwei linear polarisierten Anteilen unterschiedlich großer Amplitude (in grau gezeichnet)

4.4.4 Mischformen der Polarisation

Zusätzlich zu den bisher gezeigten Formen gibt es natürlich auch noch Mischformen, bei denen sich mehrere Arten der Polarisation überlagern.

Elliptische Polarisation

Die elliptische Polarisation lässt sich, ähnlich wie die zirkulare, aus zwei linearen Komponenten zusammensetzen. Der einzige Unterschied hierzu ist, dass die beiden Wellen unterschiedlich große Amplituden besitzen. Dadurch schlägt der Wellenvektor in eine Schwingungsrichtung stärker aus als in die andere und seine Gesamtbewegung ist nicht mehr kreisförmig, sondern elliptisch (Abb. 4.17).

Teilweise Polarisation

Zum Schluss sei noch die teilweise Polarisation erwähnt. Hierbei ist einfach ein kleiner Anteil unpolarisierten Lichts mit in ansonsten polarisiertes Licht hineingemischt. Dieser Zustand ist für uns aber relativ uninteressant.

4.5 Zusammenfassung

Damit sind wir mit den theoretischen Hintergründen zum Licht als Welle durch, und in den nächsten Kapiteln kommen wir wieder zu anschaulichen Beispielen und Anwendungen. In Tab. 4.3 findet ihr noch einmal alle wichtigen Eigenschaften, die Licht als Welle charakterisieren.

Zusätzlich dazu ist auch das Verhalten mehrerer Wellen zueinander wichtig. Die wichtigsten Parameter hierfür sind in Tab. 4.4 aufgelistet.

Tab. 4.3 Die wichtigsten Welleneigenschaften einzelner Wellen

Eigenschaft	Beschreibung	Wichtig für u. a.
Wellenparameter	Eine elektromagnetische Welle breitet sich immer in Zeit t und Raum $\vec{x}$ aus. Hierbei spielen die Amplitude E_0 (und B_0) des elektrischen (und des magnetischen) Feldvektors, der Wellenvektor $\vec{k}$, die Wellenlänge λ, die Kreisfrequenz ω und die Periodendauer T eine Rolle	Verständnis von Wellen
Wellenform	Eine ebene Welle breitet sich über ihre gesamte Breite geradlinig und mit parallelen Wellenfronten in die gleiche Richtung aus, ähnlich den Meereswellen, die den Strand erreichen. Daneben gibt es ungerichtete Wellen, ähnlich den zufälligen Wellenbewegungen auf einer Schwimmbadoberfläche, oder auch Kugelwellen, die sich von einem Zentrum aus kugel- oder kreisförmig in alle Richtungen wegbewegen. Sie ähneln den Wellen, die beim Werfen eines Steins ins Wasser entstehen. Elementarwellen haben die Form von Kugelwellen	Nahezu alle Effekte, die auf der Wellenoptik beruhen
Geschwindigkeit	Einzelne Wellenberge pflanzen sich mit der Phasengeschwindigkeit v_p fort. Diese beträgt für Licht im Vakuum $c_0 = 299\,792\,458\ \frac{\mathrm{m}}{\mathrm{s}}$ und wird mit steigendem Brechungsindex n des Mediums kleiner, siehe auch Gl. 4.10. Zusätzlich dazu spricht man von der Gruppengeschwindigkeit v_g, mit der sich Wellenpakete durch den Raum bewegen. In einem Medium ohne Dispersion sind beide Geschwindigkeiten gleich groß	Signalübertragung, GPS-Navigation
Zeitliche Kohärenz	Maß für die Reinheit der Wellenfronten innerhalb von einzelnen Wellen, zu sehen in Abb. 4.11a und c	Interferenz, z. B. schimmernde Ölfilme
Polarisation	Sie liefert Informationen über die Schwingungsrichtung der Feldvektoren. Man unterscheidet unpolarisiertes, linear und zirkular polarisiertes Licht sowie Mischformen	Selektives Filtern, Displays und 3D-Brillen

Tab. 4.4 Die wichtigsten Eigenschaften im Zusammenspiel mehrerer Wellen

Eigenschaft	Beschreibung	Wichtig für u. a.
Wellenparameter	Viele Wechselwirkungseffekte treten nur (oder am besten) bei monochromatischem Licht auf, also bei Licht gleicher Wellenlänge λ und gleicher Kreisfrequenz ω	Viele Effekte, die auf der Wellenoptik beruhen
Phasenbeziehung	Weiterhin ist für viele Effekte wichtig, in welcher Phasenlage $\Delta\varphi$ die Wellen zueinander stehen. Dies reicht von konstruktiver Überlagerung bei kleinen Phasenverschiebungen bis zur vollständigen Auslöschung gegenphasiger Wellen	Interferenz, Polarisationsüberlagerungen
Polarisationsrichtung	Das Resultat der Wechselwirkung zweier linear polarisierter Wellen hängt entscheidend vom Winkel der Schwingungen zueinander ab. Dazu mehr in Abschn. 5.5	Verzögerungsplättchen, 3D-Brillen
Räumliche Kohärenz	Maß für die Reinheit der Wellenfronten zwischen mehreren Wellen, zu sehen in Abb. 4.11a und b	Interferenz, z. B. schimmernde Ölfilme

Aufgaben

4.1 Wellenparameter

Fülle nachfolgende Tabelle aus.

Farbe	f	ω	λ im Vakuum (nm)	k im Vakuum	λ_W in Wasser
Violett			410		
Blau			460		
Grün			530		
Gelb			570		
Orange			600		
Rot			650		

4.2 Licht und Schall

Du sitzt im Auto und hörst Radio. Der Lautsprecher ist etwa $d_1 = 50\,\text{cm}$ von deinem Ohr entfernt. Das Autoradio empfängt sein Signal vom nächstgelegenen Funkmast, dieser ist $d_2 = 30\,\text{km}$ vom Auto entfernt. Schall breitet sich in Luft mit einer Geschwindigkeit von etwa $v_S = 340\,\frac{\text{m}}{\text{s}}$ aus. Berechne die Laufzeiten der Signale vom Funkmast zum Radio (t_2) und vom Radio zum Ohr (t_1). Was fällt dir auf?

4.3 Lineare und zirkulare Polarisation

Hier wollen wir einen mathematischen Blick auf linear und zirkular polarisiertes Licht werfen. Hierfür findest du nachfolgend zunächst die Gleichungen für die Schwingungen aus Abb. 4.13 aus Abschn. 4.4.2.

In z-Richtung linear polarisiertes Licht (Abb. 4.13a) entspricht einem elektrischen Feldvektor $\vec{E}_z(x)$ von

$$\vec{E}_z(x) = E_0 \sin(\omega t - kx)\vec{z}$$

mit dem Einheitsvektor $\vec{z}$ in z-Richtung.

Entsprechend ergibt sich in y-Richtung linear polarisiertes Licht (Abb. 4.13b) zu

$$\vec{E}_y(x) = E_0 \sin(\omega t - kx)\vec{y}.$$

Zeige nun durch Rechnung, dass eine Überlagerung dieser beiden Wellen

a) ohne Gangunterschied wieder zu linear polarisiertem Licht führt, dessen Betrag gemäß einer Sinusschwingung periodisch zu- und abnimmt (Abb. 4.13c),

b) mit Gangunterschied $\Delta x = \frac{\lambda}{4}$ zu zirkular polarisiertem Licht führt, wobei der Betrag des elektrischen Feldvektors unverändert bleibt (Abb. 4.15).

Lösungen

4.1 Wellenparameter

Abschn. 4.2.1 liefert

$$c = f\lambda$$

und damit

$$f = \frac{c}{\lambda}.$$

Abschn. 4.1.1 liefert

$$\omega = 2\pi f$$

und

$$k = \frac{2\pi}{\lambda}.$$

Abschn. 4.1.3 liefert

$$\lambda_{\mathrm{W}} = \frac{\lambda}{n_{\mathrm{W}}}$$

mit

$$n_{\mathrm{W}} = 1{,}33.$$

Farbe	f (THz)	$\omega\left(\frac{1}{\mathrm{s}}\right)$	λ im Vakuum (nm)	k im Vakuum $\left(\frac{1}{\mathrm{m}}\right)$	λ_{W} in Wasser (nm)
Violett	731	$4{,}6 \cdot 10^{18}$	410	$1{,}5 \cdot 10^{7}$	308
Blau	652	$4{,}1 \cdot 10^{18}$	460	$1{,}4 \cdot 10^{7}$	346
Grün	566	$3{,}6 \cdot 10^{18}$	530	$1{,}2 \cdot 10^{7}$	398
Gelb	526	$3{,}3 \cdot 10^{18}$	570	$1{,}1 \cdot 10^{7}$	429
Orange	500	$3{,}1 \cdot 10^{18}$	600	$1{,}0 \cdot 10^{7}$	451
Rot	461	$2{,}9 \cdot 10^{18}$	650	$1{,}0 \cdot 10^{7}$	489

4.2 Licht und Schall

Das Signal des Funkmasts bewegt sich mit Lichtgeschwindigkeit zum Auto. Die Laufzeiten ergeben sich zu

$$t_{\text{M-R}} = \frac{d_{\text{M-R}}}{c_{\text{Luft}}} = \frac{d_{\text{M-R}}}{c_0} = \frac{3\,\text{km}}{299\,792\,458\,\frac{\text{km}}{\text{s}}} = 0{,}01\,\text{ms}$$

und

$$t_{\text{R-O}} = \frac{d_{\text{R-O}}}{v_{\text{S}}} = \frac{0{,}5\,\text{m}}{340\,\frac{\text{m}}{\text{s}}} = 1{,}5\,\text{ms}.$$

Dies bedeutet, dass der Schall vom Lautsprecher zu deinem Ohr 150-mal länger braucht als das Radiosignal vom Funkmast zu deinem Auto. Dies veranschaulicht die enorm hohe Geschwindigkeit von Licht und elektromagnetischer Strahlung.

4.3 Lineare und zirkulare Polarisation

a) Zunächst betrachten wir die durch Überlagerung entstehende Welle. Durch direkte Addition von $\vec{E}_{\text{z}}(x)$ und $\vec{E}_{\text{y}}(x)$ ergibt sich

$$\vec{E}(x) = \vec{E}_{\text{z}}(x) + \vec{E}_{\text{y}}(x) = E_0 \sin(\omega t - kx)(\vec{z} + \vec{y}).$$

Hierbei ist ausschließlich die letzte Klammer $(\vec{z} + \vec{y})$ vektoriell, alle anderen Teile sind skalare Größen.

Zum Bestimmen des Betrags berechnen wir deshalb den Betrag von $(\vec{z} + \vec{y})$ zunächst separat:

$$|(\vec{z} + \vec{y})| = \left| \begin{pmatrix} 0 \\ 1 \\ 1 \end{pmatrix} \right| = \sqrt{0^2 + 1^2 + 1^2} = \sqrt{2}$$

Hier sind wir schon fast fertig, denn der Betrag von $\vec{E}(x)$ ergibt sich damit zu

$$\left| \vec{E}(x) \right| = \sqrt{2} E_0 \sin(\omega t - kx).$$

Der Betrag des elektrischen Feldvektors schwingt also abhängig von t und x. Weiterhin hat die maximale Amplitude durch die Addition um den Faktor $\sqrt{2}$ zugenommen.

Nun zeigen wir, dass das Licht linear polarisiert ist. Dies bedeutet ja, dass sich die Schwingungsrichtung über die gesamte Wellenausbreitung x nicht ändert. Wir berechnen dafür den Winkel $\alpha_{\text{y}}(x)$, der zwischen dem Feldvektor und der y-Achse aufgespannt wird. Ist dieser mit steigendem x immer konstant auf dem gleichen Wert, so handelt es sich um linear polarisiertes Licht. Der Winkel α zwischen zwei Vektoren $\vec{A}$ und $\vec{B}$ lässt sich allgemein berechnen über das Skalarprodukt

$$\left| \vec{A} \cdot \vec{B} \right| = \left| \vec{A} \right| \left| \vec{B} \right| \cos\alpha.$$

In unserem Fall ergibt er sich zu

$$\alpha_y(x) = \arccos\left(\frac{\vec{y}\,\vec{E}(x)}{|\vec{y}|\,\left|\vec{E}(x)\right|}\right) = \arccos\left(\frac{E_0 \sin(\omega t - kx)\cdot \vec{y}(\vec{z}+\vec{y})}{|\vec{y}|\cdot \sqrt{2}\,E_0 \sin(\omega t - kx)}\right)$$

$$= \arccos\left(\frac{1}{\sqrt{2}}\,\frac{\vec{y}(\vec{z}+\vec{y})}{|\vec{y}|}\right) = \arccos\left(\frac{1}{\sqrt{2}}\,\frac{0+1}{1}\right) = \arccos\left(\frac{1}{\sqrt{2}}\right) = 45^\circ.$$

Dieser Winkel ist konstant bei 45°, also unabhängig von x, und damit linear polarisiert. Er entspricht genau der Überlagerung der Schwingungen in x- und y-Richtung (Abb. 4.13c). Überlege, was passiert, wenn $\vec{E}_y(x)$ und $\vec{E}_z(x)$ unterschiedliche Amplituden E_{0y} und E_{0z} besitzen.

b) Diese Teilaufgabe ist etwas aufwendiger. Ein Gangunterschied Δx bedeutet zunächst, wir ersetzen das x in einer der beiden Gleichungen durch $x + \Delta x$:

$$\vec{E}_y(x + \Delta x) = E_0 \sin(\omega t - k(x + \Delta x))\vec{y}$$

Setzen wir nun $\Delta x = \frac{\lambda}{4}$ ein, so ergibt sich über $k = \frac{2\pi}{\lambda}$

$$\vec{E}_y(x + \Delta x) = E_0 \sin\left(\omega t - kx - \frac{2\pi}{\lambda}\frac{\lambda}{4}\right)\vec{y} = E_0 \sin\left(\omega t - kx - \frac{\pi}{2}\right)\vec{y}.$$

Das $\frac{\pi}{2}$ beschreibt eine konstante Phasenverschiebung des Sinus. Über die trigonometrische Formel

$$\sin\left(A - \frac{\pi}{2}\right) = -\cos(A)$$

vereinfacht sich dies zu

$$\vec{E}_y(x + \Delta x) = -E_0 \cos(\omega t - kx)\,\vec{y}.$$

Wir addieren analog zu (a):

$$\vec{E}(x) = \vec{E}_z(x) + \vec{E}_y(x + \Delta x) = E_0 \sin(\omega t - kx)\vec{z} - E_0 \cos(\omega t - kx)\,\vec{y}$$

Das ist unsere durch Überlagerung entstandene Welle.

Nun berechnen wir den Betrag des Feldvektors. Die Einheitsvektoren $\vec{z}$ und $\vec{y}$ besitzen hier unterschiedliche skalare Vorfaktoren (abgesehen von E_0), deshalb müssen wir diese vollständig mit in die Berechnung des Betrags hineinpacken:

$$\left|\vec{E}(x)\right| = \left|\begin{pmatrix} 0 \\ -E_0 \cos(\omega t - kx) \\ E_0 \sin(\omega t - kx) \end{pmatrix}\right| = E_0\sqrt{0^2 + (-\cos(\omega t - kx))^2 + \sin^2(\omega t - kx)}$$

$$= E_0\sqrt{\cos^2(\omega t - kx) + \sin^2(\omega t - kx)}$$

Um die Wurzel weiter zu vereinfachen, nutzen wir

$$\sin^2(A) + \cos^2(A) = 1.$$

Dadurch erhalten wir

$$\left|\vec{E}(x)\right| = E_0 \cdot \sqrt{1} = E_0$$

und haben gezeigt, dass sich der Betrag des elektrischen Feldvektors dieser Welle im Gegensatz zu (a) nicht ändert.

Der Winkel $\alpha_y(x)$ wird analog zu (a) berechnet über

$$\alpha_y(x) = \arccos\left(\frac{\vec{y}\,\vec{E}(x)}{|\vec{y}|\left|\vec{E}(x)\right|}\right) = \arccos\left(\frac{-E_0 \cos(\omega t - kx)}{1 \cdot E_0}\right)$$

$$= \arccos(-\cos(\omega t - kx)).$$

Über

$$-\cos(A) = \cos(A + \pi)$$

erhalten wir

$$\alpha_y(x) = \arccos(\cos(\omega t - kx + \pi)) = \omega t - kx + \pi.$$

Der Winkel des Feldvektors ist also linear abhängig von dem Fortschreiten der Welle im Raum x. Das bedeutet, dass der Vektor gleichmäßig um die x-Achse rotiert, dies entspricht zirkular polarisiertem Licht (Abb. 4.15).

Überlege, was passiert, wenn $\vec{E}_y(x)$ und $\vec{E}_z(x)$ unterschiedliche Amplituden E_{0y} und E_{0z} besitzen.

Inhaltsverzeichnis

Ausgehend vom Ende des letzten Kapitels wollen wir uns jetzt gleich einmal genauer mit den Effekten beschäftigen, die eine direkte Folge unterschiedlicher Polarisation von Licht sind. Dafür warten auch wieder alltägliche Fragen auf euch. So klären wir hier, wie eigentlich eine 3D-Brille im modernen Kino funktioniert oder der Computer- und Smartphonebildschirm sein Bild erzeugt. Und was hat das alles eigentlich mit meinem Joghurt zu tun?

5.1   Polfilter

5.1.1   Funktionsweise

Polarisationsfilter, kurz Polfilter, spielen trotz ihrer Unbekanntheit in unserem Alltag eine große Rolle. Sie machen das, was ihr Name schon vermuten lässt, sie filtern Licht abhängig von seiner Polarisationsrichtung. Realisiert werden sie über sehr, sehr kleine, sehr lang gezogene Moleküle, die alle parallel zueinander angeordnet sind.

© Springer-Verlag GmbH Deutschland, ein Teil von Springer Nature 2019   125
M. Gmelch und S. Reineke, *Durchblick in Optik*,
https://doi.org/10.1007/978-3-662-58939-7_5

Durch diese Anordnung wird Licht, das in die Richtung der Längsachse der Moleküle polarisiert ist, von diesen absorbiert, also verschluckt. Dazu senkrecht schwingende Lichtwellen können den Filter ungehindert passieren. Das Licht, das weder senkrecht noch parallel zu den Molekülen schwingt, wird teilweise absorbiert. Wie wir aus Abb. 4.14 wissen, lässt sich dieses ja als Überlagerung der beiden Schwingungsrichtungen darstellen, und es verliert nur genau den zu den Molekülen parallel polarisierten Teil. Dadurch sind sämtliche Lichtwellen, die den Polfilter wieder verlassen, in die gleiche Richtung linear polarisiert, unabhängig von ihrer Polarisation davor. Eine Übersicht seht ihr in Abb. 5.1.

In den Fotos an der rechten Seite seht ihr dort an den unterschiedlichen Helligkeiten sehr schön, dass bei Abb. 5.1a ein Teil des unpolarisierten Lichts immer, unabhängig vom Drehwinkel des Filters, herausgefiltert wird und die Helligkeit dadurch abnimmt. Im krassen Gegensatz dazu kann die Helligkeit bei linear polarisiertem Licht je nach Orientierung absolut unverändert bleiben (Abb. 5.1b) oder vollständig auf null abfallen (Abb. 5.1c). Über Filterstellungen dazwischen lässt sich die Transmission stufenlos einstellen (Abb. 5.1d).

5.1.2 Das Gesetz von Malus

Polarisationsfilter eignen sich also dazu, aus unpolarisiertem polarisiertes Licht zu generieren. Mithilfe eines weiteren Polfilters lässt sich das leicht überprüfen. Setzt man zwei Polfilter wie in Abb. 5.2a um 90° zueinander gedreht hintereinander, kann man jegliches, auch unpolarisiertes Licht am Durchscheinen hindern. Der erste Filter polarisiert das Licht linear, filtert also schon die Hälfte des Lichts weg, und der zweite absorbiert vollständig genau das noch verbleibende. Sind die Filter dagegen parallel orientiert (5.2b), kann Licht passieren, denn das vom ersten Filter linear polarisierte Licht wird vom zweiten nicht weiter absorbiert.

Das Gesetz von Malus (korrekterweise, da der Herr aus Frankreich stammte, „Malü" ausgesprochen) gibt uns die Lichtintensität $I(\alpha)$, die hinter einem Polarisationsfilter gemessen wird, in Abhängigkeit vom Winkel α zwischen der Polarisationsrichtung des Lichts und der Durchlassrichtung des Filters (Skizze in Abb. 5.3):

$$I(\alpha) = I_0 \cos^2 \alpha \qquad (5.1)$$

I_0 ist dabei die Lichtintensität des einfallenden, linear polarisierten Lichts. Das hoch zwei des Kosinus tritt hier auf, da die Lichtintensität stets proportional zum Quadrat des elektrischen Felds ist. Betrachten wir diese Formel im Zusammenhang mit Abb. 5.1. Ist die Durchlassrichtung parallel zur Polarisationsrichtung, wie in Abb. 5.1b, so gilt

$$\alpha = 0 \qquad (5.2)$$

und damit

$$I = I_0. \qquad (5.3)$$

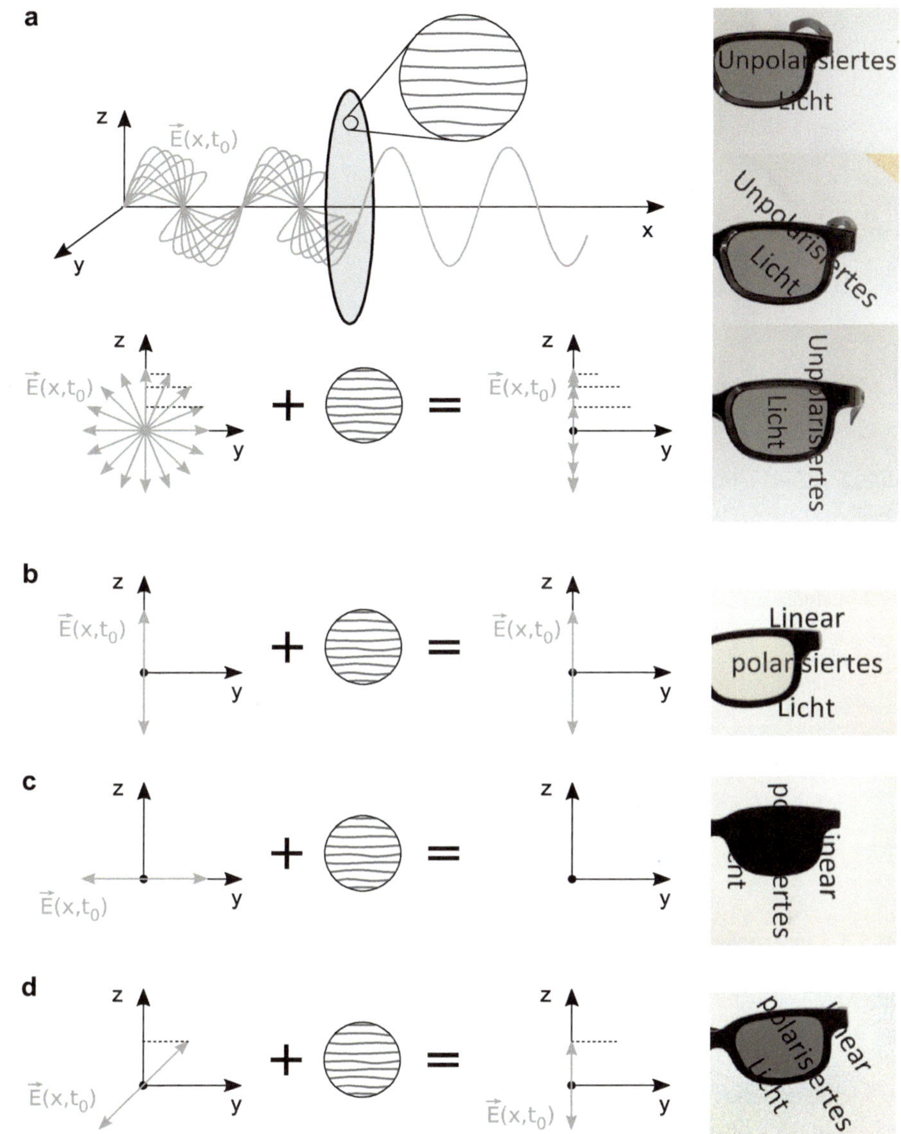

Abb. 5.1 **a** Unpolarisiertes Licht trifft auf einen Polarisationsfilter, dessen Moleküle in y-Richtung liegen. Das Licht, das den Filter verlässt, ist vollständig in z-Richtung polarisiert, da alle Schwingungsanteile in y-Richtung von den Molekülen absorbiert wurden. Egal, welche Ausrichtung die Polarisation des Lichts vor dem Filter hat, durch die Filterung entsteht immer linear polarisiertes Licht senkrecht zur Molekülrichtung. **b** Zu den Molekülen senkrecht polarisiertes Licht wird unverändert durchgelassen. **c** Zu den Molekülen parallel polarisiertes Licht wird vollständig absorbiert, hinter dem Filter ist es dunkel. **d** Trifft das Licht in einem anderen Winkel auf den Polfilter, so wird der zu den Molekülen parallele Anteil des Lichts herausgefiltert, während der dazu senkrechte durchgelassen wird. Das resultierende Licht ist wieder vollständig in z-Richtung linear polarisiert

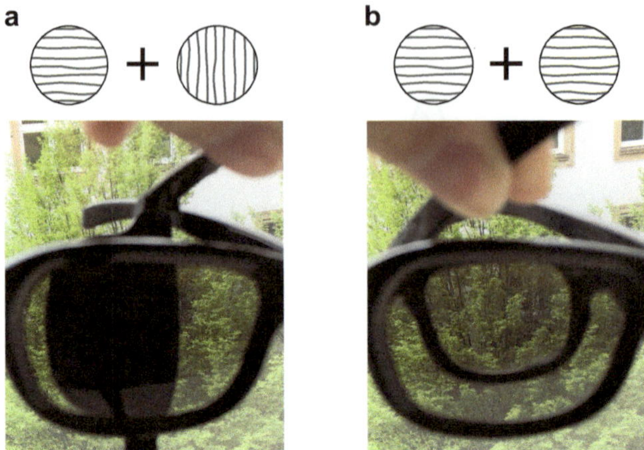

Abb. 5.2 **a** Zwei senkrecht zueinander orientierte Polarisationsfilter hintereinander gesetzt führen zu vollständiger Absorption des Lichts in allen Schwingungsrichtungen. Dadurch wirkt der hintere Filter schwarz. **b** Hier wurde der hintere Filter um 90° gedreht. Das im ersten Filter erzeugte linear polarisierte Licht kann den zweiten Filter dadurch ungehindert passieren, da beide nun parallel zueinander orientiert sind

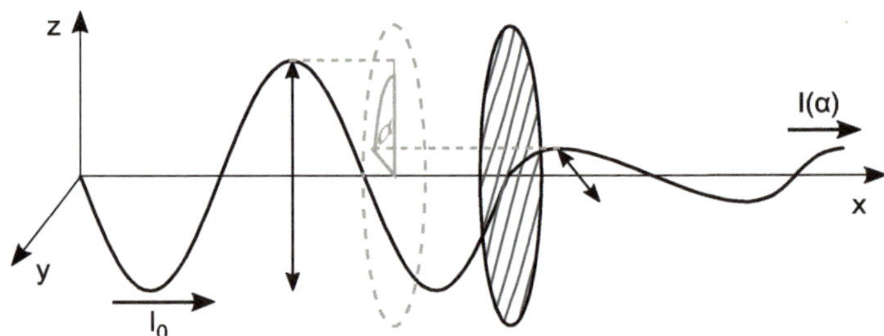

Abb. 5.3 Linear polarisiertes Licht verliert beim Durchgang durch einen Polarisationsfilter abhängig vom Winkel α einen Teil seiner Intensität. Den Filter passiert nur der in Durchlassrichtung schwingende Anteil, also der senkrecht zur Ausdehnungsrichtung der Moleküle im Filter stehende

Das Licht kann den Filter also ohne Abschwächung passieren. In Abb. 5.1c trifft das Licht zur Durchlassrichtung senkrecht polarisiert auf den Filter. Es gilt also

$$\alpha = 90° \tag{5.4}$$

und damit

$$I = 0, \tag{5.5}$$

keinerlei Licht verlässt den Filter, er erscheint schwarz. In Aufgabe 5.1 könnt ihr ein bisschen mit diesem Gesetz arbeiten.

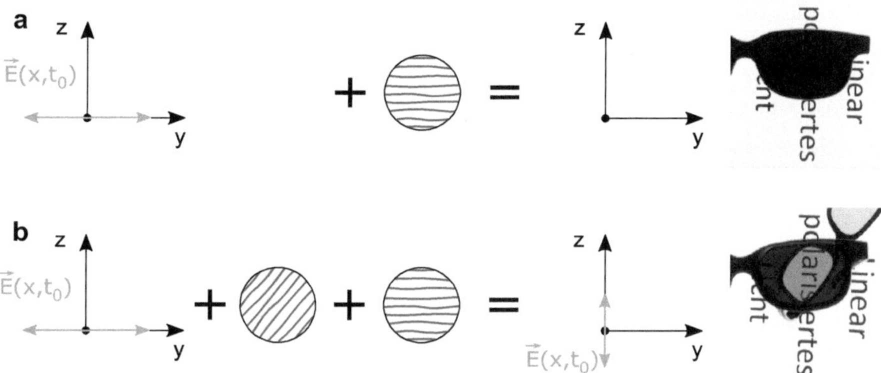

Abb. 5.4 a Gleicher Aufbau wie in Abb. 5.1c: Linear polarisiertes Licht trifft so auf einen Filter, dass es vollständig absorbiert wird. **b** Durch einen weiteren, gedrehten Polfilter zwischen Lichtquelle und Filter wird Letzterer wieder durchlässig

5.1.3 Wiedergewonnener Durchblick

Abschließend noch ein nettes Phänomen: Wir packen zwischen die linear polarisierte Lichtquelle und den in gleicher Richtung absorbierenden Filter einen zweiten Filter leicht gedreht (Abb. 5.4), und siehe da: Plötzlich sehen wir wieder etwas, Licht kann wieder passieren. Warum? Die Antwort findet ihr in Aufgabe 5.2. Dieser Effekt spielt auch im folgenden Abschn. 5.2.1 eine Rolle.

5.2 Anwendungen der Polfilter

5.2.1 LCD-Displays

Was wir im letzten Abschnitt gelernt haben, lässt sich für das Verständnis des LCD-Bildschirms noch einmal folgendermaßen kurz zusammenfassen: Polarisiertes Licht wird von einem Polarisationsfilter je nach seiner Schwingungsrichtung verschieden stark durchgelassen, von absoluter Transmission bis zu vollständiger Absorption. Zwei hintereinander gesetzte Filter, die um 90° verdreht sind, lassen keinerlei Licht durch. Hätte man jetzt zwischen diesen Filtern ein Material, das die Polarisationsrichtung des Lichts auf Befehl drehen kann, so könnte man auf Knopfdruck Licht durchlassen oder blockieren.

Und damit sind wir schon direkt bei unseren Bildschirmen. Ein solches Material gibt es, es handelt sich um sogenannte Flüssigkristalle. Diese können sich beim Anlegen einer Spannung so ausrichten, dass die Schwingungsrichtung des durch sie hindurchscheinenden Lichts gedreht wird. Im Englischen nennt man sie *liquid crystals,* eingebaut in einen Bildschirm hat man sofort ein „Liquid Crystal Display"(LCD). Nebenbei: Der Begriff

LCD-Display ist streng genommen unsinnig, da das D ja schon für Display steht. Es handelt sich um ein redundantes Akronym, genauso wie PIN-Nummer oder PDF-Format. Aber zurück zur Optik. Abb. 5.5a zeigt den Buchstaben A auf einem schwarzweißen LCD-Bildschirm. Je nach Ausrichtung der Flüssigkristalle in den einzelnen Pixeln erscheinen diese schwarz oder weiß, da das Licht vom zweiten Polfilter entweder absorbiert oder transmittiert wird. Graustufen, also Helligkeiten zwischen Schwarz und Weiß erreicht man durch niedrigere Spannungen an den Kristallen und dadurch geringere Drehung der Polarisation.

Farbige LCDs funktionieren genauso, hier besitzt jedes einzelne farbige Subpixel eine eigene Schicht Flüssigkristalle, wodurch jeder Farbwert für sich genau gesteuert werden kann. Genaueres zum Aufbau farbiger Bildschirme gab es schon in Abschn. 1.3.2.

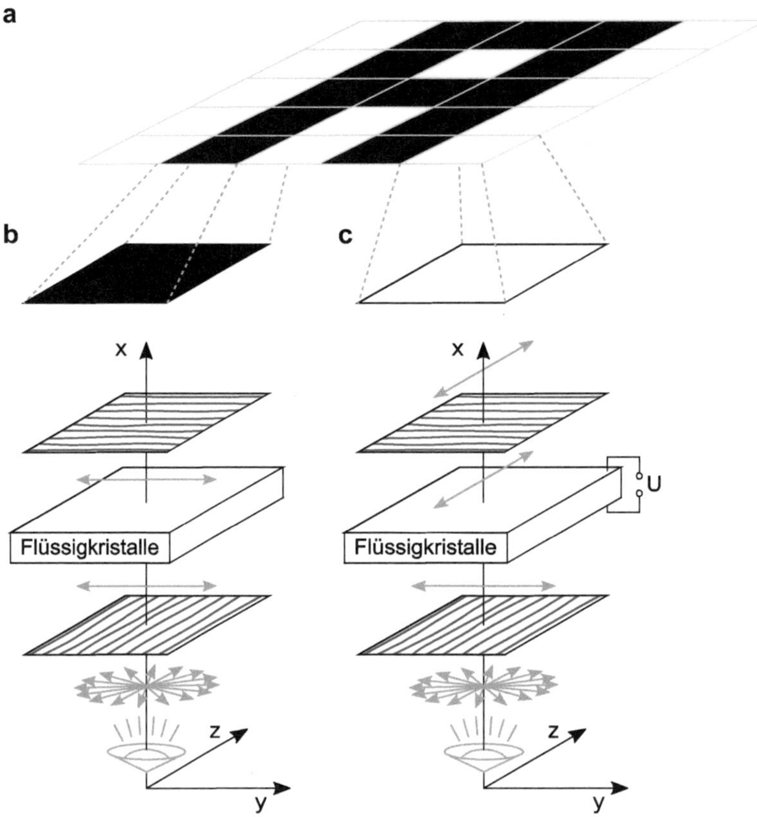

Abb. 5.5 a Ein A auf einem schwarzweißen 5 × 5-Pixel-Bildschirm. Es setzt sich zusammen aus schwarzen und weißen Pixeln. **b** Die Pixel erscheinen schwarz, wenn die Flüssigkristalle die Polarisation des Hintergrundlichts nicht drehen und dieses deshalb vom zweiten Filter absorbiert wird. **c** Legt man Spannung an die Kristalle an, so drehen sie das Licht so, dass es den zweiten Filter passieren kann, und wir sehen das Pixel weiß

Die Tatsache, dass solche Bildschirme also vollständig polarisiertes Licht abstrahlen, haben wir uns schon in Abb. 5.1b–d zunutze gemacht, wo ein LCD als Hintergrund diente. Probleme kann dies unter Umständen beim Tragen von Sonnenbrillen bereiten.

5.2.2 Sonnenbrillen und Brewster-Winkel

Auch manche Sonnenbrillen haben einen Polfilter mit eingebaut. Warum? Um dem auf den Grund zu gehen, wärmen wir etwas aus dem ersten Kapitel noch einmal auf, und zwar die Transmission und Reflexion aus Abschn. 1.1.1.

Der Brewster-Winkel

Wie ihr euch erinnert, oder durch nochmaliges Nachschlagen erfahrt, zeigt Abb. 1.5 Transmissions- und Reflexionsgrade von Licht an einer Grenzfläche zwischen zwei Medien unterschiedlicher Brechungsindizes. In der Bildunterschrift ist die Rede davon, dass die exakten Werte auch von der Polarisation des Lichts abhängen. Das wollen wir uns jetzt genauer ansehen.

Wie schon bekannt, wird Licht beim Auftreffen auf eine Grenzfläche je nach Einfallswinkel θ_E unterschiedlich stark transmittiert und reflektiert. Die von den Lichtstrahlen aufgespannte Ebene bezeichnet man als Einfallsebene. Relativ zu dieser lässt sich die Polarisation des Lichts angeben, entweder parallel oder senkrecht dazu. Und die genauen Werte für Reflexion und Transmission hängen von dieser Ausrichtung ab. Tab. 5.1, bekannt aus Abschn. 1.1.1, zeigt die Unterschiede.

Tab. 5.1 Erneut die Fresnelschen Formeln aus Tab. 1.2

$$\text{Für alle Formeln gilt } B = \sqrt{n_T^2 - n_E^2 \sin^2 \theta_E}$$

Polarisation	Transmissionsfaktor	Transmissionsgrad
Senkrecht	$t_s = \dfrac{2n_E \cos \theta_E}{n_E \cos \theta_E + B}$	$T_s = \dfrac{B}{n_E \cos \theta_E} t_s^2$
Parallel	$t_p = \dfrac{2n_E \cos \theta_E}{n_T \cos \theta_E + \dfrac{n_E}{n_T} B}$	$T_p = \dfrac{B}{n_E \cos \theta_E} t_p^2$
	Reflexionsfaktor	**Reflexionsgrad**
Senkrecht	$r_s = \dfrac{n_E \cos \theta_E - B}{n_E \cos \theta_E + B}$	$R_s = r_s^2$
Parallel	$r_p = \dfrac{n_T \cos \theta_E - \dfrac{n_E}{n_T} B}{n_T \cos \theta_E + \dfrac{n_E}{n_T} B}$	$R_p = r_p^2$

Da es diesen Formeln an Anschaulichkeit mangelt, finden wir die Winkelabhängigkeiten aus Abb. 1.5 noch einmal in Abb. 5.6a, diesmal jedoch mit Information über die Polarisation des Lichts. Und bei genauem Blick ist erkennbar, dass bei einem bestimmten Einfallswinkel, dem Brewster-Winkel θ_B, für die parallele Polarisation der Transmissionsgrad $T_p = 1$ und der Reflexionsgrad $R_p = 0$ wird. Abb. 5.6b zeigt dies direkt an den Lichtstrahlen. Das einfallende, unpolarisierte Licht (grau) lässt sich in einen zur Einfallsebene parallelen (violett) und senkrechten (grün) Anteil aufteilen. Letzterer wird teilweise transmittiert (rot) und reflektiert (blau). Der parallele Anteil aber wird bei Einfall unter dem Winkel $\theta_E = \theta_B$ vollständig transmittiert, und nichts davon wird reflektiert. Berechnen lässt sich der Brewster-Winkel über

$$\theta_B = \arctan \frac{n_T}{n_E}, \tag{5.6}$$

wobei n_E den Brechungsindex des ersten Mediums und n_T den Brechungsindex des Mediums, in das transmittiert wird, beschreiben. Er existiert also sowohl bei Reflexion an optisch dichteren als auch an optisch dünneren Medien. Entscheidend hierfür ist der rechte Winkel zwischen transmittiertem und reflektiertem Strahl. Abb. 5.7 zeigt beide Polarisationsrichtungen noch einmal im Detail. Der Grund für die verschwindende Reflexion vom parallel zur Einfallsebene polarisierten Licht ist, dass die direkt an der Grenzfläche auftretende Schwingung des Feldvektors genau in Ausbreitungsrichtung des eventuellen reflektierten Strahls liegt, sie besitzt keinerlei Anteil senkrecht dazu. Dadurch kann sich in Reflexion keine Welle

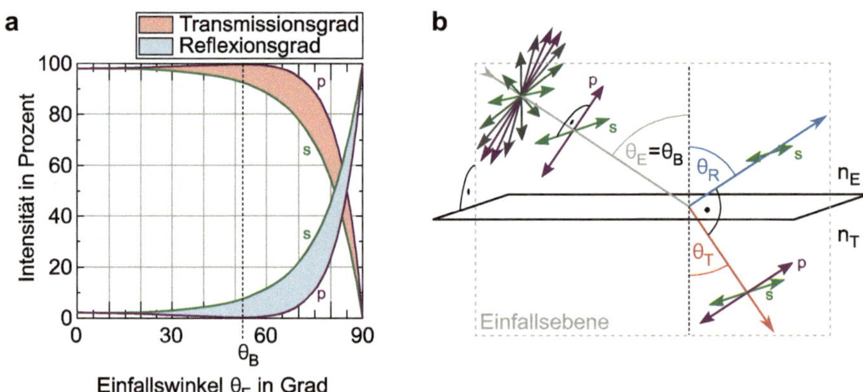

Abb. 5.6 **a** Transmissions- und Reflexionsgrad in Abhängigkeit vom Einfallswinkel θ_E. Im Gegensatz zu Abschn. 1.1.1 unterscheiden wir jetzt zwischen zur Einfallsebene senkrecht s (grün) und parallel p (violett) polarisierten Strahlen. Je nach Polarisation des Lichts wird dieses so verschieden stark transmittiert und reflektiert. Beim Brewster-Winkel θ_B wird der parallele Anteil p vollständig transmittiert, die Reflexion beträgt 0%. Der senkrechte Anteil weist kein solches Extremum auf. **b** Lichteinfall im Brewster-Winkel θ_B auf eine Grenzfläche, mit eingezeichneten Polarisationsrichtungen. Während in Transmission beide Schwingungsrichtungen auftreten, ist im reflektierten Strahl nur noch die zur Einfallsebene (grau gestrichelt) senkrechte Komponente s vorhanden. Unpolarisiertes Licht wird also durch Reflexion im Brewster-Winkel linear polarisiert

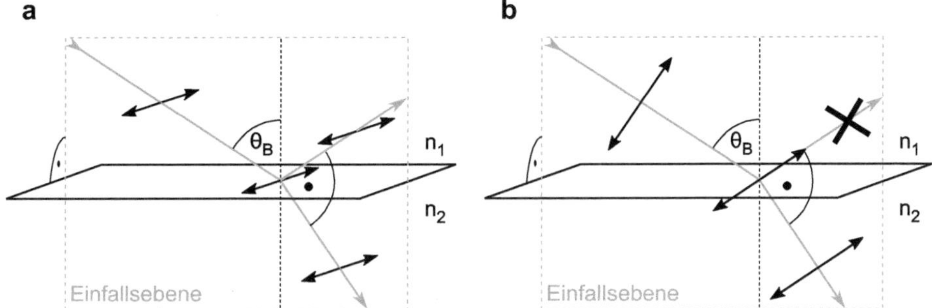

Abb. 5.7 Linear polarisiertes Licht fällt im Brewster-Winkel auf eine Grenzfläche ein. **a** Der senkrecht zur Einfallsebene polarisierte Lichtanteil steht automatisch auch immer senkrecht zu allen reflektierten Strahlen. Dadurch treten bei jedem Einfallswinkel, auch beim Brewster-Winkel, Transmission und Reflexion auf. **b** Der parallel zur Einfallsebene polarisierte Strahl wird vollständig transmittiert, denn die Reflexion verschwindet. Dies geschieht aufgrund des rechten Winkels zwischen Transmission und Reflexion. Dadurch schwingt der Feldvektor an der Grenzfläche exakt in der Richtung, in die sich der reflektierte Strahl eigentlich ausbreiten würde. Infolgedessen fehlt hier der notwendige Anteil senkrecht zur Ausbreitung

ausbilden, der reflektierte Strahl tritt nicht auf. Bei senkrecht zur Einfallsebene polarisiertem Licht kann dieser Fall nicht auftreten, da dessen Auslenkung immer senkrecht auf dem reflektierten Strahl steht, unabhängig vom Einfallswinkel.

Filtern von störenden Reflexionen

Je nach Einfallswinkel des ursprünglich unpolarisierten Lichts ist das an Grenzflächen reflektierte Licht also unterschiedlich stark polarisiert, und zwar immer senkrecht zur Einfallsebene. Lichtreflexionen können oft störend sein, sei es am Badesee, wo die im Wasser gespiegelte Sonne die Augen blendet, oder im Auto, wo Spiegelungen die Sicht auf den Verkehr einschränken. Hier können Sonnenbrillen, die diese Reflexionen (zumindest teilweise) filtern, Abhilfe schaffen. Und ihr könnt es euch vielleicht schon denken: Dies gelingt durch den Einsatz von Polfiltern in der Brille. Dadurch wird das gewünschte unpolarisierte Licht durchgelassen, während die störende polarisierte Reflexion weitgehend gefiltert werden kann. Abb. 5.8 zeigt eine Glasscheibe, betrachtet mit und ohne polarisierende Brille. Beim Blick durch die Brille treten keine störenden Reflexionen auf, und die blaue Spielfigur wird erkennbar. Ob eure Sonnenbrille diese Fähigkeit besitzt, könnt ihr einfach überprüfen, indem ihr mit ihr auf einen LCD-Bildschirm blickt und euren Kopf dabei dreht. Seht ihr unter einem bestimmten Winkel nichts mehr, so ist ein Polfilter eingebaut.

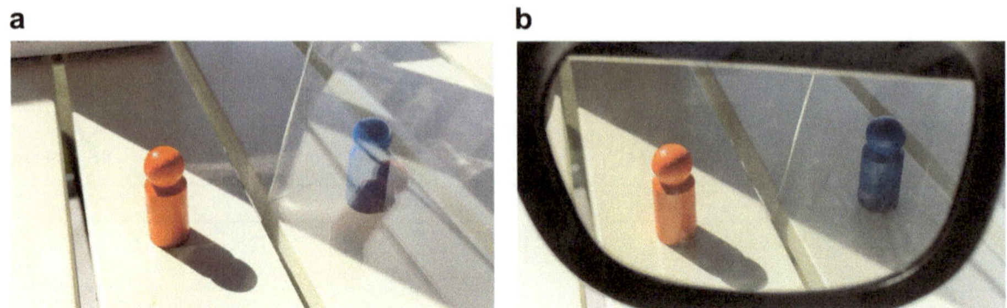

Abb. 5.8 a Blick durch eine Glasscheibe auf eine blaue Spielfigur. Die Reflexionen der orangen Figur und vor allem des Tischs behindern die Sicht. **b** Mithilfe einer polarisierenden Brille werden die Reflexionen herausgefiltert. Je mehr der Einfallswinkel dem Brewster-Winkel entspricht, desto bessere Ergebnisse lassen sich erzielen

5.2.3 Im Kino, Teil 1

Neben den Sonnenbrillen gibt es noch weitere Brillen, in denen Polfilter zu finden sind: 3D-Brillen im Kino. Aber zunächst ein kurzer Einschub, warum wir überhaupt dreidimensional sehen können.

Dreidimensionales Sehen

Schon zu Urzeiten war es wichtig, zu wissen, wie weit der Säbelzahntiger noch entfernt ist und ob sich somit eine Flucht noch lohnt. Dafür ist es entscheidend, dass wir mithilfe unserer Augen nicht nur links, rechts, oben und unten unterscheiden, sondern auch Entfernungen von uns weg richtig einschätzen können. Aus diesem Grund besitzen wir, ähnlich wie auch die allermeisten Tiere, zwei Augen. Das dreidimensionale Sehen resultiert daraus, dass die beiden Augen die Welt aus zwei leicht unterschiedlichen Blickwinkeln sehen. Abb. 5.9 zeigt Spielfiguren in verschiedenen Abständen zum Betrachter, einmal durch das linke und einmal durch das rechte Auge gesehen. Die kleinen Unterschiede zwischen beiden Bildern nutzt unser Gehirn, um Informationen über die Entfernung der Figuren zu ermitteln. Dreidimensionales Sehen erfordert also, dass an den beiden Augen leicht unterschiedliche Bilder ankommen. Das ist auch die Bedingung, die jedes 3D-Kino erfüllen muss. Es existieren verschiedene Techniken zur Realisierung, beispielsweise mit Farbfiltern oder Shutter-Brillen vor den Augen. Im großen Stil in den Kinos durchgesetzt hat sich aber die Polarisationstechnik.

Lineare Polfilter in der 3D-Brille

Wir haben eigentlich schon fast alles Wichtige kennengelernt, um diese Technik zu verstehen. Ziel ist es also, mithilfe von Polfiltern dafür zu sorgen, dass das linke Auge ein anderes Bild erreicht als das rechte. Die einfachste Möglichkeit ist in Abb. 5.10 gezeigt. Die beiden

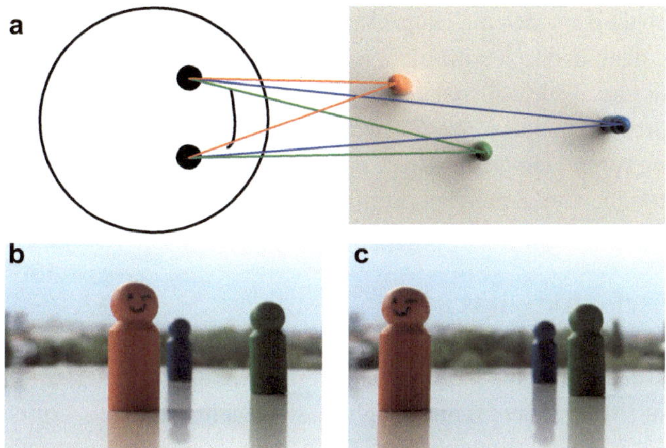

Abb. 5.9 Skizze zum dreidimensionalen Sehen. **a** Beim Blick auf drei Spielfiguren in unterschiedlichen Abständen treffen die Lichtstrahlen unterschiedlich auf beide Augen. **b** Das linke Auge sieht die hinterste, blaue Spielfigur näher an der orangen Figur. **c** Das rechte Auge hingegen sieht sie dicht an der grünen Figur

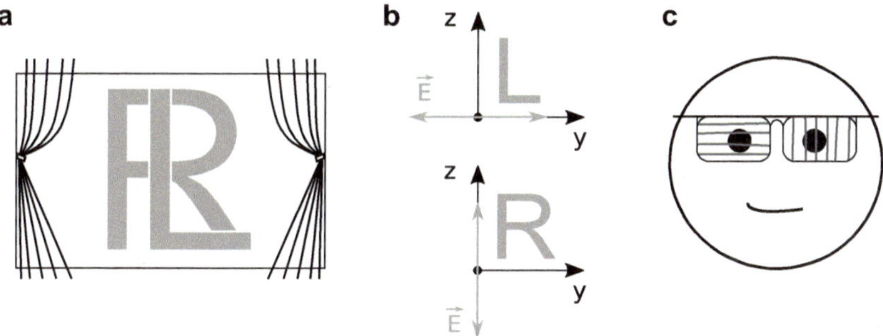

Abb. 5.10 **a** Die Bilder für beide Augen werden übereinander auf die Leinwand projiziert. **b** Sie unterscheiden sich in ihrer Polarisation. Das Bild für das linke Auge ist beispielsweise horizontal polarisiert, für das rechte Auge vertikal. **c** Die 3D-Brille liefert an jedes Auge des Besuchers das richtige Bild, indem sie das falsche mithilfe eines Polfilters herausfiltert

benötigten Bilder werden linear polarisiert auf die Leinwand projiziert, allerdings zueinander um 90° gedreht. Der Kinobesucher trägt eine Brille mit Polarisationsfiltern, die so orientiert sind, dass jeweils nur das richtige Bild zum Auge durchgelassen wird, das andere wird im Filter absorbiert. So weit, so gut. Allerdings hat diese Technik einen entscheidenden Nachteil. Legt man frisch verliebt seinen Kopf auf die Schulter des Sitznachbarn, so dreht man seine Brille mitsamt der Polfilter, und plötzlich erreichen auch die falschen Bilder die Augen. Im schlimmsten Fall, nämlich bei einer um 90° gedrehten Brille, sind die Bilder genau vertauscht, und der dreidimensionale Eindruck ist dahin. Wahrscheinlich aus Angst vor Umsatzeinbußen hat sich die Unterhaltungsindustrie auch hierfür eine Lösung überlegt. Glück für uns, denn dadurch wird nicht nur der Filmgenuss erhöht, zusätzlich können wir auch noch mehr über die Möglichkeiten der Polarisation lernen. Allerdings müssen wir dafür fachlich noch etwas ausholen. Werfen wir erst einmal einen Blick auf einen Joghurt. Der Zusammenhang zur modernen 3D-Brille ist jetzt vielleicht nicht sofort ersichtlich, wird sich aber auf den kommenden Seiten langsam zu erkennen geben.

5.3   Optische Aktivität

Warum Joghurt? Je nachdem, wie sehr ihr auf eure Ernährung achtet, auf Proteine, Vitamine und vor allem auf Milchsäure in eurem Joghurt, sind euch vielleicht schon einmal die Begriffe „rechtsdrehend" und „linksdrehend" zu Ohren gekommen. Vor allem die Milchsäure lässt sich dadurch in zwei verschiedene Gruppen einteilen. Wenn ihr den letzten Abschnitt noch im Hinterkopf habt, ahnt ihr es jetzt vielleicht schon: Rechtsdrehende Milchsäure wird deshalb so genannt, weil sie die Polarisationsrichtung von Licht, das durch sie hindurchstrahlt, nach rechts dreht, und genauso linksdrehende nach links. Dieser Unterschied hat seinen Ursprung in der gespiegelten Symmetrie der beiden Milchsäuremoleküle und lässt sich in einer Lösung, die diese Moleküle enthält, auch experimentell nachweisen.

Genauso lassen sich dadurch auch die beiden Zuckerarten Glucose und Fructose auseinanderhalten: Eine Lösung, die Fructose enthält, ist linksdrehend, eine mit Glucose hingegen rechtsdrehend. Letztere kommt dadurch auch auf ihre bekannte Alternativbezeichnung Dextrose, abgeleitet von dem lateinischen Wort *dexter* für rechts. So hat es die Polarisation von Licht ganz heimlich in unseren alltäglichen Sprachgebrauch geschafft, ohne dass es groß jemandem bewusst wäre. Milchsäure- und Zuckerlösung sind also beide in der Lage, die

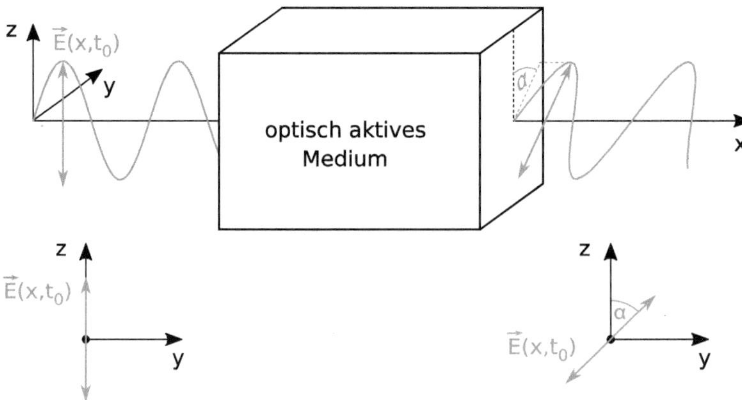

Abb. 5.11 Beim Durchgang durch ein optisch aktives Medium kann die Schwingungsrichtung von linear polarisiertem Licht gedreht werden

Polarisation einfallenden Lichts zu drehen (Abb. 5.11). Man nennt solche Medien deshalb auch optisch aktiv. Auch die oben erwähnten Flüssigkristalle und einige nicht flüssige Kristalle zeigen optische Aktivität, verbunden mit der sogenannten Doppelbrechung.

5.4 Doppelbrechung

Bei der Doppelbrechung handelt es sich nicht um eine besonders böse Verletzung der Knochen. Auch bedeutet es nicht, dass das Licht zweimal hintereinander gebrochen wird. Unsere bisherigen Materialien waren optisch isotrop, hatten also in alle Schwingungsrichtungen des Lichts den gleichen Brechungsindex. Doppelbrechendes Material ist anisotrop und besitzt dadurch zwei verschiedene Brechungsindizes, den ordentlichen n_o und den außerordentlichen n_ao. Welchen der beiden das einfallende Licht „sieht", hängt, ihr könnt es euch vielleicht schon denken, von dessen Polarisation ab, und auch von der Richtung, wie es auf den Kristall trifft. Abb. 5.12 zeigt Kalkspat, einen doppelbrechenden Kristall mit den Brechungsindizes $n_\mathrm{o} = 1{,}658$ und $n_\mathrm{ao} = 1{,}486$. Die dahinterliegende Schrift ist zweimal zu sehen, denn es kommt zu einer polarisationsabhängigen Aufspaltung der Lichtstrahlen.

5.4.1 Die optische Achse

Fangen wir mit einem wichtigen Begriff als ersten Schritt zum Verstehen der Doppelbrechung an, der optischen Achse eines Kristalls. Sie hat allerdings leider nichts mit der optischen Achse der Linsensysteme zu tun, sondern beschreibt die Richtung, die ein Lichtstrahl haben muss, um keine Auswirkungen der Doppelbrechung zu erfahren. Läuft Licht entlang der optischen Achse durch einen Kristall, so verhält sich dieser wie ein nicht doppelbrechendes, also optisch isotropes Medium. Die optische Achse dient dadurch als Orientierungshilfe, um die nachfolgenden Fälle unterscheiden zu können.

Abb. 5.12 Ein Kalkspatkristall liegt auf einem Blatt Papier. Das hindurchscheinende Licht wird aufgrund der Doppelbrechung aufgespaltet, wodurch der Schriftzug zweifach zu sehen ist

Lichteinfall parallel zur optischen Achse

Wie schon angesprochen, führt Lichteinfall parallel zur optischen Achse zu keiner Änderung des Lichtstrahls. Trotzdem sehen wir uns diesen Fall genauer an, um einen guten Vergleich für die nachfolgenden Fälle zu haben. Ihr findet ihn in Abb. 5.13a. Unabhängig von der Polarisation des einfallenden Lichts wirkt auf dieses stets nur der ordentliche Brechungsindex n_o. Dadurch verkürzt sich die Wellenlänge des Lichts im Kristall gemäß Gl. 4.4. Da dies mit allen Schwingungsrichtungen gleichmäßig geschieht, bleibt die (wie auch immer geartete) Phasendifferenz zwischen den verschiedenen Polarisationen aber genauso erhalten, wie sie auch vor dem Kristall schon war. Dies entspricht genau dem Verhalten in einem herkömmlichen, optisch isotropen Material wie Glas oder Wasser.

Lichteinfall senkrecht zur optischen Achse

Steht die optische Achse nun senkrecht zum einfallenden Lichtstrahl (Abb. 5.13b), so kommt der außerordentliche Brechungsindex n_ao ins Spiel. Er betrifft nur den Anteil des Lichts, der in die Richtung der optischen Achse schwingt. Unterschiedliche Polarisationsrichtungen „sehen" also jetzt verschiedene Brechungsindizes und besitzen folglich auch unterschiedliche Wellenlängen im Kristall. Dadurch hat die eine Schwingungsrichtung beim Verlassen des Kristalls schon mehr Schwingungen vollzogen als die andere, und es ergibt sich eine Phasenretardation $\Delta\varphi$, die sich aus

$$\frac{\Delta\varphi}{360°} = (n_\mathrm{ao} - n_\mathrm{o})\frac{d}{\lambda} \tag{5.7}$$

berechnet. Hierbei beschreibt d die Strecke, die der Lichtstrahl im Kristall zurücklegt und λ die Wellenlänge des Lichts außerhalb des Kristalls. Das Licht verlässt den Kristall also als ein einziger Strahl, allerdings mit zueinander phasenverschobenen Polarisationsanteilen. Dieses Phänomen hat interessante praktische Anwendungen, zu finden in Abschn. 5.5.

Lichteinfall in beliebigem Winkel zur optischen Achse

Dieser dritte ist der interessanteste Fall, und auch gleichzeitig der komplizierteste. Betrachten wir Abb. 5.13c, so beobachten wir eine Aufspaltung des Lichts in einen ordentlichen und einen außerordentlichen Strahl. Der ordentliche beschreibt den erwarteten Weg durch den Kristall ohne Ablenkung. Interessant wird es beim außerordentlichen Strahl. Dieser weicht im Kristall von der ordentlichen Richtung ab und bewegt sich in einem bestimmten Winkel weg vom eigentlich erwarteten Verlauf. Beim Austritt aus dem Kristall nimmt er aber wieder die ursprüngliche Richtung an und läuft damit parallel zum ordentlichen Strahl, allerdings räumlich versetzt. Wie geht das? Mit dem Snelliusschen Brechungsgesetz lässt sich dieses Verhalten nicht erklären, da es auch bei einem Einfallswinkel von 0° auftritt (wie in der Abbildung der Fall). Den genauen Ursprung dieses Effekts klären wir im nächsten Abschn. 5.4.2. Zunächst noch zur Polarisation des Lichts: Beide Strahlen sind nun zueinander senkrecht stehend linear polarisiert, die Richtung des ordentlichen Strahls ist

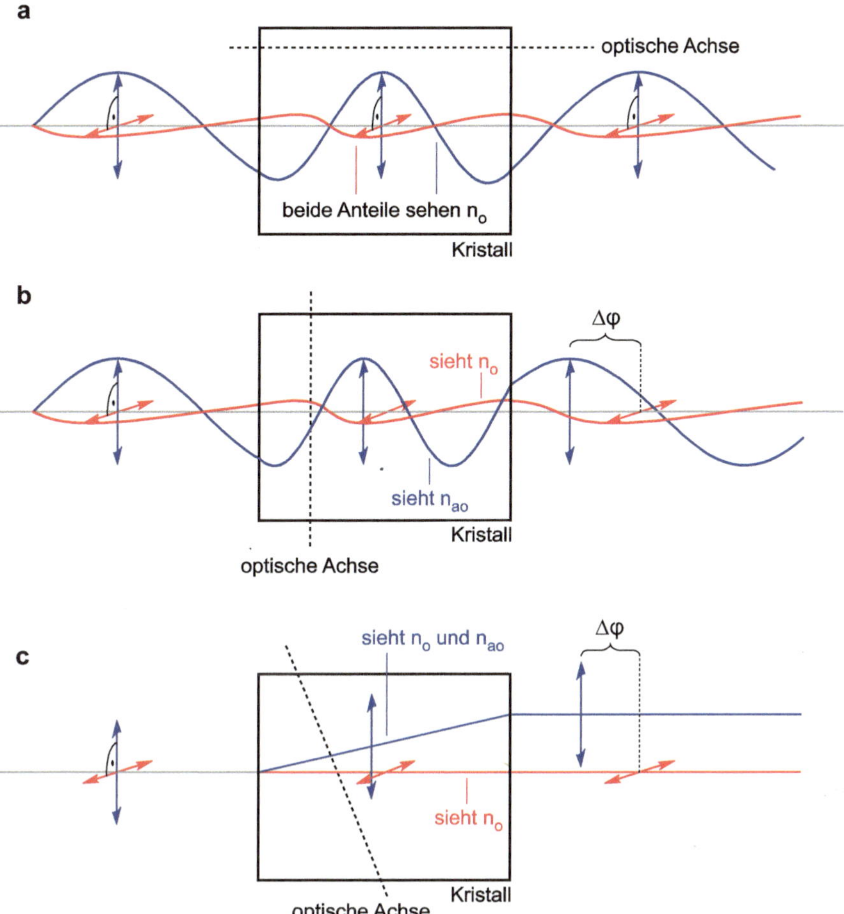

Abb. 5.13 Unpolarisiertes Licht trifft im rechten Winkel auf doppelbrechende Kristalle. Beispielhaft sind die Polarisationen in Papierebene (blau) und senkrecht dazu (rot) eingezeichnet. Drei Fälle wollen wir jetzt unterscheiden. **a** Die optische Achse des Kristalls liegt parallel zum Lichtstrahl. Dadurch sehen alle Polarisationen den ordentlichen Brechungsindex n_o, und die Wellenlängen verkürzen sich im Kristall gemäß Gl. 4.4 aus Abschn. 4.1.3. Sie bleiben aber in einem gemeinsamen Strahl und in Phase. **b** Die optische Achse steht senkrecht zum einfallenden Lichtstrahl. Das bedeutet, dass ein Teil des Lichts parallel zur optischen Achse schwingt (blau), der andere Teil (rot) senkrecht dazu. Während Letzterer weiterhin n_o sieht, wirkt auf Ersteren nun der außerordentliche Brechungsindex n_ao. Dadurch haben die unterschiedlichen Polarisationen, wieder gemäß Gl. 4.4, im Kristall auch unterschiedliche Wellenlängen, und es kommt zur Phasenretardation $\Delta\varphi$. **c** Die optische Achse des Kristalls steht in beliebigem Winkel zum einfallenden Strahl. Auf das Einzeichnen der Wellen wurde hier aus Gründen der Übersichtlichkeit verzichtet. Es kommt im Kristall zu einer Aufspaltung des Lichts in einen ordentlichen und einen außerordentlichen Strahl. Letzterer ist von beiden Brechungsindizes n_o und n_ao abhängig und läuft in einem bestimmten Winkel vom eigentlichen Verlauf weg. Beim Verlassen des Kristalls ist er aber wieder parallel zum ordentlichen Strahl, allerdings nun räumlich versetzt. Zusätzlich sind die Strahlen phasenverschoben und senkrecht zueinander linear polarisiert

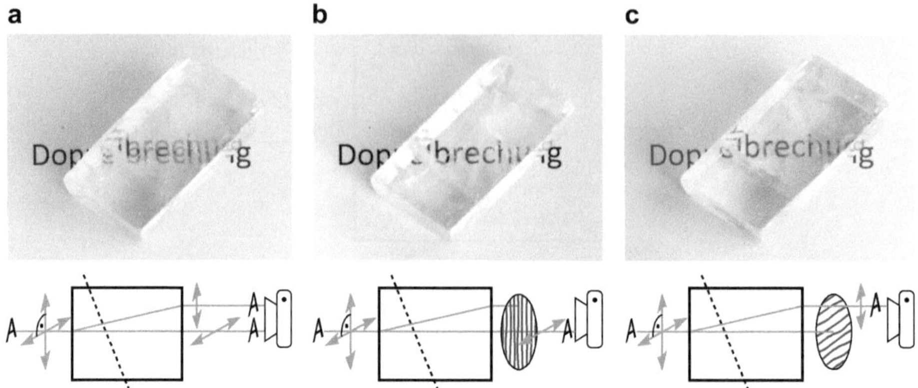

Abb. 5.14 a Beispielbild des Kalkspats und dazugehöriger Strahlengang, betrachtet ohne Polarisationsfilter. Sowohl der ordentliche als auch der außerordentliche Strahl erreichen die Kamera. **b** Mithilfe eines korrekt ausgerichteten Polarisationsfilters vor der Kamera wird der außerordentliche Strahl weggefiltert. Dadurch trifft nur der ordentliche Strahl auf die Kamera, der Kristall wirkt optisch isotrop, wie gewöhnliches Glas. **c** Genauso lässt sich durch einen um 90° gedrehten Polfilter auch der ordentliche Strahl wegfiltern. Die Kamera wird nur vom außerordentlichen Strahl erreicht. Wir sehen durch den Kalkspat den identischen Schriftzug wie in b), allerdings leicht nach oben versetzt, wie laut Skizze für den außerordentlichen Strahl auch zu erwarten

senkrecht zur optischen Achse. Dementsprechend lassen sich die beiden Strahlen mithilfe eines Polarisationsfilters auch einzeln ausblenden, wie in Abb. 5.14 zu sehen.

Eine Anmerkung zu den drei Fällen: Wir sind jetzt stets davon ausgegangen, dass das Licht senkrecht auf die Kristalloberfläche auftrifft. Würde man diese Annahme fallen lassen, wäre es wesentlich komplizierter, da die unterschiedlichen Brechungsindizes aufgrund des Snelliusschen Brechungsgesetzes (Abschn. 1.1) schon beim Lichteintritt unterschiedliche Brechungswinkel der verschiedenen Polarisationen zur Folge hätten.

5.4.2 Ein genauerer Blick – Das Brechungsindexellipsoid

Um das im vorherigen Abschnitt kennengelernte Verhalten von Licht im doppelbrechenden Kristall noch genauer verstehen zu können, gehen wir jetzt noch ein bisschen tiefer. Es stellt sich die Frage, wie sich das exakte Verhalten von Licht in optisch anisotropen Medien beschreiben lässt, und zwar für beliebige Winkel zwischen optischer Achse und Strahlengang. Dafür kommen wir nicht um das sogenannte Brechungsindexellipsoid herum. Mit dessen Hilfe lassen sich die Brechungsindizes für beliebige Strahlrichtungen bestimmen, ihr seht es in Abb. 5.15 neben dem dazugehörigen Kristall. Beschreiben lässt es sich als ein um die optische Achse rotationssymmetrisches Ellipsoid. Die Länge der Halbachse parallel zur optischen Achse entspricht dem außerordentlichen Brechungsindex n_{ao}, die beiden (gleich langen) Halbachsen senkrecht dazu der Größe des ordentlichen Brechungsindex n_o. Man

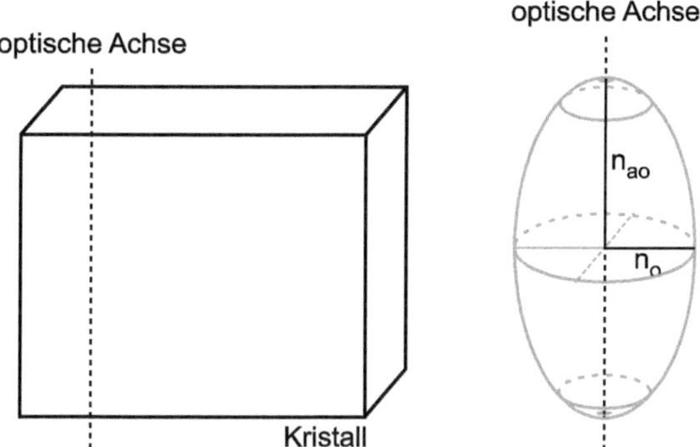

Abb. 5.15 Zu jedem doppelbrechenden Kristall lässt sich ein Brechungsindexellipsoid zeichnen. Es ist entlang der optischen Achse rotationssymmetrisch, und seine Halbachsen entsprechen der Größe der Brechungsindizes n_o und n_{ao}

arbeitet damit, indem man an den Mittelpunkt des Ellipsoids einen Pfeil in Ausbreitungsrichtung des ordentlichen Lichtstrahls einzeichnet. Die Lichtwellen schwingen senkrecht zur Ausbreitungsrichtung und sehen die in ihre Richtung geltenden Brechungsindizes.

Gehen wir wieder die einzelnen Fälle aus dem vorherigen Abschnitt durch.

Lichteinfall parallel zur optischen Achse

Wieder der einfachste Fall ist der Lichteinfall parallel zur optischen Achse, zu sehen in Abb. 5.16. Im Brechungsindexellipsoid bedeutet dies, dass die Ausbreitungsrichtung auch parallel zum außerordentlichen Brechungsindex n_{ao} liegt. Entscheidend für die Lichtausbreitung im Medium sind aber die Brechungsindizes in die Richtungen der Wellenschwingungen, also genau senkrecht zur Ausbreitungsrichtung. Diese Schwingungen sehen hier unabhängig

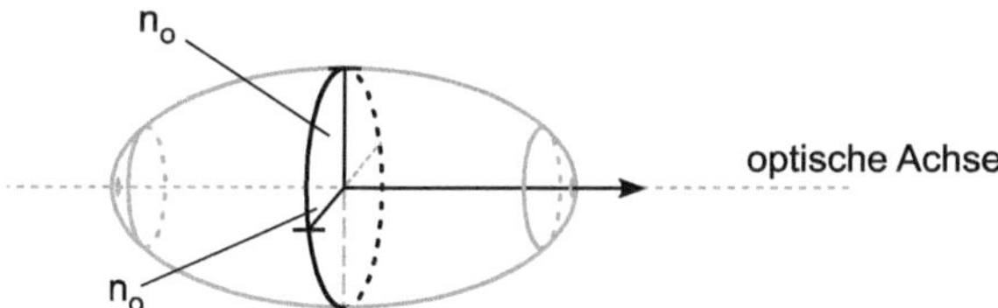

Abb. 5.16 Die Einfallsrichtung des Lichts ist hier parallel zur optischen Achse als schwarzer Pfeil eingezeichnet. Die hierbei bestimmenden, senkrecht dazu stehenden Brechungsindizes sind für alle Polarisationsrichtungen gleich n_o

von der Polarisation nur den ordentlichen Brechungsindex n_o. Das erklärt, warum sich in diesem Fall alle Polarisationsrichtungen gleich verhalten und sich der Kristall nicht von optisch isotropen Medien wie Glas unterscheidet, wo in jede Richtung der gleiche Brechungsindex gilt.

Lichteinfall senkrecht zur optischen Achse

Ebenfalls noch relativ gut verständlich ist der Einfall senkrecht zur optischen Achse, zu sehen in Abb. 5.17. Für den nun auftretenden, parallel zur optischen Achse schwingenden Anteil des Lichts gilt der außerordentliche Brechungsindex n_ao, während der senkrechte Teil wieder n_o sieht. Durch diesen Unterschied kommt es, wie oben schon beschrieben, zu unterschiedlichen Wellenlängen und einer Phasenverschiebung, zu sehen in Gl. 5.7.

Lichteinfall in beliebigem Winkel zur optischen Achse

Der mit Abstand komplizierteste Fall ist wieder der Lichteinfall in beliebigem Winkel zur optischen Achse. Deshalb gehen wir hier mithilfe von Abb. 5.18 noch weiter ins Detail.

In Abb. 5.18a sehen wir noch einmal den ordentlichen und den außerordentlichen Strahl für diesen Fall. Daneben ist das entsprechende Brechungsindexellipsoid gezeichnet. Der Lichteinfall, gezeichnet als schwarzer Pfeil, ist gegen die optische Achse gekippt. Die Feldvektoren des Lichts schwingen wieder senkrecht zur Einfallsrichtung, also in der Grafik in der grau schattierten, ebenfalls zur optischen Achse verkippten Ebene. Auch hier lässt sich wieder erkennen, dass Licht der einen Polarisationsrichtung nur vom ordentlichen Brechungsindex n_o beeinflusst wird.

Die genaue Ausbreitung dieses nur von n_o abhängigen Anteils ist in Abb. 5.18b gezeigt. An der Grenzfläche bei Eintritt in den Kristall beschreiben wir den sich ausbreitenden Lichtstrahl mithilfe der Huygensschen Elementarwellen aus Abschn. 4.1.4. Die Wellenlänge dieser Elementarwellen wird gemäß Gl. 4.4 über den Brechungsindex des Mediums festgelegt.

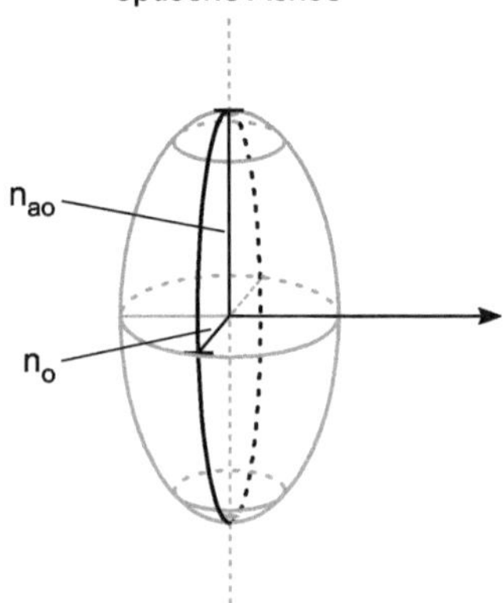

Abb. 5.17 Fällt das Licht (schwarzer Pfeil) senkrecht zur optischen Achse ein, so ergibt sich je nach Polarisationsrichtung die Abhängigkeit von n_o oder n_ao

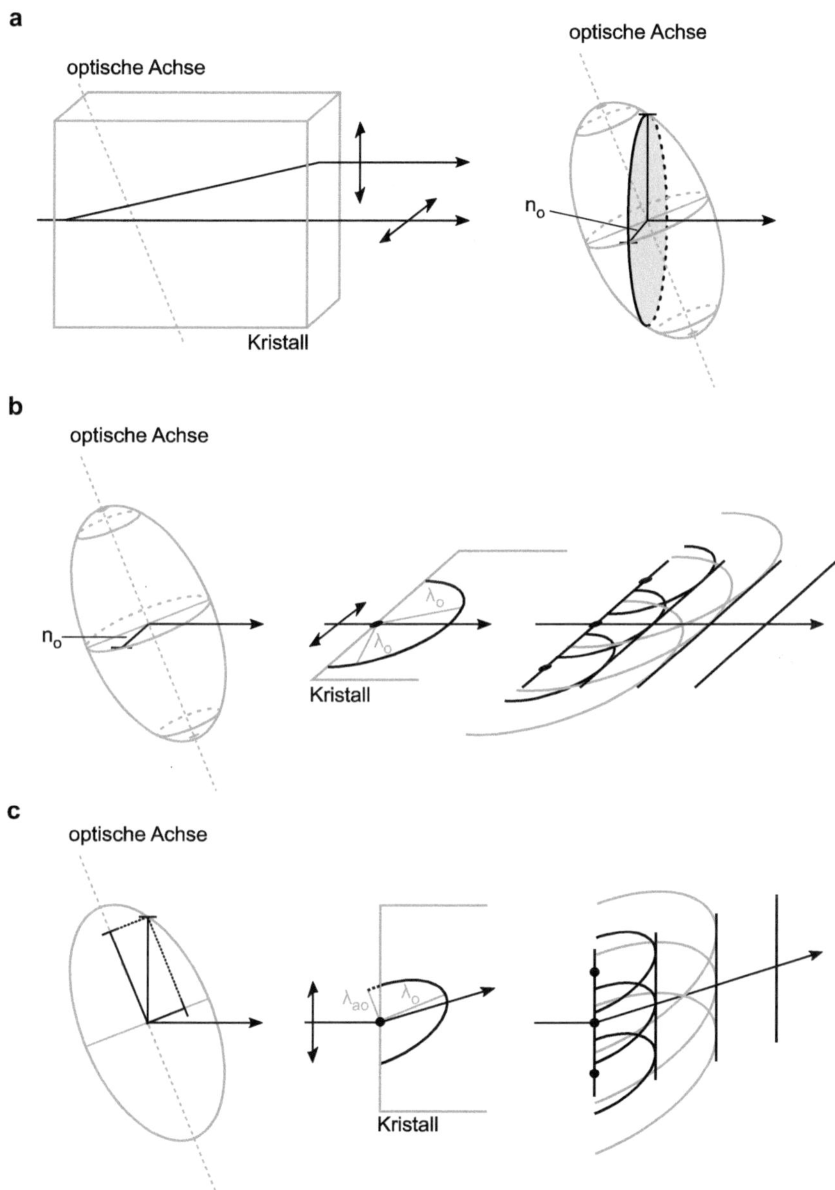

Abb. 5.18 Eine genaue Beschreibung der Abbildung findet ihr im Text. **a** Erneute Betrachtung des Verlaufs der beiden Strahlen im doppelbrechenden Kristall bei Lichteinfall mit beliebigem Winkel zur optischen Achse. Daneben das dazugehörige Brechungsindexellipsoid mit eingezeichneter Einfallsrichtung des Lichts. **b** Ein genauerer Blick auf die Ausbreitung des ordentlichen Strahls, der nur von n_o beeinflusst wird. **c** Ein genauerer Blick auf die Ausbreitung des außerordentlichen Strahls, dessen Richtung sowohl von n_o als auch von n_{ao} bestimmt wird. Der entscheidende Unterschied ist hierbei die elliptische Form der Huygensschen Elementarwellen, ausgelöst durch unterschiedliche Wellenlängen λ_o und λ_{ao}

Unsere Wellen hier sehen ausschließlich den ordentlichen Brechungsindex n_o und sind folglich kugelförmige Elementarwellen mit Wellenlänge λ_o. Diese summieren sich, wie schon bekannt, zu einer ebenen Welle auf, die sich auch weiterhin in die ursprüngliche Ausbreitungsrichtung bewegt und somit den ordentlichen Strahl bildet.

Interessant (und kompliziert) wird es jetzt in Abb. 5.18c. Hier ist der Anteil des Lichts gezeigt, dessen Polarisation von beiden Brechungsindizes des Materials beeinflusst wird. Genauer gesagt kommt es hier aufgrund des Unterschieds von n_o und n_{ao} zu verschiedenen Wellenlängen innerhalb einer einzelnen Elementarwelle. Dies hat die entscheidende Konsequenz, dass sich die eigentlich immer kugelförmigen Elementarwellen hier zu Ellipsen verzerren, deren Halbachsen den aus den unterschiedlichen Brechungsindizes resultierenden Wellenlängen λ_o und λ_{ao} entsprechen. An der Grenzfläche entstehen also unzählige verzerrte Elementarwellen, die aber noch immer eine gemeinsame Wellenfront ausbilden. Wie aus der Grafik aber ersichtlich, wandern diese Wellenfronten nicht nur in Ausbreitungsrichtung, sondern gleichzeitig auch schräg nach oben. Diese Bewegung entspricht dem außerordentlichen Strahl. Beim Verlassen des Kristalls wird diese Verzerrung genau umgekehrt, die Wellenfronten verlieren ihren schrägen Anteil, und der Lichtstrahl ist wieder parallel zur Einfallsrichtung und zum ordentlichen Strahl. Wie in Abb. 5.19a gezeigt, ändert sich hierbei die Ausrichtung der Wellenfronten auch im Kristall nicht, sie ist zu jedem Zeitpunkt senkrecht zur Einfallsrichtung, selbst bei der schrägen Ausbreitung des außerordentlichen Strahls. Dies wird selbst in Lehrbüchern oft falsch dargestellt. Häufig findet man dort Abb. 5.19b. Dort wird suggeriert, dass im außerordentlichen Strahl die Auslenkung der Wellen senkrecht zu dessen Ausbreitungsrichtung ist. Dies ist aber gemäß Abb. 5.18c physikalisch nicht korrekt. Damit endet der tiefere Blick in die Physik der Doppelbrechung.

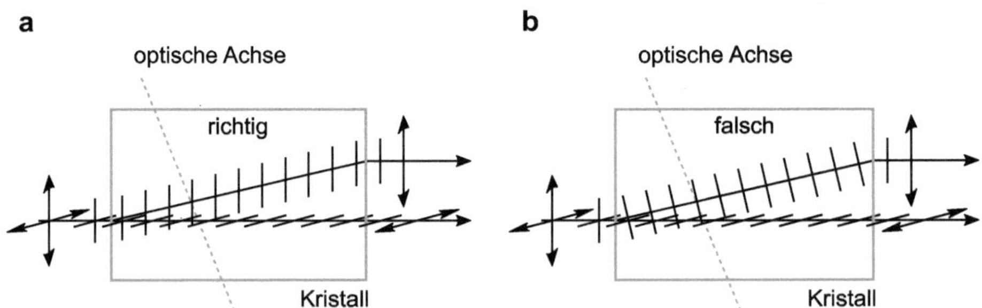

Abb. 5.19 a Richtige Darstellung der Doppelbrechung. Die Auslenkung des außerordentlichen Strahls ist trotz der schrägen Ausbreitungsrichtung noch immer senkrecht zur Einfallsrichtung. **b** Falsche Darstellung. Hier ist die Auslenkung des außerordentlichen Strahls im Kristall senkrecht zu seiner eigenen Ausbreitungsrichtung gezeichnet. Diese Darstellung stimmt fast immer bei Lichtstrahlen, aber eben nicht hier beim außerordentlichen Strahl im doppelbrechenden Medium

5.4.3 Weitere Arten der Doppelbrechung

Nur kurz erwähnt werden sollen zum Ende des Abschnitts zur Doppelbrechung noch weitere Materialien und Effekte.

Optisch zweiachsige Kristalle

Wir haben bislang ausschließlich Kristalle mit nur einer optischen Achse betrachtet. Damit einher ging die Annahme, dass die Brechungsindizes in der Ebene senkrecht zu dieser Achse unabhängig von der Richtung konstant waren und insgesamt zwei verschiedene Indizes auftreten. Daneben existieren auch Materialien wie der Topas, die insgesamt drei verschiedene Brechungsindizes haben, in jede Raumrichtung einen anderen. Die physikalische Beschreibung wird dadurch natürlich entsprechend komplizierter.

Induzierte Doppelbrechung

Letztlich lässt sich Doppelbrechung auch durch äußere Einflüsse auf Materialien erzeugen. Hier sei auf den Kerr-Effekt und den Pockels-Effekt verwiesen, zwei Beispiele für eine Änderung des Brechungsindizes durch ein elektrisches Feld oder elektrische Spannung. Aber auch mechanische Spannung oder Druck können in einem Material Doppelbrechung erzeugen. Sehr beeindruckend lässt sich diese Spannungsdoppelbrechung an einem herkömmlichen Plastiklineal darstellen. Durch das Verfestigen nach dem Guss entstehen im Material Spannungen, die mithilfe polarisierten Lichts sichtbar gemacht werden können. Abb. 5.20 zeigt ein solches Lineal, das von hinten mit polarisiertem Licht durchleuchtet

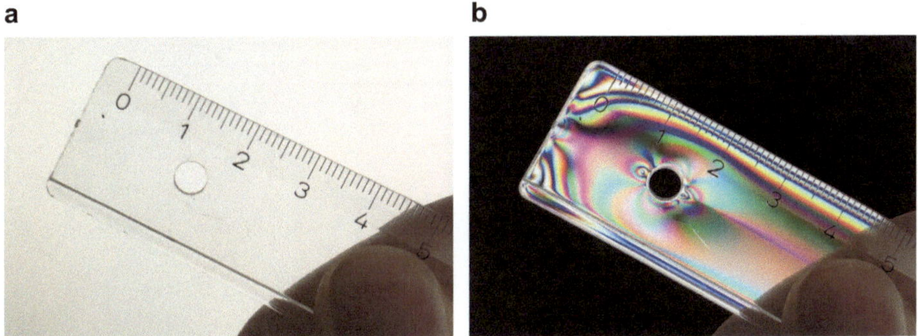

Abb. 5.20 a Ein herkömmliches Plastiklineal wird mit weißem, polarisiertem Licht eines LCD-Monitors durchstrahlt. Ohne Polfilter vor der Kamera lässt sich nichts Ungewöhnliches erkennen. **b** Nun sitzt vor der Kamera ein Polfilter, der das ursprüngliche Licht des Monitors wegfiltert. Das durch das Lineal scheinende Licht wird aufgrund der Spannungsdoppelbrechung in seiner Polarisationsrichtung gedreht, wodurch es den Filter anschließend passieren kann. Die Drehung ist zusätzlich wellenlängenabhängig, was sich in den bunten Farben äußert

wird. Vor der Kamera ist in Abb. 5.20b ein Polfilter so platziert, dass eigentlich jegliches Licht absorbiert wird. Durch die doppelbrechenden Eigenschaften des Plastiks wird die Polarisationsrichtung der Strahlen aber gedreht, wodurch dieses Licht schließlich den Filter passieren kann.

5.5 Verzögerungsplättchen

5.5.1 Im Kino, Teil 2

Jetzt ist es aber so weit, wir schließen den Kreis zurück zu unserem 3D-Film. Das Problem des linear polarisierten Lichts war ja, dass beim Kippen des Kopfes auf die Seite die Funktionalität der Filter verloren geht (Abschn. 5.2.3). Wie kann man das vermeiden? Eigentlich ganz einfach, man nutzt statt des linear polarisierten Lichts das zirkular polarisierte Licht. Wir kennen es schon aus Abschn. 4.4.3, es ist entweder rechts- oder linkszirkular laufend. Diese Art der Polarisation ist definitionsgemäß unabhängig von der Drehung des Kopfes, denn die Richtung der zirkularen Polarisation bleibt immer die gleiche. Abb. 5.21 zeigt die verbesserte Technik, im Vergleich zu Abb. 5.10. Im Prinzip wird also nur die Art der verwendeten Polarisation von linear auf zirkular geändert. Aber wofür dann der Aufwand mit dem Kapitel über Doppelbrechung? Die Antwort ist naheliegend: Ohne Doppelbrechung funktioniert es hier nicht. Das Filtern von zirkular polarisiertem Licht ist nämlich nicht so einfach, wie es beim linearen mit einem einfachen Polfilter der Fall ist. Stattdessen muss die zirkulare Schwingung des Lichts zunächst in der Brille in lineare umgewandelt werden.

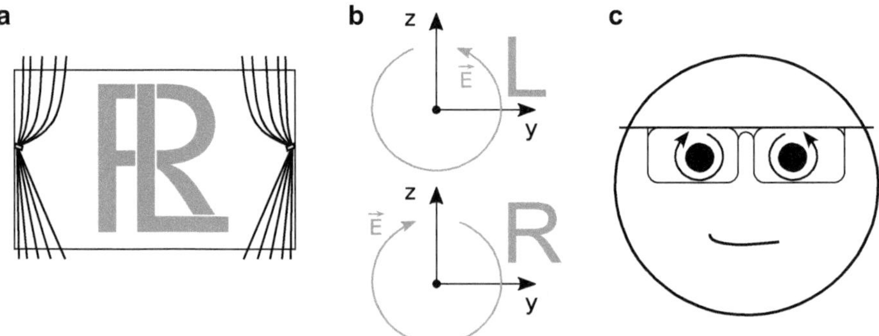

Abb. 5.21 a Die Bilder für beide Augen werden übereinander auf die Leinwand projiziert. **b** Sie unterscheiden sich in ihrer Polarisation. Das Bild für das linke Auge ist beispielsweise linkszirkular, für das rechte Auge rechtszirkular. **c** Die 3D-Brille soll nun an jedes Auge des Besuchers das richtige Bild liefern, indem sie das falsche herausfiltert. Das Filtern von zirkular polarisiertem Licht ist nicht ganz so einfach und erfordert einen mehrschichtigen Aufbau

Im Anschluss kann es dann wie gewohnt gefiltert werden. Dieses Umwandeln der Polarisation wird mithilfe eines sogenannten Verzögerungsplättchens realisiert, konkret mit einem $\frac{\lambda}{4}$-Plättchen.

5.5.2 $\frac{\lambda}{4}$-Plättchen

Ein Verzögerungsplättchen besteht aus einem doppelbrechenden Material, in dem die Ausbreitungsrichtung der einen Polarisationsrichtung gegenüber der anderen verzögert wird. Dies funktioniert physikalisch analog zu Abb. 5.13b: Trifft Licht senkrecht zur optischen Achse auf den Kristall, kommt es aufgrund der unterschiedlichen Brechungsindizes zur Phasenretardation $\Delta\varphi$ zwischen den Polarisationen innerhalb des Lichtstrahls. Ist nun die Dicke des Plättchens richtig gewählt, verschiebt sich die eine Schwingungsrichtung um genau eine viertel Wellenlänge, um $\frac{\lambda}{4}$. Na und? Aus Abschn. 4.4.2 wissen wir, dass sich linear polarisiertes Licht immer in einen Anteil in z-Richtung und einen in y-Richtung aufteilen lässt, welche beide in Phase zueinander schwingen. Zirkulares Licht enthält dieselben Anteile, allerdings (laut Abschn. 4.4.3) zueinander um $90°$ phasenverschoben. Diese Verschiebung entspricht genau der viertel Wellenlänge Unterschied, die in unserem Kristall erreicht wird. Mit einem $\frac{\lambda}{4}$-lässt sich also linear in zirkular polarisiertes Licht umwandeln. Abb. 5.22 gibt euch eine Übersicht über die Funktionsweise. Der $45°$-Winkel zwischen der Schwingungsrichtung des linear polarisierten Lichts und der optischen Achse des Kristalls ist für die Erzeugung von zirkularer Polarisation entscheidend. Was unter anderen Winkeln passiert, könnt ihr euch in Aufgabe 5.4 überlegen. Die Umwandlung der Polarisation funktioniert auch andersherum. Lässt man zirkular polarisiertes Licht auf ein $\frac{\lambda}{4}$-Plättchen scheinen, so verlässt es dieses linear polarisiert, immer im $45°$-Winkel zur optischen Achse. Damit haben wir genau die Anforderungen unserer 3D-Brille erfüllt.

5.5.3 $\frac{\lambda}{2}$-Plättchen

Eng verwandt mit dem $\frac{\lambda}{4}$-Plättchen ist das $\frac{\lambda}{2}$-Plättchen. Beim Weg durch dieses hindurch erfährt der zur optischen Achse senkrecht stehende Anteil der Schwingung gegenüber dem parallelen eine Phasenretardation von einer halben Wellenlänge, was $180°$ oder π entspricht. Mit anderen Worten: Er wird genau umgeklappt, Minima werden zu Maxima und andersherum. Dadurch erfährt die Schwingungsrichtung eine Spiegelung mit der optischen Achse als Spiegelachse. Linear polarisiertes Licht ändert dadurch seine Polarisationsrichtung um einen bestimmten Winkel, zirkular polarisiertes Licht kehrt seine Drehrichtung um. All das ist in Abb. 5.23 gezeigt.

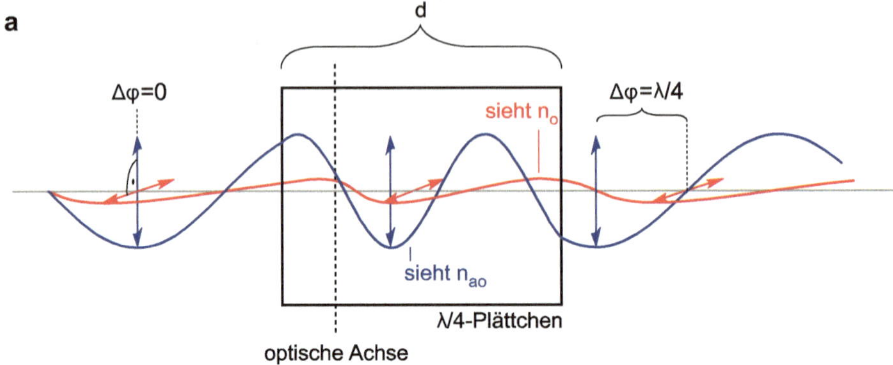

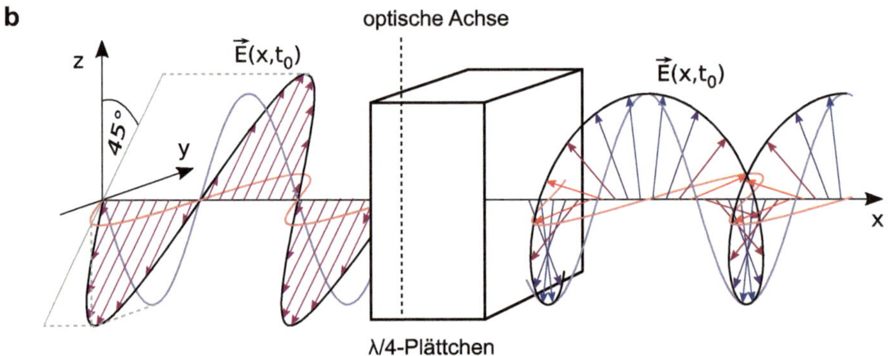

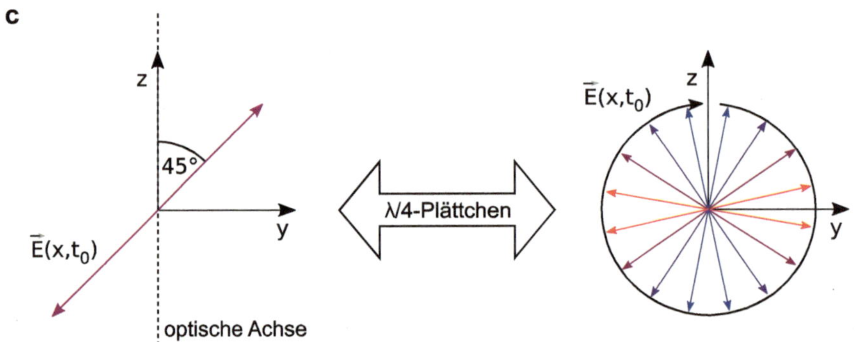

Abb. 5.22 Funktionsweise eines $\frac{\lambda}{4}$-Plättchens. **a** Wählt man die Schichtdicke d geschickt, so erreicht man im doppelbrechenden Medium analog zu Abb. 5.13b eine Phasenverschiebung zwischen den Polarisationsrichtungen von genau einer viertel Wellenlänge. **b** Durch diese Phasenverschiebung kann mit einem $\frac{\lambda}{4}$-Plättchen linear polarisiertes Licht zu zirkularem umgewandelt werden. Hierbei muss das eintreffende Licht in einem Winkel von 45° zur optischen Achse des Plättchens schwingen. **c** Diese Umwandlung funktioniert auch in die Gegenrichtung: Aus zirkular polarisiertem Licht folgt nach dem Plättchendurchgang immer linear polarisiertes Licht, das im 45°-Winkel zur optischen Achse schwingt

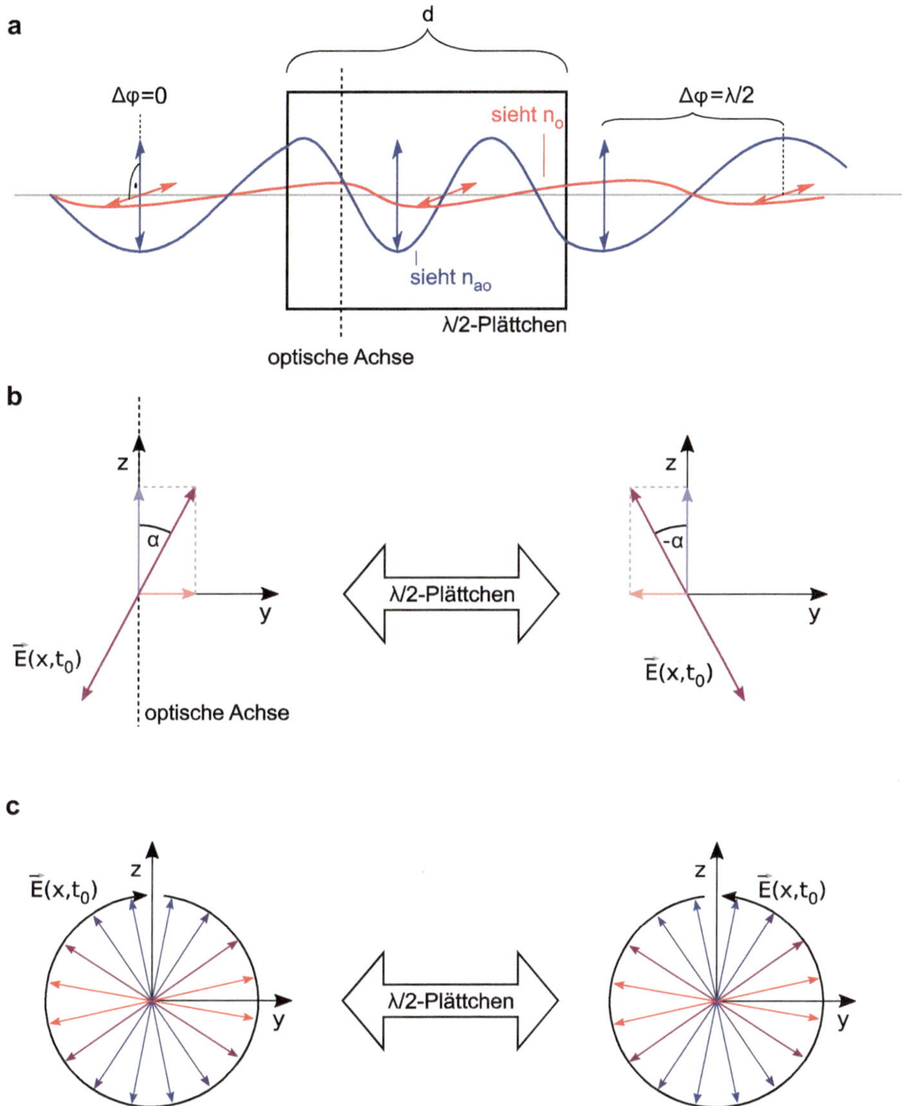

Abb. 5.23 Funktionsweise eines $\frac{\lambda}{2}$-Plättchens. **a** Wählt man die Schichtdicke d geschickt, so erreicht man im doppelbrechenden Medium analog zu Abb. 5.13b eine Phasenverschiebung zwischen den Polarisationsrichtungen von genau einer halben Wellenlänge. **b** Durch dieses Umklappen der einen Schwingungsrichtung kann mit einem $\frac{\lambda}{2}$-Plättchen die Polarisation von linearem Licht um einen beliebigen Winkel gedreht werden. Exakter handelt es sich um eine Spiegelung der Schwingungsrichtung an der optischen Achse. Hatte die Ausrichtung zu dieser zuvor den Winkel α, so schwingt das Licht nach Verlassen des Plättchens in Richtung $-\alpha$. **c** Diese Spiegelung funktioniert auch mit zirkular polarisiertem Licht: Rechtszirkular wird zu linkszirkular und andersherum

Aufgaben

5.1 Gesetz von Malus

a) Linear polarisiertes Licht trifft auf einen Polarisationsfilter. Die Schwingungsrichtung des Feldvektors ist gegenüber der Durchlassrichtung des Filters um 60° gedreht. Welcher Anteil der Intensität passiert den Filter?
b) Unpolarisiertes Licht trifft auf einen Polarisationsfilter. Welcher Anteil der Intensität passiert den Filter?

5.2 Drei Polfilter

Zwei Polarisationsfilter sind hintereinander so orientiert, dass ihre Durchlassrichtungen genau senkrecht zueinander stehen. Dadurch kann das einfallende unpolarisierte Licht den Aufbau nicht passieren. Nun wird ein dritter Filter dazwischengeschoben. Daraufhin steigt die Intensität hinter dem Aufbau I_3 auf ein Zehntel der einfallenden Intensität I_0 an. Welchen Winkel α (zur Durchlassrichtung des ersten Filters) hat die Durchlassrichtung des hinzugefügten Filters?

5.3 Doppelbrechung

Aus einem doppelbrechenden Kristall ($n_{\mathrm{o}} = 1{,}97$, $n_{\mathrm{ao}} = 2{,}66$) soll ein $\frac{\lambda}{4}$-Plättchen für Licht der Wellenlänge $\lambda = 600\,\mathrm{nm}$ hergestellt werden. Wie dick muss das Scheibchen sein? Gibt es mehrere Lösungen?

5.4 Verzögerungsplättchen

Ein $\frac{\lambda}{4}$-Plättchen erzeugt aus linear polarisiertem nur dann zirkular polarisiertes Licht, wenn die Schwingungsrichtung des einfallenden Lichts einen Winkel von $\alpha = 45°$ zur optischen Achse des Plättchens besitzt. Was passiert bei anderen Winkeln, konkret

a) bei $\alpha = 90°$, also senkrecht zur optischen Achse polarisiertem Licht,
b) bei $\alpha = 0°$, also parallel zur optischen Achse polarisiertem Licht,
c) bei beliebigem anderen α?

Bearbeite in diesem Zusammenhang auch Aufgabe 4.3.

Lösungen

5.1 Gesetz von Malus

a) Gegeben: $\alpha = 60°$

Gesucht: $\frac{I}{I_0}$

Mithilfe des Gesetzes von Malus (Gl. 5.1) erhalten wir $\frac{I}{I_0} = \cos^2 \alpha = \frac{1}{4}$.

b) In dieser Teilaufgabe hilft uns das Gesetz von Malus nun nicht weiter, denn es gilt nur für linear polarisiertes Licht. Unpolarisiertes Licht wird von einem Polfilter zu linearem Licht umgewandelt. Dies geschieht aber nicht ohne Verluste, denn gemäß Abschn. 5.1.1 verliert jede Lichtwelle genau den Anteil, der senkrecht zur Durchlassrichtung polarisiert ist. Und wie viel ist das nun? Mit Abb. 5.2 kommen wir der Sache auf die Spur: Wenn zwei zueinander senkrecht stehende, identische Polfilter sämtliches Licht absorbieren, dann müssen beide jeweils genau die Hälfte des Lichts verschlucken. Ein Filter lässt also genau die Hälfte der Lichtintensität passieren.

5.2 Drei Polfilter

Gegeben: $I_3 = \dfrac{1}{10} I_0$

Gesucht: α

Wir bezeichnen die Intensität nach dem ersten Filter als I_1, nach dem zweiten Filter als I_2. Den Winkel zwischen den Durchlassrichtungen vom zweiten und dritten Filter nennen wir α_2. Da der erste und dritte Filter ja senkrecht zueinander stehen, muss gelten:

$$\alpha + \alpha_2 = 90°$$

und damit

$$\alpha_2 = 90° - \alpha$$

Aus Aufgabe 5.1 wissen wir, dass ein Polfilter bei unpolarisiertem Licht genau die Hälfte passieren lässt, also

$$I_1 = \frac{1}{2} I_0.$$

Über das Gesetz von Malus kommen wir auf

$$I_2 = I_1 \cos^2(\alpha) \quad \text{und} \quad I_3 = I_2 \cos^2(\alpha_2).$$

Insgesamt gilt für I_3 also

$$I_3 = I_2 \cos^2(\alpha_2) = \frac{1}{2} I_0 \cos^2(\alpha) \cos^2(90° - \alpha) = \frac{I_0}{2} \cos^2(\alpha) \sin^2(\alpha).$$

Über

$$\sin A \cos A = \frac{1}{2} \sin(2A)$$

erhalten wir

$$I_3 = \frac{I_0}{2} \left(\frac{1}{2} \sin(2\alpha) \right)^2 = \frac{I_0}{8} \sin^2(2\alpha).$$

Das können wir nun nach α auflösen:

$$\alpha = \frac{1}{2} \arcsin\left(\sqrt{8 \frac{I_3}{I_0}} \right)$$

Wir setzen das gegebene I_3 ein und erhalten

$$\alpha = \frac{1}{2} \arcsin\left(\sqrt{8 \frac{I_0}{10 I_0}} \right) = \frac{1}{2} \arcsin\left(\sqrt{\frac{4}{5}} \right) = 31{,}72°.$$

Dies ist übrigens nicht die einzige Lösung. Genauso richtig ist $\alpha = 90° - 31{,}72° = 58{,}28°$. Überlege anhand einer Skizze, warum dies so ist.

5.3 Doppelbrechung

Gegeben: $n_o = 1{,}97$, $n_{ao} = 2{,}66$, $\lambda = 600\,\mathrm{nm}$, $\dfrac{\Delta\varphi}{360°} = \dfrac{1}{4}$
Gesucht: d

Nach Gl. 5.7 gilt

$$d = \frac{\lambda}{n_{ao} - n_o} \frac{\Delta\varphi}{360°} = \frac{600\,\mathrm{nm}}{2{,}66 - 1{,}97} \cdot \frac{1}{4} = 217{,}4\,\mathrm{nm}.$$

Ja, es gibt mehrere Lösungen, denn auch ein Phasenunterschied von $\dfrac{\Delta\varphi}{360°} = \dfrac{5}{4}$ oder $\dfrac{\Delta\varphi}{360°} = \dfrac{9}{4}$ erfüllt die Bedingungen für ein $\dfrac{\lambda}{4}$-Plättchen.

5.4 Verzögerungsplättchen

a) Senkrecht zur optischen Achse polarisiertes Licht ändert seine Polarisation nicht, da alle seine Anteile ausschließlich vom ordentlichen Brechungsindex beeinflusst werden.

b) Parallel zur optischen Achse polarisiertes Licht ändert seine Polarisation ebenfalls nicht, da alle seine Anteile ausschließlich vom außerordentlichen Brechungsindex beeinflusst werden.

c) Bei beliebigem anderen α kommt es aufgrund der unterschiedlichen Brechungsindizes zur Erzeugung von elliptisch polarisiertem Licht. Elliptisch, da die beiden Anteile senkrecht und parallel zur optischen Achse unterschiedliche Amplituden besitzen. Nur bei $\alpha = 45°$ sind die Amplituden gleich hoch, was zirkular polarisiertes Licht ergibt.

Wechselnde Wirkung durch Wechselwirkung: Interferenz

Inhaltsverzeichnis

Ein weiteres großes Kapitel der Optik dreht sich um Interferenzeffekte. Interferenz beschreibt die Wechselwirkung zweier oder mehrerer Wellen, die zur Verstärkung oder Auslöschung der Wellen führen kann. Dadurch lassen sich aus weißem Licht bunte Interferenzmuster erzeugen. Abb. 6.1 zeigt ein paar Beispiele. Zunächst sehen wir uns aber eine unsichtbare, jedoch gerade für den Küchenalltag im Studium sehr nützliche Form der Interferenz an.

6.1 Drehendes Essen und stehende Wellen

Habt ihr euch schon einmal gefragt, warum sich das Essen in der Mikrowelle eigentlich dreht? Nicht, weil man es dadurch schön von allen Seiten begutachten kann, sondern damit es sich gleichmäßiger erwärmt. Aber das bedeutet ja, dass es ohne die Drehung an unterschiedlichen Positionen unterschiedlich viel Energie aufnimmt. So ist es, und der Grund dafür sind stehende Wellen.

© Springer-Verlag GmbH Deutschland, ein Teil von Springer Nature 2019
M. Gmelch und S. Reineke, *Durchblick in Optik,*
https://doi.org/10.1007/978-3-662-58939-7_6

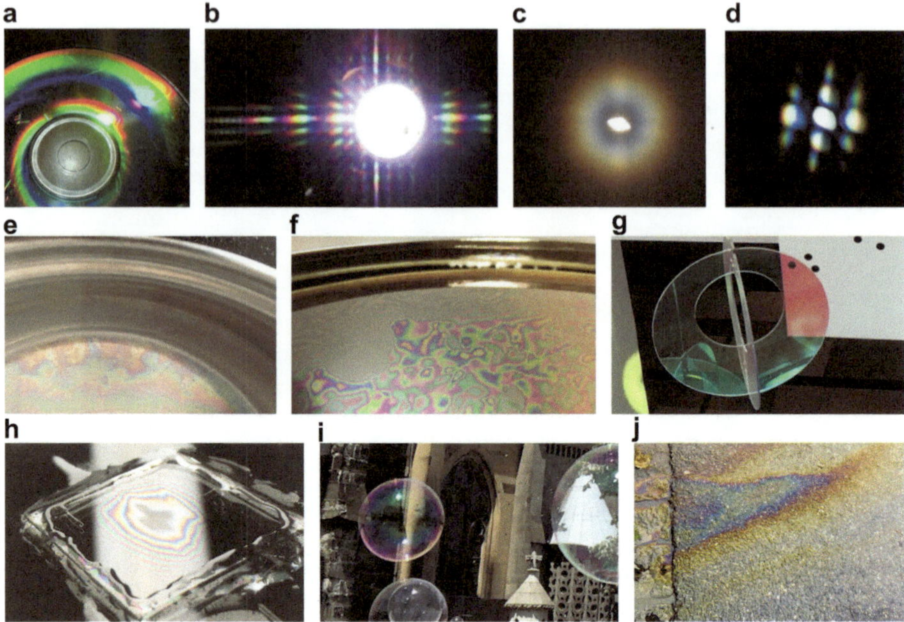

Abb. 6.1 Interferenz von Lichtwellen ist an vielen Farbphänomenen aus unserem Alltag beteiligt. Die obere Zeile zeigt Interferenz durch Beugung, die anderen beiden Dünnschichtinterferenz. **a** Reflexionen an einer CD, **b** Reflexion an modernen Smartphonedisplays, **c** Blick durch eine beschlagene Scheibe, **d** Blick durch eine engmaschige Gardine, **e** Farbveränderung im Kochtopf, **f** Perlmutteffekt an einer Trommel mit Doppelfell, **g** Farbunterschiede in Transmission und Reflexion, **h** Newtonringe an zwei Glasplättchen, **i** schillernde Seifenblasen, **j** bunter Ölfleck

6.1.1 Stehende Wellen

Aber was ist eine stehende Welle? Abb. 6.2 zeigt sie im Vergleich zur einer gewöhnlichen, fortlaufenden. Während sich deren Maxima und Minima in Ausbreitungsrichtung fortbewegen, sind sie bei der stehenden Welle an einem Ort fixiert. Dort schwingt die Welle auf und ab, man spricht von Wellenbäuchen. Zwischen den Bäuchen liegen Wellenknoten, an denen die Auslenkung immer auf null bleibt. Ein Alltagsbeispiel für eine stehende Schwingung ist eine Gitarrensaite. Sie ist an beiden Enden fixiert und schwingt in der Mitte auf und ab. Dies entspricht zwei Wellenknoten und einem Wellenbauch. Im Mikrowellenherd treten stehende elektromagnetische Wellen auf. Wie in Abschn. 1.2 schon erwähnt, lässt sich Strahlung einer bestimmten Wellenlänge besonders gut von Wasser absorbieren, das dadurch erwärmt wird. Diese Wellenlänge beträgt etwa 12 cm. Da es sich um stehende Wellen handelt, tritt im Mikrowellenherd also im einfachsten Fall in regelmäßigen Abständen ein Wellenbauch auf. Und nur an diesen Bäuchen kann Energie vom Essen absorbiert werden, denn an den Knoten schwingt ja nichts. Das Drehen des Essens dient dazu, es durch diese Stellen zu bewegen, um gleichmäßigere Absorption zu erreichen.

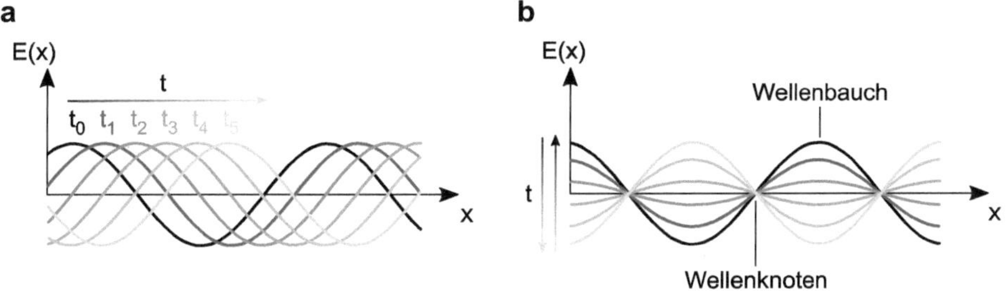

Abb. 6.2 **a** Eine herkömmliche Welle breitet sich mit der Zeit in Ausbreitungsrichtung aus. **b** Eine stehende Welle bewegt sich im Raum nicht fort, sondern schwingt nur auf und ab. Dadurch ergeben sich ortsfeste Wellenbäuche und -knoten

6.1.2   Entstehung von stehenden Wellen

Aber wie kommt es zu diesen Wellen, die sich scheinbar nicht fortbewegen? Wie sind sie denn dann überhaupt da hingekommen? Nachfolgend zuerst eine anschauliche, dann die mathematische Erklärung.

Anschauliche Erklärung

Wir starten bei einer herkömmlichen, fortlaufenden Welle. Die Maxima und Minima bewegen sich mit Lichtgeschwindigkeit in Ausbreitungsrichtung. Was nun passiert, wenn dieser Welle aus der genau entgegengesetzten Richtung eine Welle gleicher Amplitude und Frequenz entgegenkommt, ist in Abb. 6.3 skizziert. Diese gegenläufige Welle tritt mit der ersten in Wechselwirkung. Treffen an einem Ort zwei Maxima aufeinander, so addieren sie sich zu einem doppelt so hohen Maximum auf. Ein Maximum kombiniert mit einem Minimum hingegen ergibt eine flache Linie ohne Auslenkung. Zwei Minima resultieren in einem großen Minimum. All die gerade beschriebenen Fälle treten zu unterschiedlichen Zeiten an der gleichen Stelle, dem Wellenbauch auf. An den Orten der Wellenknoten löschen sich die beiden Wellen zu jeder Zeit genau aus. Derartige Wechselwirkung mehrerer Wellen bezeichnet man als Interferenz, die beteiligten Wellen interferieren entweder konstruktiv (sie verstärken sich) oder destruktiv (sie löschen sich gegenseitig aus). Mit diesem Effekt werden wir uns auf den nachfolgenden Seiten noch intensiv beschäftigen.

Mathematische Erklärung

Aber zunächst die angekündigte mathematische Erklärung, die zu denselben Erkenntnissen führen wird. Wir starten mit der allgemeinen, orts- und zeitabhängigen Wellengleichung 4.1 aus Abschn. 4.1.1:

$$E(\vec{x}, t) = E_0 \sin(\omega t - \vec{k}\vec{x}) \tag{6.1}$$

Abb. 6.3 Zwei gegenläufige Wellen mit gleicher Amplitude und Frequenz treffen aufeinander und interferieren zu einer stehenden Welle, gezeigt für verschiedene Zeitpunkte. Zwei Maxima addieren sich durch konstruktive Interferenz zu einem doppelt so hohen Maximum auf, Maximum und Minimum löschen sich durch destruktive Interferenz genau aus. So kommt es zur Ausbildung von ortsfesten Wellenbäuchen und -knoten. Bei Letzteren ist die Auslenkung immer null

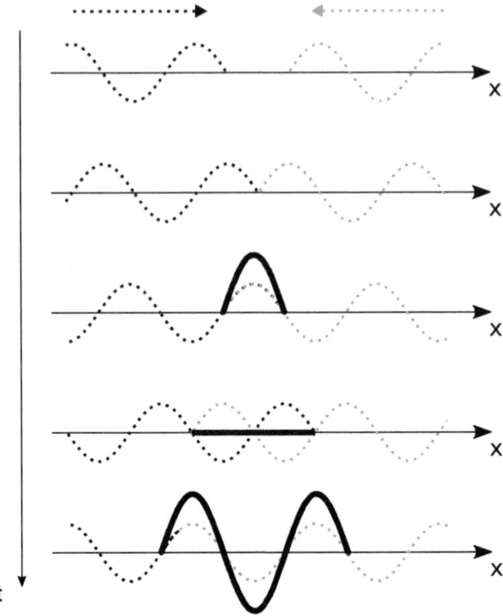

mit der Amplitude E_0, der Kreisfrequenz ω, der Zeit t, dem Wellenvektor $\vec{k}$ und dem dreidimensionalen Ort $\vec{x}$. Da die beiden Wellen genau entgegengesetzt aufeinander zulaufen, geben wir die Ortsabhängigkeit eindimensional an, für die erste Welle als x, für die gegenläufige Welle $-x$, und wir erhalten

$$E_1(x, t) = E_0 \sin(\omega t - kx) \tag{6.2}$$

und

$$E_2(x, t) = E_0 \sin(\omega t + kx). \tag{6.3}$$

Hierbei ist mit verarbeitet, dass beide die gleiche Amplitude E_0 besitzen. Die beiden Wellen sollen sich überlagern, also addieren wir $E_1(x, t)$ und $E_2(x, t)$ auf zu (mit Ausklammern)

$$E_{\text{stehend}}(x, t) = E_1(x, t) + E_2(x, t) \tag{6.4}$$
$$= E_0 \left[\sin(\omega t - kx) + \sin(\omega t + kx)\right]. \tag{6.5}$$

Auf den ersten Blick ist hier mit weiterem Vereinfachen bereits Schluss, denn die beiden Sinus mit unterschiedlichem Argument dürfen wir nicht addieren. Auf den zweiten Blick, mithilfe eines Additionstheorems, kommen wir aber noch weiter. Wir nutzen

$$\sin(A \pm B) = \sin A \cos B \pm \cos A \sin B \tag{6.6}$$

und kommen damit auf

$$E_{\text{stehend}}(x, t)$$
$$= E_0 \left[\sin(\omega t) \cos(kx) - \cos(\omega t) \sin(kx) + \sin(\omega t) \cos(kx) + \cos(\omega t) \sin(kx) \right].$$
(6.7)

Das lässt sich stark vereinfachen zu

$$E_{\text{stehend}}(x, t) = 2E_0 \sin(\omega t) \cos(kx). \tag{6.8}$$

Damit sind wir mathematisch am Ende, die Gleichung beschreibt die in Abb. 6.3 fett gezeichnete Welle. Sehen wir uns das Ergebnis an: Zunächst ist der Faktor 2 hinzugekommen. Dieser beschreibt die neue, nun doppelt so hohe Amplitude, die wir auch in Abb. 6.3 gesehen haben. Weiterhin ist die Gleichung noch immer von Ort x und Zeit t abhängig. Aber woran erkennt man, dass es sich wirklich um eine stehende Welle handelt? Der entscheidende Unterschied ist, dass sich x und t nun nicht mehr gemeinsam in einem Sinusargument befinden, wie es für die fortlaufende Welle nötig war (vgl. Abschn. 4.2.2). Das führt dazu, dass wir die Orts- und Zeitabhängigkeit vollständig getrennt voneinander betrachten können. Letztere wird beschrieben durch den Term

$$\sin(\omega t). \tag{6.9}$$

Dies bedeutet, dass jeder Punkt der Welle mit der Kreisfrequenz ω hin- und herschwingt. Und wie sieht die Welle aus, die da schwingt? Das ist gegeben über die Ortsabhängigkeit

$$\cos(kx). \tag{6.10}$$

Über diese Gleichung lässt sich mit $\lambda = \frac{2\pi}{k}$ die genaue Position der schwingenden Wellenbäuche und -knoten bestimmen. Dass diese zu jeder Zeit am selben Ort auftreten, erkennt man am Fehlen der Zeit t im Kosinus.

Dieser Abschnitt über stehende Wellen sollte als Einführung in die Interferenz dienen: Durch die Wechselwirkung zweier Wellen lässt sich Licht sowohl auslöschen als auch verstärken. Das ist die Grundlage für das restliche Kapitel.

6.2 Antireflexschichten auf Brillen

Die uns im Alltag am häufigsten begegnende Nutzung der Interferenz ist vielleicht die Antireflexbeschichtung auf Brillen. Hierbei werden störende Reflexionen durch destruktive Interferenz abgeschwächt. Abb. 6.4 zeigt das Ergebnis im Vergleich zu einer Brille ohne Beschichtung. Aber wie funktioniert das?

Abb. 6.4 Vergleich zweier
Brillen: Links ohne, rechts mit
Antireflexbeschichtung. Die
Reflexion des Himmels ist
durch die Beschichtung stark
reduziert

6.2.1 Phasensprung an Grenzflächen

Zunächst sehen wir uns noch einen bisher unerwähnten Effekt bei der Reflexion an einer Grenzfläche an. Er spielt für Interferenzerscheinungen eine große Rolle, wird in den Berechnungen aber gerne vergessen. Phasensprünge kennen wir schon aus Abschn. 4.3. Beträgt ein solcher Phasensprung genau 180°, bzw. π oder $\frac{\lambda}{2}$, so haben sich Minima und Maxima der Welle genau vertauscht. An einer Grenzfläche tritt dieser Fall bei senkrechter Reflexion an einem optisch dichteren Medium auf. Diese Bedingung solltet ihr euch merken. Bei senkrechtem Übergang von Luft zu Wasser oder Glas kommt es so also zum Phasensprung, beim umgekehrten Weg aber nicht.

Der Vollständigkeit halber sei noch erwähnt, dass es bei nicht senkrechtem Einfall ein bisschen komplizierter wird. Entscheidend für das Auftreten eines Phasensprungs ist das Vorzeichen der Reflexionsfaktoren aus Abschn. 1.1.1. So verschwindet der Phasensprung bei Reflexion am optisch dichteren Medium für Einfallswinkel größer dem Brewster-Winkel, also bei $\theta_E > \theta_B$! Andersherum tritt er beim Übergang zum optisch dünneren Medium genau erst in diesem Bereich, bei $\theta_E > \theta_B$, auf. Genaueres zum Brewster-Winkel findet ihr in Abschn. 5.2.2.

6.2.2 Strahlengänge bei Antireflexschichten

Abb. 6.5 zeigt die Strahlengänge an der Vorderseite einer Brille, die mit einer einfachen Antireflexschicht (AR) versehen ist. Lasst euch von den vielen Informationen nicht abschrecken. Zunächst betrachten wir in Abb. 6.5a und b die Reflexionen an den beiden Grenzflächen Luft-AR und AR-Glas. Aufgrund der Brechungsindizes der Materialien kommt es bei beiden Reflexionen zu einem Phasensprung π. Die Schichtdicke d wurde so gewählt, dass die (in Grau gezeichneten) reflektierten Wellen genau gegenphasig schwingen. Dadurch kommt es zu destruktiver Interferenz und die Reflexion des Lichts wird abgeschwächt. Gleichzeitig kommt es hierbei, wie in Abb. 6.5c und d gezeigt, zu konstruktiver Interferenz in Transmissionsrichtung zwischen direkten und zweifach reflektierten Strahlen.

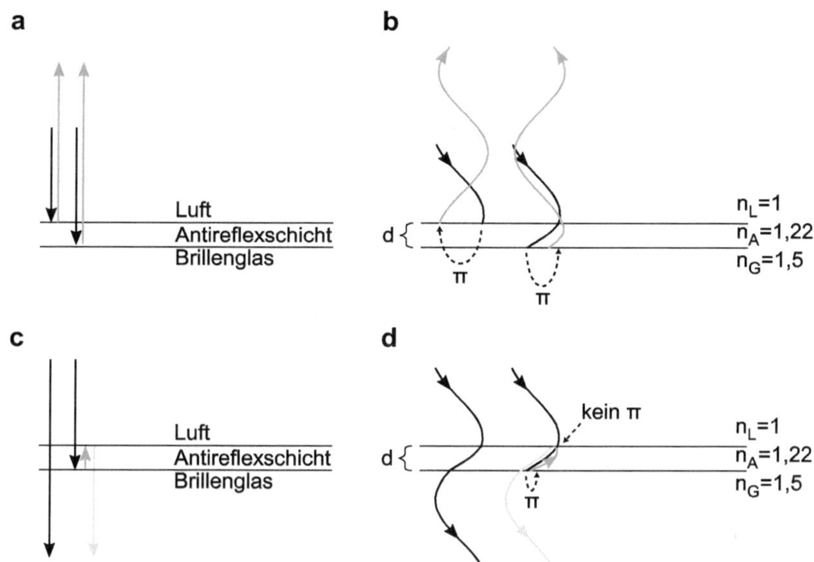

Abb. 6.5 a Strahlengang der Reflexionen an den beiden Grenzflächen einer Brille mit Antireflexschicht, **b** Verlauf der dazugehörigen Lichtwellen. Aufgrund der Brechungsindizes kommt es bei beiden Reflexionen zu einem Phasensprung π. Bei passender Schichtdicke d interferieren die reflektierten Wellen (in Grau) destruktiv. **c** Strahlengang der Transmission durch eine beschichtete Brille. Zusätzlich zum einfach transmittierten Strahl durchläuft auch zweifach reflektiertes Licht die Schichten. **d** Nur bei der ersten Reflexion tritt ein Phasensprung auf, denn die zweite geschieht an der Grenzfläche zu einem optisch dünneren Material. Dadurch ergibt sich insgesamt konstruktive Interferenz in der Transmission

6.2.3 Berechnung der optimalen Werte

Der optimale Brechungsindex der Antireflexschicht ergibt sich aus

$$n_A = \sqrt{n_L n_G} \qquad (6.11)$$

mit den Brechungsindizes für Luft n_L und Glas n_G, und die nötige Dicke über

$$d = \frac{\lambda}{4 n_A} \qquad (6.12)$$

mit λ für die Wellenlänge in Luft. Die Abhängigkeit von λ sagt uns, dass optimale Auslöschung der Reflexionen immer nur für eine bestimmte Farbe zu erreichen ist. Um den Effekt bei Brillen über das gesamte Lichtspektrum zu erreichen, werden viele verschiedene Schichten mit unterschiedlichen Dicken übereinander aufgebracht. Zudem haben wir hier nur die AR-Schicht auf der Vorderseite der Brille betrachtet. Für gute Ergebnisse muss auch die Rückseite des Brillenglases mit einer passenden Schicht versehen werden.

Weiterhin funktioniert die Beschichtung nur für senkrechten Lichteinfall perfekt, für flachere Einfallswinkel vergrößert sich der Lichtweg in der Schicht, und die destruktive Interferenz verschwindet.

6.3   Interferenz von Licht inkohärenter Quellen

Wichtig zum genauen Verständnis des letzten und auch der folgenden Beispiele ist die Überlegung, welche Strahlen hier eigentlich genau miteinander interferieren. Unabdingbar für Interferenz zweier Strahlen ist nämlich ihre räumliche und zeitliche Kohärenz zueinander. Wer sich mit der Kohärenz nicht mehr sicher ist, findet alle nötigen Informationen in Abschn. 4.3. Kurzum: Um ein stabiles Interferenzbild zu erzeugen, müssen zwei Wellen zueinander kohärent sein, also dauerhaft eine feste Phasenbeziehung zueinander besitzen. Dies wird dem Sonnenlicht aber oft abgesprochen, auch in etablierten Lehrbüchern. Trotzdem sehen wir in der Funktionsweise der Antireflexschicht eindeutig Interferenz. Dies funktioniert aus den nachfolgenden Gründen.

6.3.1   Räumliche Kohärenz

Räumliche Kohärenz der Lichtquelle ist bei der Antireflexschicht tatsächlich gar nicht notwendig. Klar wird das bei der Betrachtung des Ursprungs der beiden miteinander wechselwirkenden Strahlen. Bei ihnen handelt es sich nämlich um zwei verschiedene Reflexionen ein und derselben Welle. Aus diesem Grund sind die beiden Strahlen per Definition (und nach Tab. 4.4) immer räumlich kohärent zueinander, unabhängig von der Lichtquelle.

6.3.2   Zeitliche Kohärenz

Zeitliche Kohärenz, also die Stetigkeit einer einzelnen Lichtwelle über die Zeit, wird laut Abschn. 4.4 über die Kohärenzlänge l_k bestimmt. Über diesen Parameter wird deutlich, dass es bei der zeitlichen Kohärenz kein Ja oder Nein gibt, stattdessen lässt sie sich in Abstufungen beschreiben. Zeitlich sehr kohärent ist das Laserlicht mit $l_k \gg 1\,\mathrm{km}$. Sonnenlicht wird oft als zeitlich inkohärent beschrieben. Eine korrektere Aussage ist, dass es sehr geringe Kohärenzlängen von nur einigen Mikrometern besitzt und deswegen für viele Interferenzeffekte untauglich ist.

Bei der Antireflexschicht jedoch, deren Dicke nach Gl. 6.12 nur einige 100 Nanometer beträgt, reicht dieses geringe l_k des Sonnenlichts völlig aus. Betrachtet man nämlich den hier auftretenden Gangunterschied zwischen den beiden beteiligten Strahlen, so liegt dieser weit unter der Kohärenzlänge des Lichts. Zeitliche Kohärenz ist dadurch gegeben, und Interferenz ist an diesen dünnen Schichten möglich. An dicken Schichten, beispielsweise

Fensterscheiben, sehen wir keinerlei Interferenz, da hier der Gangunterschied der beiden reflektierten Strahlen wesentlich größer als die Kohärenzlänge ist. Hätte das Sonnenlicht eine Kohärenzlänge ähnlich des Lasers, so wären Interferenzeffekte sogar an dicken Schichten wie Fenstern möglich.

6.4   Interferenz durch Beugung

In den nachfolgenden Abschnitten entfernen wir uns leider ein bisschen vom täglichen Leben, dafür gehen wir noch einmal zurück zur Schulzeit. Das klassische Experiment zu Interferenz von Licht, das ihr vielleicht noch kennt, ist die Interferenz am Doppelspalt. Der grundsätzliche Effekt hierbei ist wieder – wie bei den schon betrachteten Beispielen – die Verstärkung und Auslöschung von Licht aufgrund konstruktiver und destruktiver Wechselwirkung der Wellentäler und -berge. Wichtig für die Interferenz ist wie auch schon zuvor, dass mehrere kohärente Wellen mit gleicher Wellenlänge aufeinandertreffen. Dies ergibt sich am Doppelspalt vor allem aufgrund der sogenannten Beugung.

6.4.1   Beugung

Trifft Licht auf eine Öffnung, die sehr viel breiter als die Lichtwellenlänge ist, tritt es ohne besondere Vorkommnisse hindurch, beispielsweise durch den Spalt einer halb geöffneten Tür. Reduziert man diesen Spalt nun aber auf eine Breite in der Größenordnung der Wellenlänge, so kommt es zum Auftreten von Beugungseffekten. Abb. 6.6 zeigt Lichtdurchgang durch unterschiedlich breite Spalte. Während bei (im Verhältnis zur Wellenlänge) großen Öffnungen (Abb. 6.6a) ein Großteil des Lichts auch nach dem Spalt unverändert in die ursprüngliche Richtung läuft, wird es bei sehr kleinen Durchgängen (Abb. 6.6b) im Anschluss in alle Richtungen gleichermaßen abgestrahlt. Die Ursache für diese Beugung liegt im Huygensschen Prinzip, bekannt aus Abschn. 4.1.4. Es besagt, dass jede ebene Welle eine Überlagerung aus kugelförmigen Elementarwellen darstellt. Nimmt man nun durch den Spalt einen Großteil dieser Kugelwellen weg, so führen die verbleibenden zu der, je nach Breite unterschiedlich stark ausgeprägten, kugelförmigen Wellenfront. Als ideal schmalen Spalt bezeichnen wir von nun an einen Spalt mit einer Breite, die nur genau eine Elementarwelle passieren lässt. Das lässt sich in der Realität nicht erreichen und dient nur zum Verständnis.

Fresnel-Beugung

Die allgemeine Theorie, mit der Beugung beschrieben werden kann, ist die Fresnel-Beugung. Mit diesem Ansatz arbeitet man, wenn man an Auswirkungen von Beugung im Nahfeld interessiert ist, also in relativ kleinem Abstand zum Objekt. Dadurch darf man die auf das

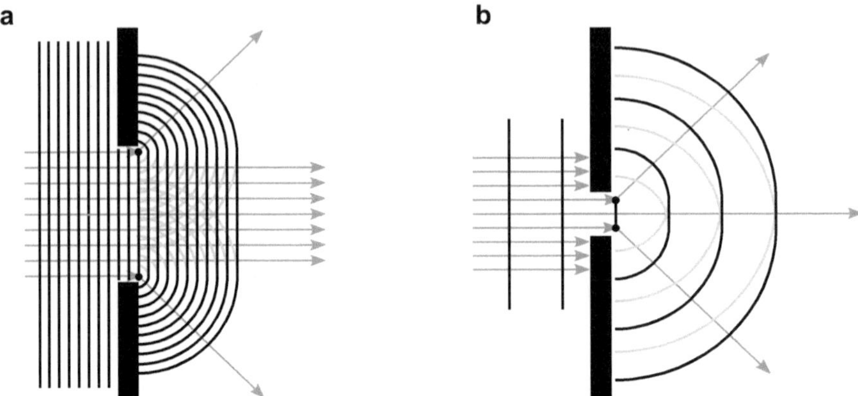

Abb. 6.6 **a** Lichtwellen treffen auf einen im Verhältnis zur Wellenlänge großen Spalt. Ein Großteil der Elementarwellen kann passieren, und die Wellenfront bleibt gut erhalten. **b** Lichtwellen treffen auf einen Spalt schmäler als die Wellenlänge, wodurch nur noch wenige Elementarwellen passieren können. Dadurch wird die resultierende Welle hinter dem Spalt annähernd kugelförmig und breitet sich in alle Richtungen gleichmäßig stark aus, auch in die geometrischen Schattenbereiche. Diesen Effekt bezeichnet man als Beugung

Objekt treffenden oder dahinter detektierten Wellenfronten nicht als ebene Wellen annehmen. Dies führt zu komplizierten Gangunterschieden von einzelnen Lichtstrahlen und zur Interferenz von Strahlen, die nicht parallel zueinander laufen. All dies erschwert die analytische Beschreibung der Beugungsphänomene.

Eine Anwendung der Fresnel-Beugung findet sich in der Fresnelschen Zonenplatte in Abb. 6.7, nicht zu verwechseln mit der Fresnel-Linse aus Abschn. 2.5. Sie besteht aus sich abwechselnden transparenten und intransparenten konzentrischen Kreisen. Einfallende Kugelwellen, die in den durchsichtigen Bereichen transmittiert werden, erzeugen dort aufgrund der Fresnel-Beugung viele neue Elementarwellen. Wegen des unterschiedlichen Abstands der einzelnen Kreise zur Lichtquelle ergeben sich auch unterschiedliche optische Weglängen, und damit Phasenverschiebungen zwischen den einzelnen Elementarwellenfronten. Wählt man die Abstände der Kreise nun geschickt, so unterscheiden sich die optischen Weglängen aller Elementarwellen in bestimmten Punkten hinter der Platte um exakt ganzzahlige Vielfache der Lichtwellenlänge. Dadurch interferieren all diese Wellen in diesen Punkten konstruktiv, es ergibt sich eine Fokussierung des Lichts, die Zonenplatte wirkt wie eine Linse. Da sie eine Fokussierung der Strahlung erlaubt, ohne dass diese ein Medium mit höherem Brechungsindex durchqueren muss, findet man sie bei der Arbeit mit Röntgenstrahlung. Diese würde nämlich von jeglichem Linsenmaterial sehr stark absorbiert werden.

Möchte man sich selbst ein Bild von der Fresnel-Beugung machen, so muss man nur an die heimische Musiksammlung treten und eine CD opfern. Durch Entfernen der reflektierenden Schicht lässt sich eine CD nämlich zu einer preisgünstigen Zonenplatte umwandeln. Abb. 6.8

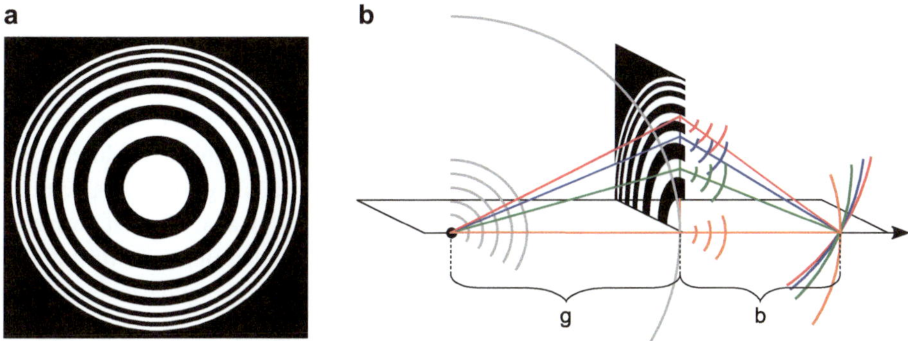

Abb. 6.7 a Eine Fresnelsche Zonenplatte nutzt die Fresnel-Beugung. **b** Eine Punktlichtquelle im Abstand g führt zu Kugelwellen, die auf die durchlässigen Kreise der Platte treffen. Von dort gehen neue Elementarwellen mit unterschiedlichen Phasenlagen aus. An bestimmten Orten, beispielsweise auf der optischen Achse im Abstand b, ergibt sich aufgrund passender optischer Weglängenunterschiede konstruktive Interferenz, das Licht wird fokussiert

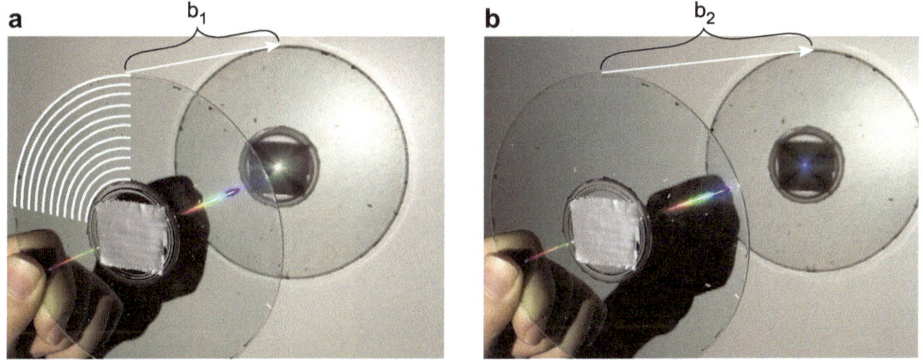

Abb. 6.8 Eine CD ohne Reflexionsschicht funktioniert als Fresnelsche Zonenplatte. **a** Licht einer weißen LED wird hinter der CD auf einem Schirm im Abstand b_1 aufgrund von Fresnel-Beugung und konstruktiver Interferenz fokussiert und erscheint als heller gelblicher Fleck im dunklen Schatten des Klebebands. **b** Erhöht man den Abstand auf b_2, so verändert sich die Farbe des Interferenzbilds zu Blau, da konstruktive Interferenz nun nur für diese Wellenlänge auftritt

zeigt eine solche CD, die, genau wie in Abb. 6.7b skizziert, mit einer weißen LED beleuchtet wird. Daten auf einer CD sind in konzentrischen Rillen gespeichert, die wir nun als Kreise der Fresnelschen Zonenplatte nutzen können. Dadurch lässt sich das Licht der LED ohne Verwendung einer Linse hinter der CD fokussieren. Besonders eindrücklich ist das hier, da an der Stelle des Fokuspunkts aufgrund des Schattens des Klebebands eigentlich gar kein Licht zu erwarten wäre. Außerdem fällt auf, dass sich die Farbe des Interferenzbilds auf dem Schirm mit dem Abstand b zur CD ändert. Das ist ein eindeutiger Hinweis auf Fresnel-Beugung.

Fraunhofer-Beugung

Im weiteren Verlauf des Kapitels werden wir uns nun aber ausschließlich mit der Fraunhofer-Beugung beschäftigen, da deren Theorie zur Beschreibung der bekanntesten Phänomene meist ausreicht. Sie beschreibt die Folgen der Beugung im sogenannten Fernfeld, also in, im Verhältnis zur Ausdehnung des Objekts, großem Abstand zum Objekt. Dadurch kann bei Berechnungen angenommen werden, dass die Wellenfronten kaum gekrümmt sind und deswegen ebene Wellen darstellen. Dies ermöglicht das Finden von analytischen Formeln und vereinfacht das Lösen der Problemstellungen. Alle nun folgenden Beispiele für Interferenz durch Beugung lassen sich vollständig mit der Fraunhoferschen Beugungstheorie erklären. In Abb. 6.9 und Tab. 6.1 stehen Fraunhofer- und Fresnel-Beugung im Vergleich.

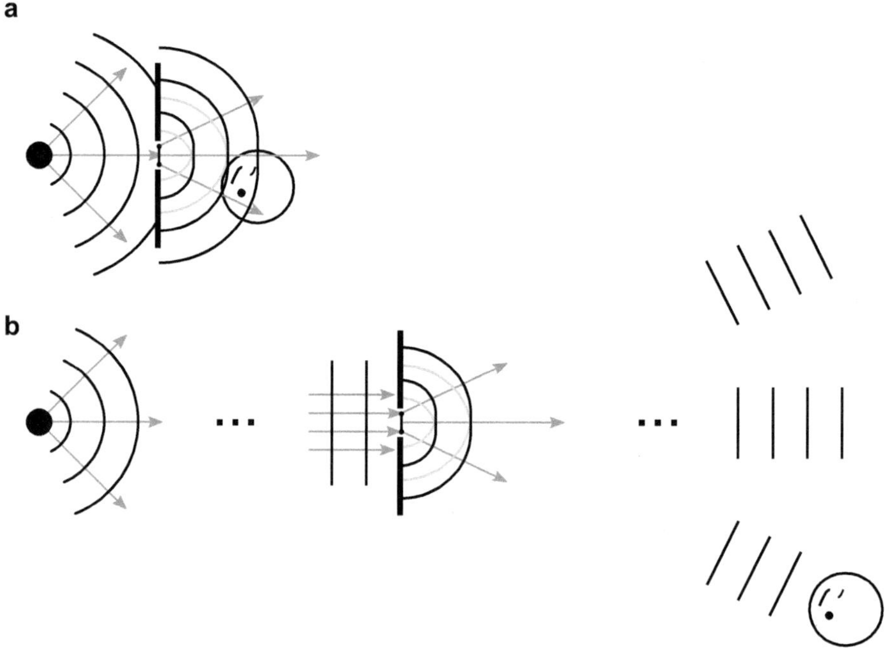

Abb. 6.9 a Bei Fresnel-Beugung sind die auftretenden und beobachteten Wellenfronten nicht eben, was Überlegungen dazu verkompliziert. Dies gilt vor allem für kleine Abstände von Lichtquelle oder Beobachtung zum Objekt, deswegen spricht man auch von Beugung im Nahfeld. **b** Bei Fraunhofer-Beugung wird angenommen, dass sowohl vor dem beugenden Objekt als auch am Beobachtungspunkt ebene Wellenfronten auftreten. Dies gilt vor allem für große Abstände zwischen Lichtquelle, Objekt und Beobachtung, deswegen spricht man auch von Beugung im Fernfeld

Tab. 6.1 Fraunhofer- und Fresnel-Beugung

Fraunhofer-Beugung	Fresnel-Beugung
Auf das beugende Objekt treffen ebene Wellen	Auf das beugende Objekt treffen Kugelwellen oder anders geformte Wellenfronten
Am Schirm oder Detektor treffen ebene Wellen ein	Am Schirm oder Detektor treffen komplizierte Wellenfronten ein
Interferenz tritt zwischen zueinander parallelen Strahlen auf	Interferenz tritt zwischen Strahlen unterschiedlicher Ausbreitungsrichtung auf
Bei Veränderung des Beobachtungsabstands ändert sich das Interferenzbild nicht	Bei Veränderung des Beobachtungsabstands ändert sich das Interferenzbild
Der Abstand von Lichtquelle und Beobachtungspunkt zum beugenden Objekt ist sehr groß gegenüber der Ausdehnung des Objekts	Der Abstand von Lichtquelle oder Beobachtungspunkt zum beugenden Objekt ist nicht sehr viel größer als das Objekt selbst
Beispiele für die Anwendung sind die Einfach- und Doppelspalte sowie sämtliche optische Gitter	Ein Beispiel für die Anwendung ist die Fresnelsche Zonenplatte

6.4.2 Interferenz am idealen Doppelspalt

Platziert man nun zwei ideal schmale Spalte nebeneinander, so erhält man einen idealen Doppelspalt. Abb. 6.10a zeigt die Übersicht für Interferenz am idealen Doppelspalt. Die Spalte besitzen hier einen Abstand von $d = 2\lambda$, also die doppelte Wellenlänge. Die beiden an den Spalten erzeugten Kugelwellen überlagern sich und interferieren in bestimmte Richtungen konstruktiv, in andere destruktiv. Wieder gilt: Konstruktive Interferenz tritt auf, wenn die Wellen gleichphasig schwingen, also einen Gangunterschied Δs von null oder ganzzahligen Vielfachen ($n\lambda$) der Wellenlänge besitzen. Destruktive Interferenz hingegen entsteht bei gegenphasiger Schwingung, also einem Gangunterschied Δs von $\frac{1}{2}\lambda$, $\frac{3}{2}\lambda$, $\frac{5}{2}\lambda$,...

Da wir beim einfallenden Licht von einer kohärenten ebenen Welle ausgehen, ist der Phasenunterschied in die ursprüngliche Ausbreitungsrichtung zunächst null. Aus diesem Grund kommt es in diese Richtung, bei $\alpha = 0$, bereits zu konstruktiver Interferenz, man spricht vom Maximum nullter Ordnung. Das war der einfachste Fall. Erhöht man den Winkel α, so wächst der Gangunterschied Δs gemäß Abb. 6.10b und der daraus abgeleiteten Gleichung

$$\Delta s = d \sin\alpha. \tag{6.13}$$

Für das erste Mal vollständig destruktive Interferenz gilt dadurch

$$\frac{\lambda}{2} = d \sin\alpha_{1.\text{Min}}$$

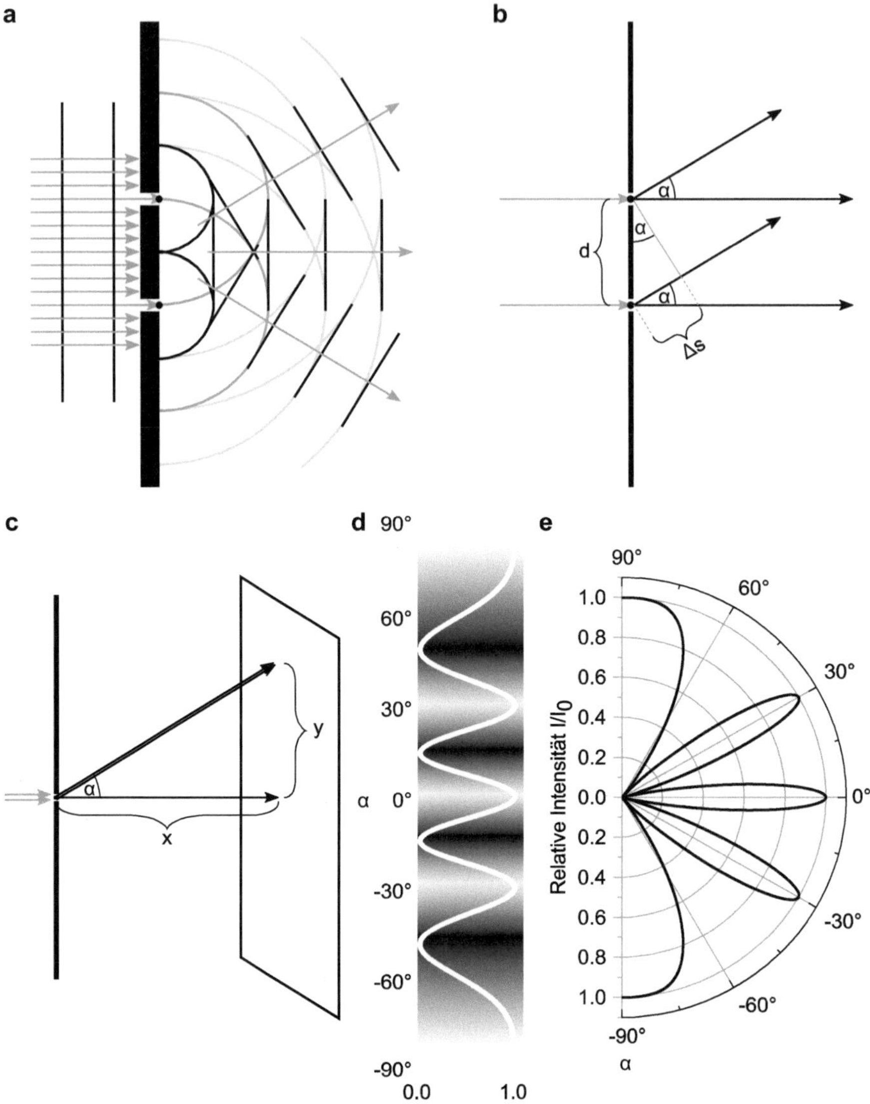

Abb. 6.10 Übersicht idealer Doppelspalt. **a** Wellenausbreitung bei einem Spaltabstand, der das Doppelte der Lichtwellenlänge beträgt. Einfallende ebene Wellen führen zu Kugelwellen an beiden Spalten. Deren Wellenfronten interferieren in die eingezeichneten Richtungen (graue Pfeile) konstruktiv. Als schwarze Striche eingezeichnet sind die neuen Wellenfronten, die sich durch diese Interferenz bilden. **b** Gleiches Bild, reduziert auf zur Berechnung wichtige Elemente wie den Spaltabstand d, den Abstrahlwinkel α und den Gangunterschied Δs zwischen den Strahlen dieser Richtung. **c** Das unter dem Winkel α abgestrahlte Licht tritt in weiter Entfernung $x \gg d$ auf einen Schirm mit einem Abstand y zur ursprünglichen Strahlrichtung auf. **d** Interferenzmuster, das sich für diese Geometrie ergibt, in Abhängigkeit von α. Oberhalb und unterhalb des Maximums nullter Ordnung, bei $\alpha = \pm 30°$, treten die Maxima erster Ordnung auf. **e** Polardarstellung des Musters

und damit

$$\alpha_{1.\text{Min}} = \arcsin \frac{\lambda}{2d}.$$

Mit unserer Annahme $d = 2\lambda$ für Abb. 6.10 erhalten wir

$$\alpha_{1.\text{Min}} = 14,5°.$$

Für das Maximum erster Ordnung erhöhen wir α weiter, bis der Gangunterschied Δs genau eine Wellenlänge beträgt, wodurch die Wellen wieder in Phase schwingen. Es gilt dann

$$\lambda = d \sin \alpha_{1.\text{Max}}.$$

Daraus folgt

$$\alpha_{1.\text{Max}} = \arcsin \frac{\lambda}{d}.$$

Durch Einsetzen von $d = 2\lambda$ kommen wir auf

$$\alpha_{1.\text{Max}} = 30°.$$

Dieser Wert für das Maximum erster Ordnung ist auch in Abb. 6.10e ablesbar. Das abwechselnde Auftreten von Intensitätsmaxima und -minima lässt typische Interferenzmuster entstehen, wie in Abb. 6.10d und e zu sehen. Aufgrund der Symmetrie treten für negative Werte von α ebenfalls Maxima und Minima auf.

Allgemein lassen sich die Winkel der Maxima am Doppelspalt, auch höherer Ordnung, über folgende Formel berechnen:

$$\alpha_{\text{n.Max,DS}} = \pm \arcsin \left(n\frac{\lambda}{d} \right); n \in \mathbb{N}_0 \tag{6.14}$$

und die Minima über

$$\alpha_{\text{n.Min,DS}} = \pm \arcsin \left[\left(n - \frac{1}{2} \right) \frac{\lambda}{d} \right]; n \in \mathbb{N} \tag{6.15}$$

Vorsicht: Bei den Minima ist der Wert 0 für n hier ausgeschlossen, da ein Minimum nullter Ordnung nicht definiert ist.

Im Experiment lässt man das Licht oft auf einen Schirm in einem bestimmten Abstand x zum Doppelspalt fallen. Für kleine Winkel α ergibt sich dann gemäß Abb. 6.10c über

$$\tan \alpha = \frac{y}{x}$$

und die Kleinwinkelnäherung, gültig für etwa $\alpha < 0{,}05\pi$ (entspricht etwa 10°),

$$\tan \alpha = \sin \alpha$$

der Abstand y der höheren Maxima zum Maximum nullter Ordnung

$$y_{\text{n.Max,DS}} = n x \frac{\lambda}{d} \tag{6.16}$$

mit $n \in \mathbb{N}_0$ und der Abstand der Minima zu

$$y_{\text{n.Min,DS}} = \left(n - \frac{1}{2} \right) x \frac{\lambda}{d}, \tag{6.17}$$

mit $n \in \mathbb{N}$ ohne die Null.

In unserem Beispiel, in Abb. 6.10e, liegt das Maximum zweiter Ordnung bei $\alpha = 90°$, es strahlt also senkrecht zur ursprünglichen Ausbreitungsrichtung ab. Höhere Winkel treten nicht auf. Trotzdem kann es grundsätzlich auch zu viel höheren Ordnungen kommen, dafür muss man gemäß obiger Gl. 6.14 und 6.15 entweder die Lichtwellenlänge λ verringern oder den Spaltabstand d vergrößern. Abb. 6.11 zeigt für die Spaltabstände $d = 1\,\mu\text{m}$ (a) und $d = 1{,}5\,\mu\text{m}$ (b) die Interferenzmuster am idealen Doppelspalt für jeweils rotes (650 nm) und blaues (450 nm) Licht. Es kommt zu Maxima von bis zu dritter Ordnung.

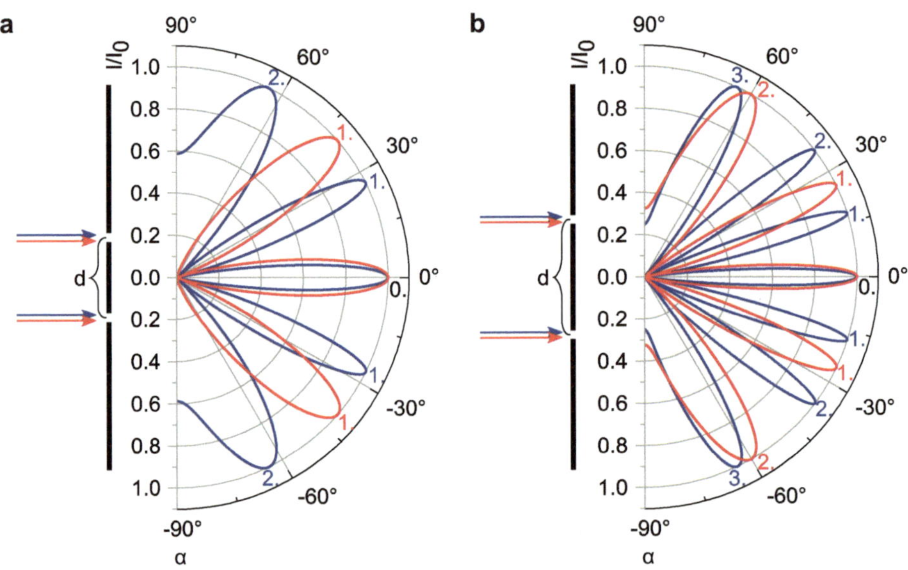

Abb. 6.11 Interferenzmuster am Doppelspalt für rotes und blaues Licht. Der Winkel α der Maxima und Minima steigt mit der Wellenlänge (von blau nach rot) an. Ein Spaltabstand von $d = 1\,\mu\text{m}$ **a** führt zu Maxima bis zur zweiten Ordnung, etwas breiteres $d = 1{,}5\,\mu\text{m}$ **b** bereits zur dritten Ordnung. Größere Spaltabstände funktionieren genauso, werden aber aufgrund der vielen Maxima unübersichtlich, weswegen hier darauf verzichtet wurde

Die hier gezeigten Intensitätsverteilungen $I(\alpha)$ lassen sich auch berechnen, dies geschieht über die Gleichung

$$I(\alpha) = I_0 \cos^2\left(\frac{d}{\lambda}\pi\sin\alpha\right) \tag{6.18}$$

mit der Intensität I_0 in Richtung $\alpha = 0$, dem Spaltabstand d, der Wellenlänge λ und dem Abstrahlwinkel α.

Um sich ein anschauliches Bild vom Doppelspaltexperiment zu machen, muss man nur das nächste Schwimmbad aufsuchen. Abb. 6.12 zeigt zwei mit den Füßen des Autors im Wasser erzeugte Kugelwellen in zwei verschiedenen Abständen d. Die Wasserwellen interferieren analog zu den Lichtwellen am Doppelspalt und zeigen, je nach Winkel, konstruktive oder destruktive Interferenz. Für größeren Fußabstand d in Abb. 6.12b verkleinert sich gemäß Gl. 6.14 auch der Abstrahlwinkel α_1 der Maxima.

Beim tatsächlichen Doppelspalt sieht das Interferenzbild noch etwas komplizierter aus, als oben beschrieben. Der Grund dafür ist, dass die beiden Spalten eben nicht, wie angenommen, ideal schmal sind. Dadurch wird jeder der beiden Spalte von vielen statt nur einer Elementarwelle durchlaufen. Dies hat zur Folge, dass bereits bei Lichtdurchgang durch einen einzelnen Spalt Interferenz auftritt. Dieser Effekt beeinflusst die Doppelspaltinterferenz. Sehen wir uns zunächst ihn genauer an.

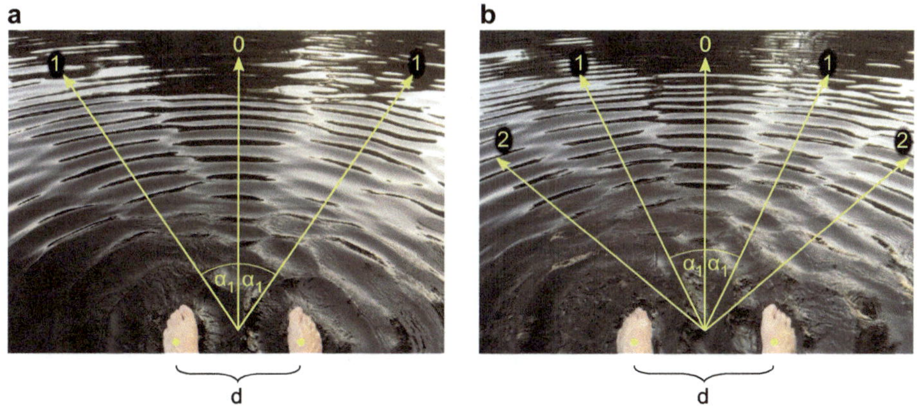

Abb. 6.12 Durch Auf- und Abbewegen der Füße erzeugte kugelförmige Wasserwellen zeigen Interferenz analog zum Licht am Doppelspalt. **a** Ein kleinerer Fußabstand d zeigt im Bildausschnitt das Maximum nullter und die Maxima erster Ordnung. **b** Erhöht man d, wird der Abstrahlwinkel der Maxima kleiner und auch die Maxima zweiter Ordnung werden sichtbar. Genauso verhält sich auch die Interferenz von Licht am Doppelspalt, gemäß Gl. 6.14

6.4.3 Interferenz am Einfachspalt

Der wichtigste Unterschied der Interferenz am Einfachspalt gegenüber der am idealen Doppelspalt ist, dass wir nicht nur zwei Kugelwellen in einem festen Abstand betrachten, sondern unzählig viele, gleichmäßig verteilt über die gesamte Breite b des Spalts. Abb. 6.13 zeigt eine Übersicht zum Einfachspalt, noch ohne physikalische Erklärung. Auffällig ist ein stark ausgeprägtes, breites Maximum nullter Ordnung in Richtung $\alpha = 0$. Zusätzlich sind sehr schwache Nebenmaxima für höhere Winkel erkennbar, dazwischen liegen Minima.

Nun zur Physik dahinter. Unzählige Kugelwellen zeichnerisch darzustellen führt zu großem Chaos. Deswegen findet ihr in Abb. 6.14 nur acht Teilstücke der Wellen, für verschieden große Abstrahlwinkel α. In Abb. 6.14a ist für kleine Winkel α erkennbar, dass nicht alle Elementarwellen zur Gesamtintensität beitragen, da schon einzelne destruktiv interferieren. Konkret in diesem Beispiel sind dies Welle 1 und 7 sowie Welle 2 und 8 (gleiche Farben). Hier beträgt der Gangunterschied jeweils eine halbe Wellenlänge, wodurch sich Wellenberge und -täler genau auslöschen. Die restlichen Wellen 3 bis 6 besitzen keinen Gegenspieler und tragen deshalb zur Gesamtintensität bei.

Für größere Winkel α kommt man irgendwann zu Abb. 6.14b, wo sich für jede Welle genau ein Gegenstück findet (1 und 5, 2 und 6 usw.), mit dem sie destruktiv interferiert.

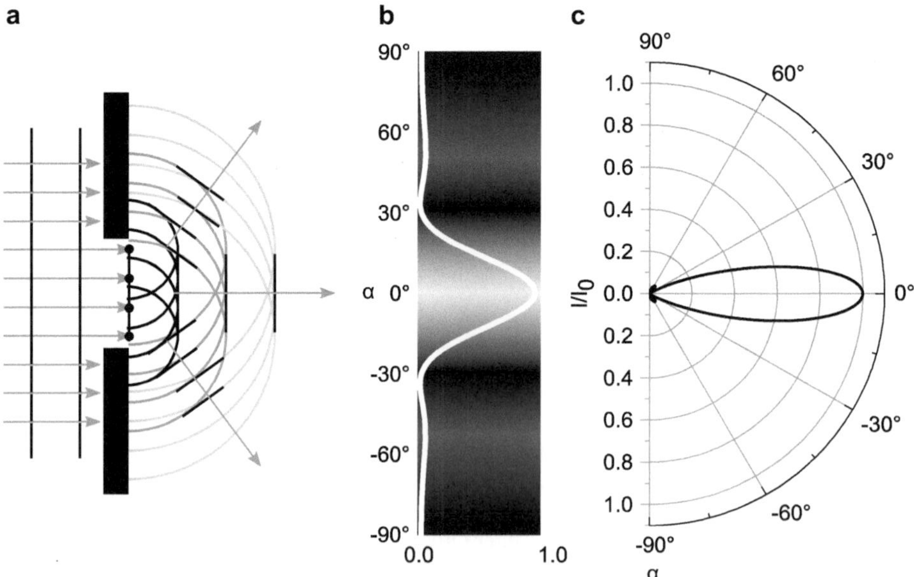

Abb. 6.13 Übersicht Einfachspalt. **a** Durch die Breite des Spalts kommt es zu vielen Elementarwellen, hier vier davon gezeichnet. **b** Interferenzmuster in Abhängigkeit von α. Oberhalb und unterhalb des Maximums nullter Ordnung, bei $\alpha \approx \pm35°$, treten die Minima erster Ordnung auf, bei $\alpha \approx \pm50°$ die (sehr schwachen) Maxima erster Ordnung. **c** Polardarstellung des Musters

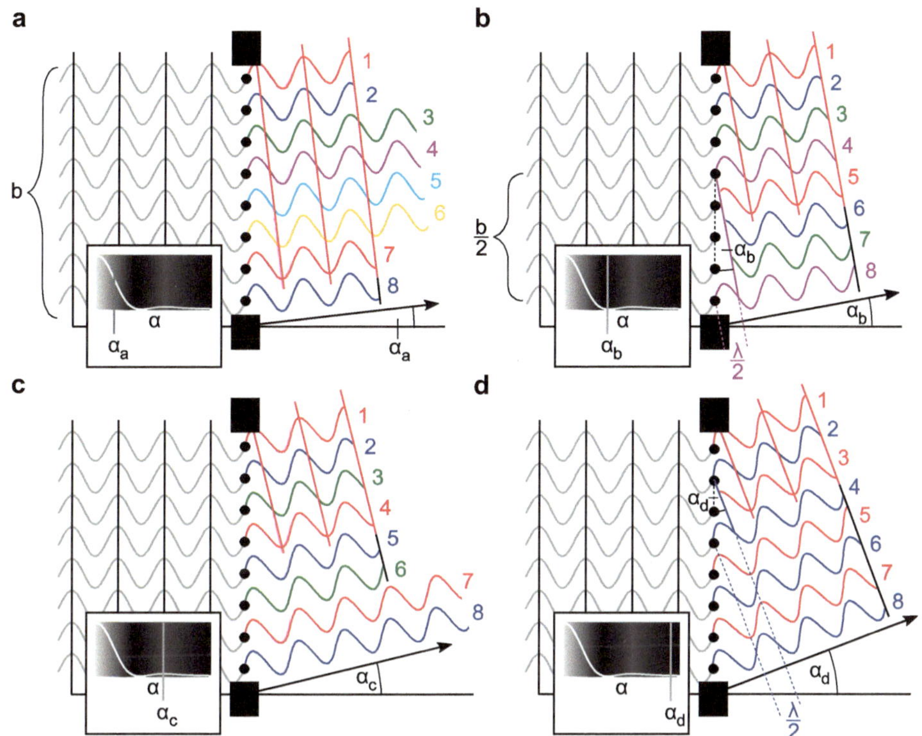

Abb. 6.14 Elementarwellen am Einfachspalt für von **a**) nach **d**) ansteigendem Winkel α, vereinfacht gezeichnet. Je nach α interferieren unterschiedliche Wellen destruktiv: Wellen mit Gangunterschied $\frac{\lambda}{2}$ haben jeweils gleiche Farbe. Für bestimmte α, hier in **b**) und **d**), löschen sich alle Wellen vollständig aus und wir beobachten Minima im Interferenzbild. Für die Winkel dazwischen **a**) und **c**)) gibt es Wellen, die nicht ausgelöscht werden und zur Gesamtintensität beitragen

Dadurch sinkt die Intensität für diesen Winkel auf null, wir beobachten das erste Minimum. Der Abstand zweier sich auslöschender Wellen beträgt hier genau die Hälfte $\frac{b}{2}$ der Spaltbreite und der Gangunterschied $\Delta s = \frac{\lambda}{2}$. Darüber ergibt sich für das Minimum erster Ordnung die Bedingung

$$\frac{b}{2}\sin\alpha_{1.\text{Min,ES}} = \Delta s = \frac{\lambda}{2}.$$

Daraus folgt

$$\alpha_{1.\text{Min,ES}} = \arcsin\frac{\lambda}{b}.$$

Eine weitere Erhöhung von α, in Abb. 6.14c, führt zur destruktiven Interferenz zwischen den Wellen 1 und 4, 2 und 5 sowie 3 und 6. Die Wellen 7 und 8 dagegen besitzen keinen Gegenspieler und lassen so die Intensität wieder ansteigen. Für noch größeren Winkel α

in Abb. 6.14d besitzen wieder alle Wellen destruktive Gegenparts, und die Intensität sinkt erneut auf ein Minimum.

Allgemein erhalten wir für die Minima am Einfachspalt

$$\alpha_{n.\text{Min,ES}} = \pm \arcsin\left(n\frac{\lambda}{b}\right); \ n \in \mathbb{N}. \tag{6.19}$$

Diese Gleichung ähnelt stark der Bedingung für Maxima am Doppelspalt, Gl. 6.14. Das ist kein Zufall, ihr liegt ähnliche Geometrie zugrunde. Für die Maxima am Einfachspalt gibt es keine einfache exakte Gleichung. Allerdings lässt sich die Intensität für einen beliebigen Winkel, $I(\alpha)$, allgemein angeben als

$$I(\alpha) = I_0 \left(\frac{\sin\left(\frac{b}{\lambda}\pi \sin\alpha\right)}{\frac{b}{\lambda}\pi \sin\alpha}\right)^2 \tag{6.20}$$

mit der Intensität I_0 in Richtung $\alpha = 0$, der Spaltbreite b, der Wellenlänge λ und dem Abstrahlwinkel α.

Setzt man, wie in Abb. 6.15, unterschiedliche Werte für das Verhältnis von Spaltbreite zur Wellenlänge, $\frac{b}{\lambda}$, ein, werden die Auswirkungen gut sichtbar. Ein extrem schmaler Spalt (Abb. 6.15a) lässt kaum Elementarwellen passieren, die Lichtausbreitung hinter ihm ist annähernd kugelförmig, zu sehen gestrichelt in Abb. 6.15d und e. Bei einem sehr breiten Spalt hingegen (Abb. 6.15c) kommt es fast ausschließlich zu Lichtausbreitung in die ursprüngliche Richtung (durchgezogene Linie in Abb. 6.15d und e), und Beugung verliert immer mehr an Gewicht, wir nähern uns dem oben erwähnten Türspalt ohne sichtbare Beugungseffekte.

6.4.4 Interferenz am realen Doppelspalt

Wir kombinieren nun die letzten beiden Abschnitte und erhalten den realen Doppelspalt. Hierbei sind die beiden Spalte im Abstand d im Gegensatz zum idealen nicht mehr unendlich schmal, stattdessen besitzen sie eine bestimmte Breite b, ähnlich zum Einfachspalt. Diese Kombination lässt sich erfreulicherweise auch direkt in die Formel für die Intensität $I(\alpha)$ übernehmen. Sie berechnet sich nämlich aus dem Produkt von Einfach- und Doppelspalt zu

$$I(\alpha) = I_0 \left(\frac{\sin\left(\frac{b}{\lambda}\pi \sin\alpha\right)}{\frac{b}{\lambda}\pi \sin\alpha}\right)^2 \cos^2\left(\frac{d}{\lambda}\pi \sin\alpha\right) \tag{6.21}$$

mit der Intensität I_0 in Richtung $\alpha = 0$, der Spaltbreite b, dem Spaltabstand d, der Wellenlänge λ und dem Abstrahlwinkel α. Da die Formel auf den ersten Blick nicht sehr anschaulich ist, sehen wir uns die relative Intensität $\frac{I(\alpha)}{I_0}$ in Abb. 6.16 mit verschiedenen Werten für b und d an. Die Minima des realen Doppelspalts ergeben sich über die des idealen Doppelspalts (Gl. 6.15), ergänzt mit denen des Einfachspalts (Gl. 6.19). Beispielhafte Interferenzmuster

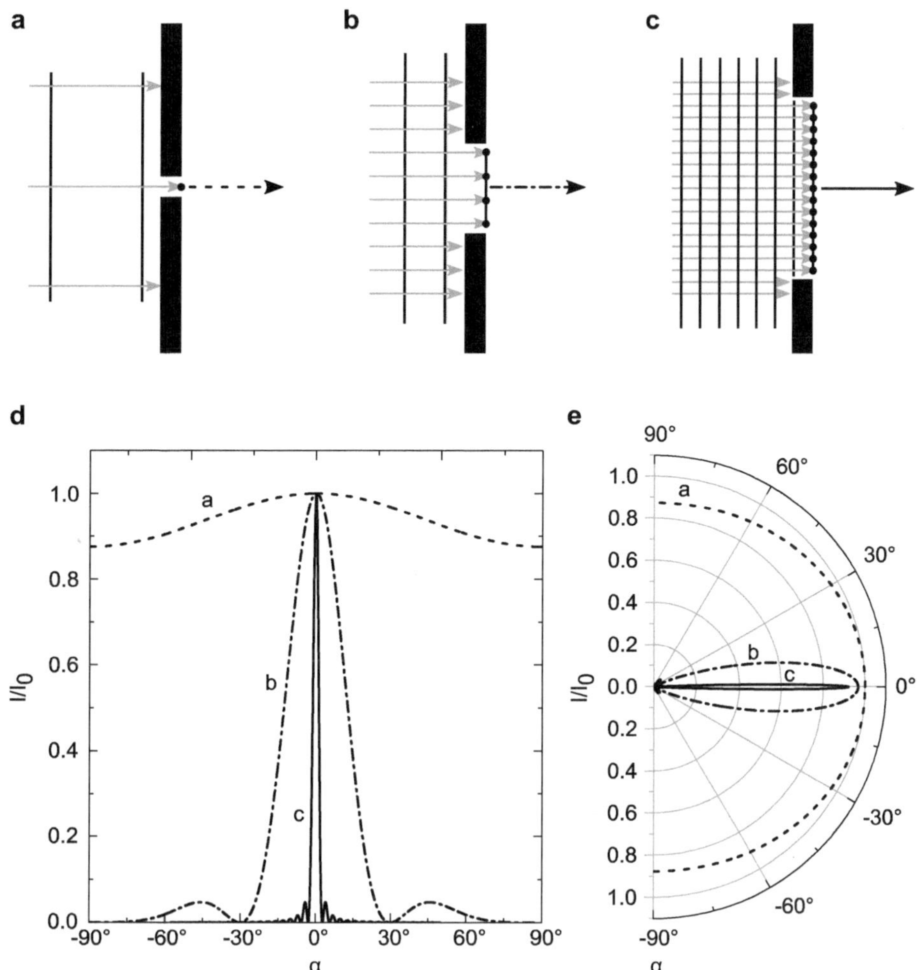

Abb. 6.15 Unterschiedliche Werte für $\dfrac{b}{\lambda}$ liefern am Einfachspalt stark unterschiedliche Resultate. **a** $b = 0{,}2\lambda$, **b** $b = 2\lambda$, **c** $b = 20\lambda$, **d**, **e** Intensitätsverteilungen für die drei Spaltbreiten. Bei $b = 0{,}2\lambda$ (**a**) ist die Näherung des idealen Spalts gut erfüllt, die Ausbreitung hinter dem Spalt ist fast kugelförmig. Bei $b = 2\lambda$ (**b**) entstehen neben dem Maximum nullter Ordnung noch schwache Maxima höherer Ordnung. Die Ausbreitung zeigt ein typisches Interferenzmuster. Bei $b = 20\lambda$ (**c**) ist der Spalt bereits so breit, dass das Licht ihn beinahe unverändert passieren kann, mit weiter steigender Spaltbreite wird dieser Peak immer definierter

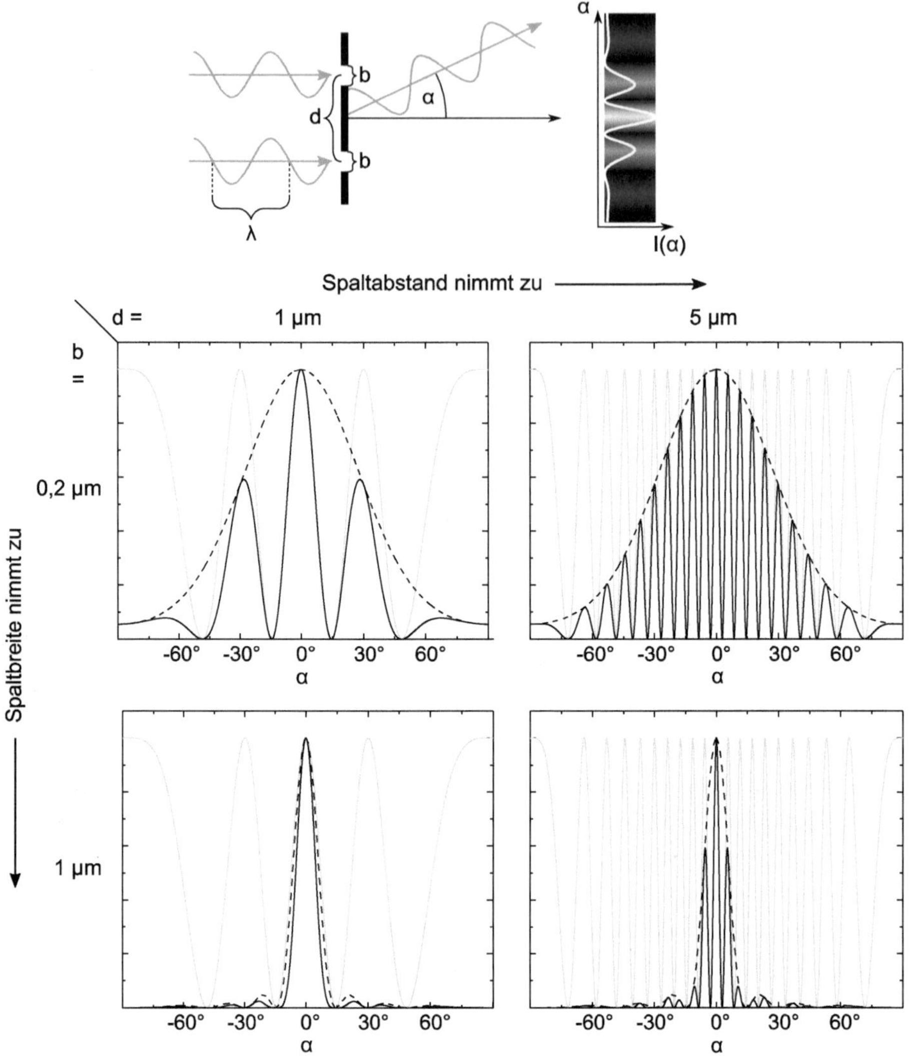

Abb. 6.16 Interferenzmuster, schwarz gezeichnet, am realen Doppelspalt für unterschiedliche Spaltabstände d und Spaltbreiten b, bei einer Lichtwellenlänge $\lambda = 500\,\text{nm}$. Der Spaltabstand d bestimmt die Anzahl der Maxima pro Winkel. Die Spaltbreite b liefert eine Einhüllende, hier gestrichelt, die die Höhe der Maxima vorgibt. Grau hinterlegt ist das Interferenzmuster eines entsprechenden idealen Doppelspalts

sind in Abb. 6.16 zu sehen. Maxima höherer Ordnung, die aus dem Produkt der beiden Kurven entstehen, weichen von der ursprünglichen Position ab. Dadurch ist wie beim Einfachspalt eine exakte Berechnung der Maxima mit einer einfachen Formel nicht möglich.

Eine kompakte Übersicht über Einzelspalt, idealen und realen Doppelspalt findet ihr noch einmal in der Formelsammlung in Abschn. 8.6.

6.4.5 Interferenz am optischen Gitter

Nach diesen aus dem Alltag wenig bekannten Fällen kommen wir jetzt wieder zu häufig beobachteten Erscheinungen. Wir klären hier, warum eine CD bunt funkelt, und werfen noch einmal einen Blick auf das Smartphonedisplay (Abb. 6.17). Beleuchtet man dieses nämlich mit einer kleinen, hellen Taschenlampe, so werden auch hier bunte, regelmäßig angeordnete Streifen sichtbar. Diese resultieren aus der regelmäßigen, sehr hochauflösenden Pixelanordnung im Display.

Transmissionsgitter
Zunächst erweitern wir unseren Doppelspalt auf N Spalte, also beliebig viele. Diese ordnen wir alle im Abstand d, der sogenannten Gitterkonstante, zueinander an, und wir erhalten ein

Abb. 6.17 a Das Beleuchten einer CD mit weißem Licht führt zu einem bunt schillernden Lichtbogen. **b** Auch Displays von modernen Smartphones zeigen eine Aufspaltung reflektierten Lichts in seine Spektralfarben

Transmissionsgitter, wie in Abb. 6.18 gezeigt für $N = 4$. Die grundsätzliche Funktionsweise entspricht genau dem Doppelspalt, so erhalten wir auch beim Gitter den Winkel α, unter dem die (Haupt-)Maxima auftreten, über

$$\alpha_{\text{n.HMax,Git}} = \alpha_{\text{n.Max,DS}} = \pm \arcsin\left(n\frac{\lambda}{d}\right); \, n \in \mathbb{N}_0, \tag{6.22}$$

analog zu Gl. 6.14. Am Interferenzmuster in Abb. 6.18d erkennen wir zwischen den Hauptmaxima aber noch zusätzliche schwache Nebenmaxima. Sie entstehen aus der Interferenz von Kugelwellen, die von zwei weiter voneinander entfernten Spalten ausgehen, also $2d, 3d, \ldots$ Durch den höheren Spaltabstand tritt bei ihnen schon bei kleineren Winkeln ein passender Gangunterschied Δs_2 für konstruktive Interferenz auf. Die Anzahl der Nebenmaxima zwischen zwei Hauptmaxima beträgt immer $N - 2$, ist also abhängig von der Anzahl der beleuchteten Spalte des Gitters. Gleichzeitig werden die Hauptmaxima mit steigendem N immer schärfer und enger. Abb. 6.19 zeigt Interferenzmuster für verschiedene N bei sonst konstant gehaltenen Werten. Diese Intensität am idealen Gitter lässt sich natürlich wieder allgemein angeben, über

$$I(\alpha) = I_0 \frac{\sin^2\left(N\frac{d}{\lambda}\pi \sin\alpha\right)}{N^2 \sin^2\left(\frac{d}{\lambda}\pi \sin\alpha\right)} \tag{6.23}$$

mit der Intensität I_0 in Richtung $\alpha = 0$, der Anzahl der beleuchteten Spalte N, der Gitterkonstante d, der Wellenlänge λ und dem Abstrahlwinkel α. Der Faktor N^2 dient zur Normierung, um $I(0) = I_0$ zu gewährleisten. Bisher haben wir, ähnlich wie beim idealen Doppelspalt, die Spaltbreite b der einzelnen Spalte vernachlässigt. Beim realen Gitter mit Spaltbreite b wird Gl. 6.23 noch mit der bekannten Gl. 6.20 für den Einfachspalt multipliziert. Beispiele dazu finden sich in Aufgabe 6.1.

Reflexionsgitter

Da weder durch die CD noch durch das Smartphone normalerweise Licht durchscheinen kann, ist das Transmissionsgitter das falsche Modell für Abb. 6.17. Besser eignet sich das sogenannte Reflexionsgitter. Hierbei entstehen die nötigen Elementarwellen nicht durch Spalte, sondern durch reflektierende Bereiche in Abwechslung mit nicht reflektierenden; ansonsten bleibt die Physik die gleiche. Zusätzlich dazu existieren auch sogenannte Phasengitter, die anstelle der nichtreflektierenden Stellen an deren Positionen eine Beschichtung besitzen, die das Licht mit verschobener Phasenlage zurückwirft. Diese Gitter sind besonders effizient, da hier das gesamte auftreffende Licht zum Interferenzmuster beiträgt. Unsere Alltagsbeispiele sind aber einfacher aufgebaut, zu sehen in Abb. 6.20. Wie immer bei Interferenz muss das wechselwirkende Licht auch hier kohärent sein. Dass wir an CD und Smartphone mit der Sonne oder einer Taschenlampe, die nur Licht mit sehr geringer Kohärenzlänge l_k erzeugen, überhaupt Interferenzeffekte beobachten können, liegt, wie in Abschn. 6.3 beschrieben, wieder am Verhältnis von l_k zum optischen System: Eine CD

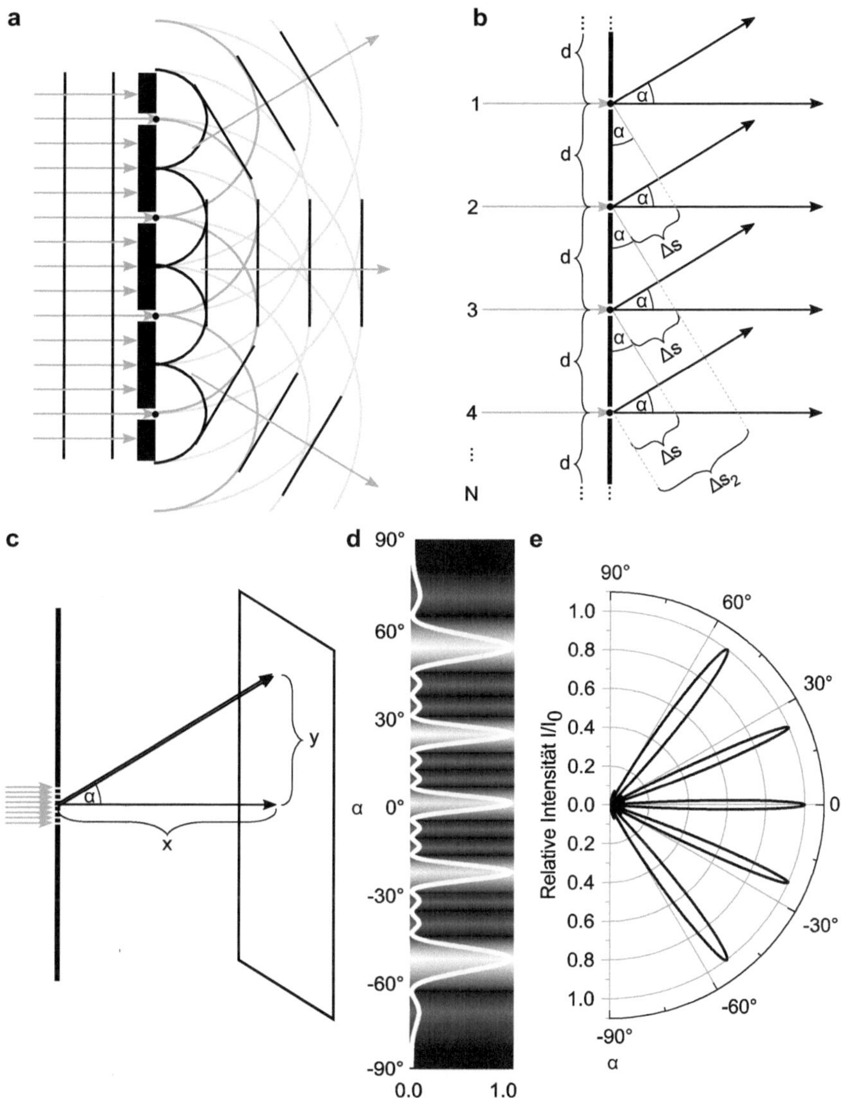

Abb. 6.18 Übersicht ideales optisches Gitter. **a** Wellenausbreitung, analog zum idealen Doppelspalt. Einfallende ebene Wellen führen zu Kugelwellen an allen Spalten. Deren Wellenfronten interferieren hauptsächlich in die eingezeichneten Richtungen (graue Pfeile) konstruktiv. Als schwarze Striche eingezeichnet sind die neuen Wellenfronten, die sich durch diese Interferenz bilden. **b** Gleiches Bild, reduziert auf zur Berechnung wichtige Elemente, wie die Gitterkonstante d, den Abstrahlwinkel α und den Gangunterschied Δs zwischen den Strahlen dieser Richtung. Δs_2 bezeichnet den Gangunterschied zweier Wellen, deren Spalte den Abstand $2d$ besitzen. **c** Das unter dem Winkel α abgestrahlte Licht tritt in weiter Entfernung $x \gg d$ auf einen Schirm mit einem Abstand y zur ursprünglichen Strahlrichtung auf. **d** Interferenzmuster, das sich für diese Geometrie ergibt, in Abhängigkeit von α. Das Muster wird von vielen Hauptmaxima geprägt, dazwischen treten schwache Nebenmaxima auf. **e** Polardarstellung des Musters

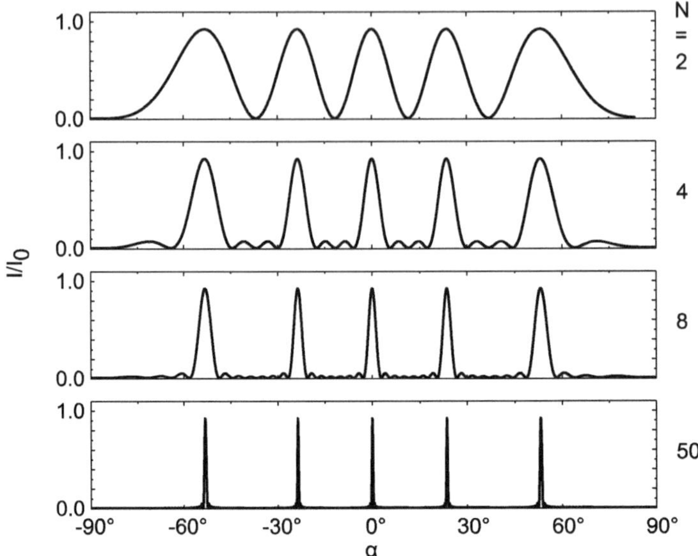

Abb. 6.19 Interferenzmuster am idealen Gitter für unterschiedliche N, also verschieden viele beleuchtete Spalte, ansonsten aber identische Parameter. Für $N = 2$ entspricht das Bild dem des Doppelspalts. Mit steigendem N erhöht sich die Zahl der Nebenmaxima, und die Hauptmaxima werden schärfer

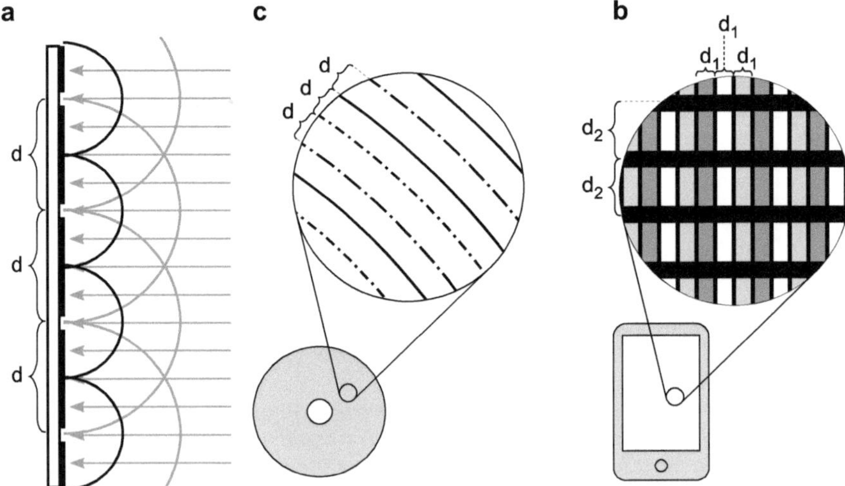

Abb. 6.20 a Erzeugung von Elementarwellen am Reflexionsgitter mit Gitterkonstante d. **b** Die in eine CD gepressten Rillen sind in konstantem Abstand zueinander angeordnet. Dadurch ergibt sich ein radialsymmetrisches Reflexionsgitter. **c** Ein Smartphonedisplay stellt mit seinen Subpixeln (vgl. Abb. 1.13) ein zweidimensionales Reflexionsgitter dar. Es besitzt zwei unterschiedliche Gitterkonstanten d_1 und d_2. Diese Reflexionsgitter führen zu den Interferenzmustern an CD und Display aus Abb. 6.17

besitzt einen Spurabstand von nur etwa $1,6\,\mu\mathrm{m}$ und liegt damit unter der Kohärenzlänge dieser Lichtquellen.

Das Smartphonedisplay stellt ein sogenanntes Kreuzgitter dar. Das bedeutet, dass es die periodischen, also sich wiederholenden Muster in zwei Raumrichtungen besitzt, mit den Gitterkonstanten d_1 und d_2. Dadurch wird auch das Interferenzmuster zweidimensional. In Aufgabe 6.2 findet ihr mehr dazu. Außerdem könnt ihr dort über das Interferenzmuster die Pixeldichte eines modernen Smartphones berechnen.

Bragg-Reflexion

Ohne Zuhilfenahme einer Lupe lässt sich also die Größe der winzigen Pixelstrukturen bestimmen. Mit dieser Methode ist es auch möglich, die Strukturen von Kristallen zu untersuchen. Durch Röntgenstrahlung und sogenannte Bragg-Reflexion wird einfallende Strahlung an verschiedenen Stellen des Kristallgitters mit unterschiedlichen Gangunterschieden reflektiert, die resultierenden Interferenzmuster lassen Rückschlüsse auf den Gitterabstand zu. Mehr zur Bragg-Reflexion findet ihr in Aufgabe 6.3.

Auflösungsvermögen von optischen Gittern

Optische Gitter finden Anwendung in Spektrometern, die Licht in ihre spektralen Anteile zerlegen. Dabei ist natürlich die spektrale Auflösung eine wichtige Kenngröße, also wie gering der Abstand $\Delta\lambda$ zwischen zwei noch unterscheidbaren Wellenlängen λ und $\lambda + \Delta\lambda$ sein kann. Dieser minimal erreichbare Abstand berechnet sich über

$$\Delta\lambda = \frac{\lambda}{nN}, \tag{6.24}$$

mit der untersuchten Wellenlänge λ, der Anzahl der beleuchteten Spalte N und der Ordnung n des Interferenzmaximums, das im Spektrometer genutzt wird. Gl. 6.24 resultiert aus dem sogenannten Rayleigh-Kriterium, also der Annahme, dass zwei Signale dann unterscheidbar sind, wenn das Maximum des einen genau im ersten Minimum des anderen liegt. In Abb. 6.21 sind Interferenzmuster für zwei ähnliche Wellenlängen an einem Gitter dargestellt. Gut zu sehen ist die Erhöhung des Auflösungsvermögens mit n und N. Die Gitterkonstante d ist übrigens für alle vier Fälle die gleiche, dadurch ergibt sich eine Abhängigkeit von N nur von der insgesamt beleuchteten Fläche. Allein durch die Vergrößerung der beleuchteten Fläche des Gitters wird die Auflösung also verbessert.

6.4.6   Auflösungsvermögen von optischen Geräten

Dieser letzte Satz des vorhergehenden Abschnitts lässt sich auch auf andere optische Geräte verallgemeinern: Je größer die lichtdurchlassende Fläche, die sogenannte Apertur, ist, desto höher ist die erreichbare Auflösung des optischen Geräts. Dies gilt nicht nur für die hier

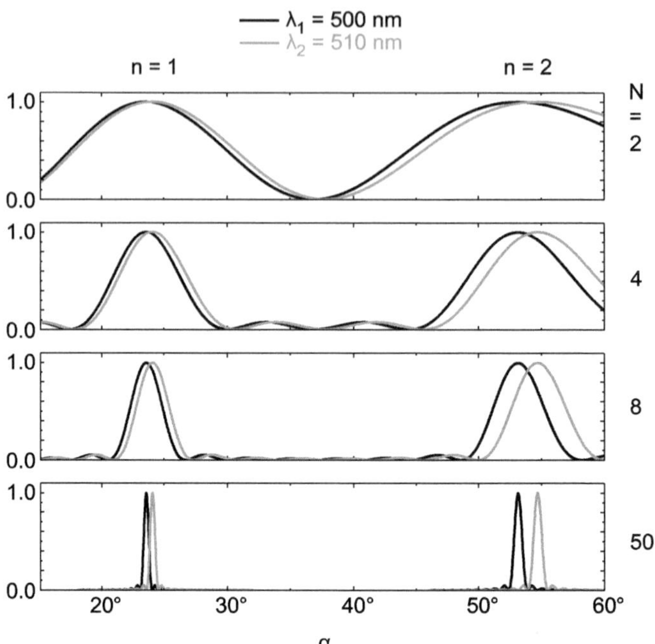

Abb. 6.21 Zwei verschiedene Wellenlängen $\lambda_1 = 500$ nm und $\lambda_2 = 510$ nm treffen auf unterschiedlich viele Spalte N desselben Gitters. Mit steigendem N steigt die spektrale Auflösung, und erst bei $N = 50$ sind die Interferenzmaxima der beiden Wellenlängen weit genug separiert, um unterscheidbar zu sein. Mit steigender Ordnung n der Maxima nimmt das Auflösungsvermögen ebenfalls zu. Dies ist beschrieben in Gl. 6.24

beschriebenen Gitter, sondern auch für Linsen, Teleskope und insgesamt sämtliche, in Kap. 3 kennengelernten optischen Geräte. Aus diesem Grund werden astronomische Teleskope mit immer größerem Durchmesser gebaut. Die Ursache für die Abhängigkeit der Auflösung von der Apertur findet sich erneut in Beugungseffekten: Genauso wie ein Einfachspalt mit steigender Spaltbreite b ein immer schärferes Hauptmaximum passieren lässt (zu sehen in Abb. 6.15), so führt auch eine Erhöhung der Apertur am optischen Gerät zu besserer Schärfe des abgebildeten Bilds. Eine kreisförmige Blende (oder Linse oder Teleskopöffnung) mit dem Durchmesser D liefert abhängig von der Wellenlänge des durchscheinenden Lichts eine maximale Winkelauflösung mit einem gerade noch auflösbaren Winkel

$$\alpha_{\min} = \arcsin\left(1,22\frac{\lambda}{D}\right). \tag{6.25}$$

Dieses Beugungslimit gibt die maximal erreichbare Winkelauflösung an. Für das menschliche Auge im Vergleich zu großen Teleskopen ist es in Tab. 6.2 gezeigt.

Tab. 6.2 Auflösungsvermögen von Auge und Teleskop, jeweils mit Apertur D bei Licht mit $\lambda = 500\,\mathrm{nm}$

	D	α_{min}	**Entspricht** 1 mm **in**
Menschliches Auge	5 mm	$0{,}007° = 25''$	8 m Entfernung
Große Teleskope	10 m	$0{,}0000035° = 0{,}0126''$	16 km Entfernung

6.4.7 Haare und das Babinetsche Prinzip

Ein weiteres, leicht zu realisierendes Beispiel zur Interferenz benötigt nur einen Laserpointer und ein Haar, zu sehen in Abb. 6.22. Positioniert man Letzteres im Lichtstrahlengang, kann man bei dunkler Umgebung an einer Wand Interferenzeffekte beobachten. Das Haar entspricht in seiner Funktion genau einem Einfachspalt, obwohl es eigentlich exakt das Gegenteil ist. Dass trotzdem Interferenz auftritt, liegt am Babinetschen Prinzip. Abb. 6.23 verschaulicht nachfolgende Überlegungen. Wir beginnen mit dem bekannten Einfachspalt. Dieser führt zu einem Interferenzbild, das sich über die Intensität $I_{\mathrm{ES}}(\alpha)$ beschreiben lässt. Diese ist proportional zum Quadrat der Verteilung des elektrischen Felds $E_{\mathrm{ES}}(\alpha)$, also

$$I_{\mathrm{ES}}(\alpha) \propto E_{\mathrm{ES}}(\alpha)^2. \tag{6.26}$$

Schließt man nun den Einfachspalt mit einem genau passenden Stück, so erhält man eine durchgehende Wand, die keinerlei elektrisches Feld mehr passieren lässt. Es gilt also

$$E_{\mathrm{Wand}}(\alpha) = 0 \tag{6.27}$$

für sämtliche Winkel. Das Hinzufügen des Extrastücks ändert also das elektrische Feld hinter der Wand von $E = E_{\mathrm{ES}}(\alpha)$ zu $E = E_{\mathrm{Wand}}(\alpha) = 0$. Mathematisch heißt das

$$E_{\mathrm{ES}}(\alpha) + E_{\mathrm{Stück}}(\alpha) = E_{\mathrm{Wand}}(\alpha) = 0. \tag{6.28}$$

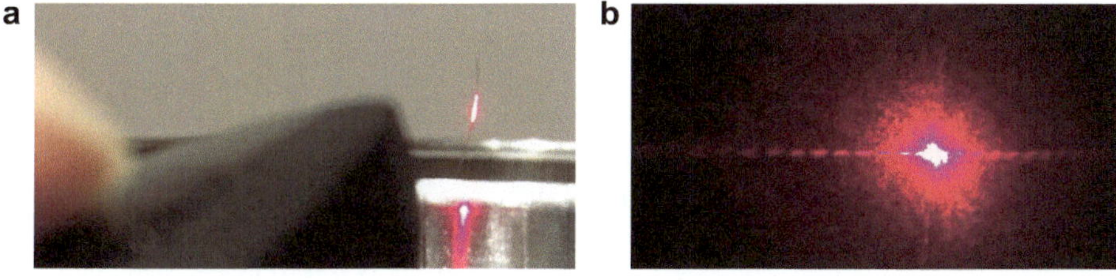

Abb. 6.22 a Beleuchtet man ein Haar mit einem Laserpointer, wirkt es aufgrund des Babinetschen Prinzips wie ein Einfachspalt. **b** Aufgrund der Interferenz am vertikal stehenden Haar kommt es neben dem eigentlichen Laserpunkt zu einer horizontalen gestrichelten Linie, dem Interferenzmuster am Einfachspalt

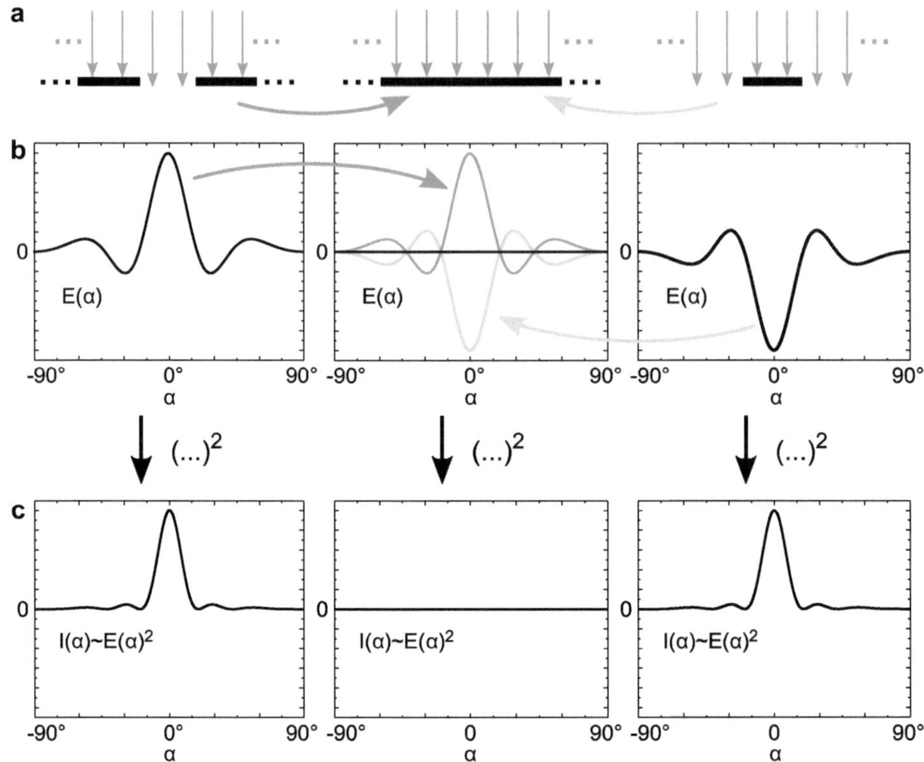

Abb. 6.23 Überlegungen zum Babinetschen Prinzip. **a** Strahlengang am Einfachspalt, an einer geschlossenen Wand und an einem zum Spalt komplementären Stück. **b** Elektrische Felder von Einfachspalt, der Wand und des Extrastücks. Addiert man die des Spalts und des Stücks, so heben sie sich genau zu null auf und ergeben das Feld der Wand. **c** Durch Quadrierung der elektrischen Felder erhält man die Intensitäten. Einfachspalt und Extrastück unterscheiden sich hier nicht mehr

Daraus resultiert durch Umstellen

$$E_{\text{Stück}}(\alpha) = 0 - E_{\text{ES}}(\alpha) = -E_{\text{ES}}(\alpha).$$ (6.29)

Das bedeutet, dass hinter dem Extrastück allein das elektrische Feld bis auf das Vorzeichen genau dem des Einfachspalts entspricht. Die Intensität erhalten wir wieder durch Quadrieren von $E_{\text{Stück}}(\alpha)$, und zusammengefasst ergibt sich

$$I_{\text{Stück}}(\alpha) \propto E_{\text{Stück}}(\alpha)^2 = E_{\text{ES}}(\alpha)^2 \propto I_{\text{ES}}(\alpha),$$ (6.30)

das negative Vorzeichen ist verschwunden. Insgesamt gilt

$$I_{\text{Stück}}(\alpha) = I_{\text{ES}}(\alpha),$$ (6.31)

das Interferenzmuster hinter dem Stück ist also identisch zu dem hinter dem Einfachspalt.

6.5 Interferometer

Interferometer sind optische Aufbauten, die der Interferenz von Licht dienen. Im Gegensatz zu Spalt und Gitter ist für die Interferenz hier aber keine Beugung nötig, stattdessen arbeitet man meistens mit halbdurchlässigen Spiegeln, ähnlich wie bei der Antireflexschicht aus Abschn. 6.2. Beim Interferometer wird der Lichtstrahl aber aufgespaltet, er wird über unterschiedliche Wege geleitet und schließlich wieder zusammengeführt. Durch den dadurch entstehenden Gangunterschied kommt es zur Phasenverschiebung zwischen den beiden Strahlen und Interferenzeffekte werden sichtbar. Wichtig dafür ist natürlich wieder die Kohärenz aus Abschn. 4.3. Vor allem für große Gangunterschiede benötigt man also hohe Kohärenzlängen, weshalb oft ein Laser zum Einsatz kommt. Durch Variation des Gangunterschieds oder Ändern der Wellenlänge lässt sich das Interferenzmuster verändern.

6.5.1 Das Michelson-Interferometer

Als Beispiel sehen wir uns das Michelson-Interferometer an. Ein solches wird neben vielen weiteren Anwendungen dazu verwendet, um nach Gravitationswellen Ausschau zu halten, und erbrachte im Jahr 2015 den Nachweis von deren Existenz. Aber wie funktioniert es? Abb. 6.24 zeigt den grundsätzlichen Aufbau. Kohärentes Licht trifft im 45°-Winkel auf einen halbdurchlässigen Spiegel, einen sogenannten Strahlteiler. Dieser lässt die Hälfte des Lichts passieren, das verbleibende wird in Richtung eines weiteren Spiegels im Abstand d_1 reflektiert. Auch das transmittierte Licht erreicht nach einer Wegstrecke d_2 einen Spiegel. Von den Spiegeln werden die Strahlen zurückgeworfen und mithilfe des halbdurchlässigen Spiegels wieder zu einem Strahl kombiniert, allerdings nun mit einer Phasenverschiebung aufgrund des Weglängenunterschieds Δs. Die Intensität des Signals am Detektor nimmt mit steigendem Δs abwechselnd zu und ab:

$$I(\Delta s) = I_0 \cos^2\left(\frac{\Delta s}{\lambda}\pi\right)$$ (6.32)

Dieses ist in Abb. 6.25 skizziert. Wie immer bei Interferenzeffekten sehen wir auch hier wieder: Weglängenunterschiede, die ganzzahlige Vielfache der Wellenlänge darstellen, führen zu konstruktiver Interferenz, als Formel:

$$\Delta s_{\text{m.Max}} = m\lambda; m \in \mathbb{Z}$$ (6.33)

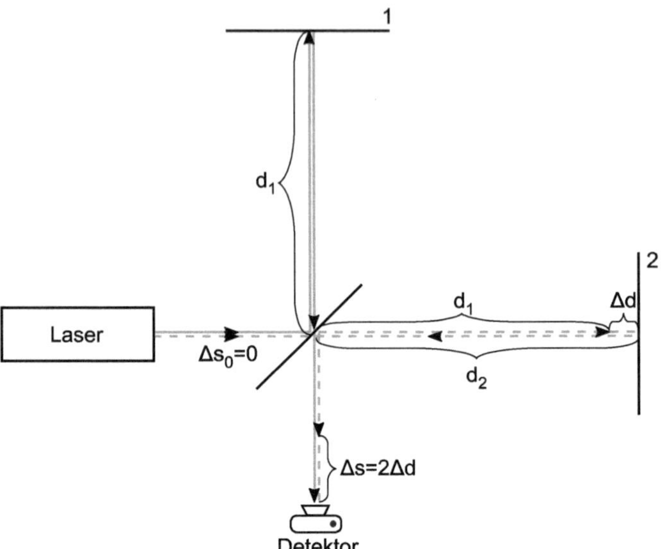

Abb. 6.24 Schematischer Aufbau eines Michelson-Interferometers. Die Lichtstrahlen des Lasers starten ohne Gangunterschied $\Delta s_0 = 0$ und treffen im 45°-Winkel auf einen halbdurchlässigen Spiegel, wodurch die eine Hälfte des Lichts nach der Strecke d_1 an Spiegel 1, die andere nach $d_2 = d_1 + \Delta d$ an Spiegel 2 reflektiert wird. Am halbdurchlässigen Spiegel treffen die beiden Strahlen wieder aufeinander und erreichen gemeinsam, aber mit einem Gangunterschied $\Delta s = 2\Delta d$ den Detektor

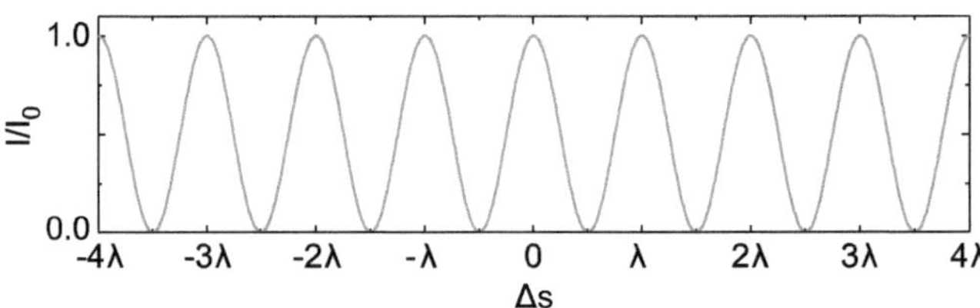

Abb. 6.25 Die Intensität am Detektor nimmt mit dem Gangunterschied Δs periodisch zu und ab

Minima ergeben sich entsprechend über

$$\Delta s_{\text{m.Min}} = \left(m - \frac{1}{2}\right)\lambda; \; m \in \mathbb{Z} \tag{6.34}$$

mit jeweils der Wellenlänge λ und der ganzen Zahl m, die auch negativ werden kann. Bisher haben wir für diesen Index statt des Buchstabens m das n verwendet. Dies wurde nun bewusst geändert, um keine Verwechslung mit dem Brechungsindex n zu ermöglichen. Dieser kann hier nämlich eine wichtige Rolle spielen, wenn sich ein Teil des Lichtwegs in einem Medium mit anderem Brechungsindex befindet. Dann muss die Wellenlänge für diesen Abschnitt gemäß Gl. 4.4 angepasst werden:

$$\lambda_{\text{Medium}} = \lambda_{\text{Vakuum}} \frac{1}{n_{\text{Medium}}}$$

Die Herausforderung bei Berechnungen zum Interferometer besteht grundsätzlich darin, die korrekten optischen Weglängen für die Teilstrahlen zu bestimmen. Hat man Δs einmal bestimmt, hat man das meiste schon geschafft.

Wir wollen nun beim Beispiel mit den Gravitationswellen bleiben. Diese dehnen und stauchen den Raum, was zum Verändern des Gangunterschieds führen kann. So könnte beispielsweise der Lichtweg d_2 dadurch kurzfristig auf $d_2 + \Delta x$ verlängert werden. Dieses Δx möchten wir nun bestimmen. Ohne Ausdehnung beträgt der Gangunterschied zwischen den beiden Strahlen

$$\Delta s_1 = 2(d_2 - d_1) = 2\Delta d, \tag{6.35}$$

mit ihr erhöht er sich auf

$$\Delta s_2 = 2(\Delta d + \Delta x). \tag{6.36}$$

Justiert man das Interferometer so, dass die beiden Strahlengänge ohne Ausdehnung exakt gleich lange sind, der Gangunterschied Δd also genau 0 beträgt, vereinfacht sich die Rechnung sehr. Die Intensität I zeigt für diesen Fall dann ein Maximum

$$I_1 = I_0 \cos^2\left(\frac{0}{\lambda}\pi\right) = I_0 \cdot 1 = I_0.$$

Durch die Ausdehnung sinkt die Intensität I am Detektor auf

$$I_2 = I_0 \cos^2\left(\frac{2(0 + \Delta x)}{\lambda}\pi\right) = I_0 \cos^2\left(\frac{2\Delta x}{\lambda}\pi\right).$$

Die Änderung der Intensität durch die Ausdehnung beträgt also

$$\Delta I = I_2 - I_1 = I_0 \left[\cos^2\left(\frac{2\Delta x}{\lambda}\pi\right) - 1\right].$$

Nun müssen wir noch nach Δx auflösen, und wir können aus der Intensitätsänderung die Änderung der Länge berechnen:

$$\Delta x = \frac{\lambda}{2\pi} \arccos\sqrt{1 + \frac{\Delta I}{I_0}} \tag{6.37}$$

Die Wurzel darf hierbei nicht größer als 1 werden. Dies ist erfüllt, da ΔI niemals positiv wird, weil ja I_1 den Maximalwert I_0 besitzt und damit immer größer oder gleich I_2 bleibt.

Unsere oben aufgestellte Bedingung $\Delta d = 0$ ist übrigens gar nicht zwingend notwendig, genauso funktioniert auch allgemein über Gl. 6.33

$$\Delta d = \frac{\Delta s}{2} = \frac{m}{2}\lambda;\; m \in \mathbb{Z},$$

da aufgrund der Periodizität für all diese Werte ein Maximum auftritt, nicht nur für $\Delta d = 0$.

Diese Tatsache macht die Arbeit mit Interferometern wesentlich einfacher, denn ein Gangunterschied von exakt $\Delta d = 0$ lässt sich nur schwer einstellen. Obige Bedingung hingegen tritt periodisch abhängig von der Spiegelposition immer wieder auf, und man justiert den Aufbau einfach auf ein Maximum oder Minimum, ohne sich für den genauen Gangunterschied zu interessieren.

Platziert man hinter dem Laser noch eine Linse, die den schmalen Lichtstrahl auffächert, so lassen sich auch ringförmige Interferenzmuster erzeugen, zu sehen in Abb. 6.26. Die schrägen Strahlen sind nun mit steigendem Schrägewinkel immer ein kleines bisschen länger unterwegs. Dadurch ändern sich d_1 und d_2 und damit auch Δd mit dem Winkel. Auf dem Schirm wechseln sich deshalb von innen nach außen ringförmig Maxima und Minima im Interferenzmuster ab.

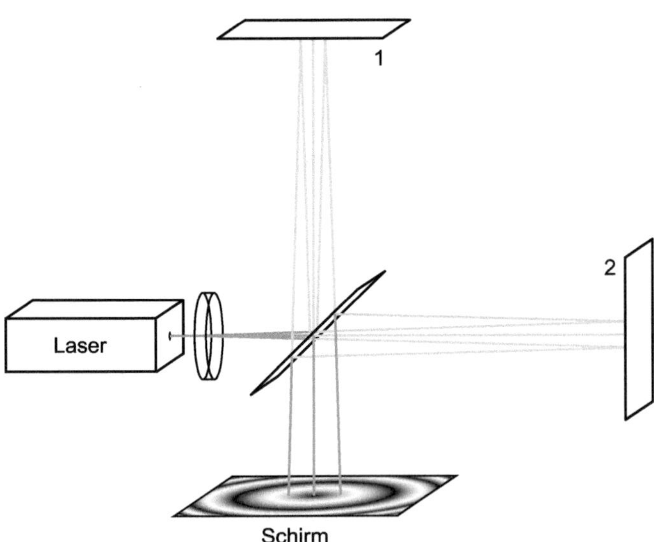

Abb. 6.26 Michelson-Interferometer mit Zerstreuungslinse hinter dem Laser. Durch die Auffächerung des Strahls entsteht am Detektionsschirm eine ringförmige Interferenzstrukur. Im Zentrum des Schirms sehen wir genau das, was wir oben ohne Linse schon beobachtet haben

6.5.2 Das Mach-Zehnder-Interferometer

Ähnlich aufgebaut ist das Mach-Zehnder-Interferometer, zu sehen in Abb. 6.27. Es besitzt jedoch zwei Strahlteiler, am ersten wird der Strahl aufgeteilt. Anschließend laufen beide Strahlen über je einen Spiegel zum zweiten Strahlteiler. Dort werden beide Strahlen wieder zusammengeführt. Der kombinierte Strahl verlässt den Strahlteiler je zur Hälfte durch Transmission nach vorne und durch Reflexion zur Seite. Mit zwei Detektoren lassen sich die Signale untersuchen.

Interessant ist hierbei, dass sich die Intensitäten an beiden Detektoren komplementär zueinander verhalten. Misst man an Detektor 1 ein Maximum, so registriert Detektor 2 gerade ein Minimum und umgekehrt. Die Ursache hierfür liegt an der Reflexion am hinteren Strahlteiler. Dieser besteht aus einer metallbeschichteten Glasplatte, zu sehen in Abb. 6.28. Licht von Strahl A trifft direkt aus der Luft auf die beschichtete Grenzfläche, Strahl B hingegen von innen aus Glas kommend. Dadurch ergibt sich für Ersteren ähnlich zu Abschn. 6.2.1 ein Phasensprung in der Reflexion, für Letzteren bleibt dieser aus. Dies hat Auswirkungen auf die Interferenz der Lichtstrahlen. An Detektor 2 gilt die gleiche Formel für die Intensität in Abhängigkeit vom Gangunterschied $I(\Delta s)$ wie schon für das Michelson-Interferometer:

$$I(\Delta s) = I_0 \cos^2\left(\frac{\Delta s}{\lambda}\pi\right) \tag{6.38}$$

Im Gegensatz dazu ergibt sich an Detektor 1 die Intensität entsprechend zu

$$I(\Delta s) = I_0 \sin^2\left(\frac{\Delta s}{\lambda}\pi\right). \tag{6.39}$$

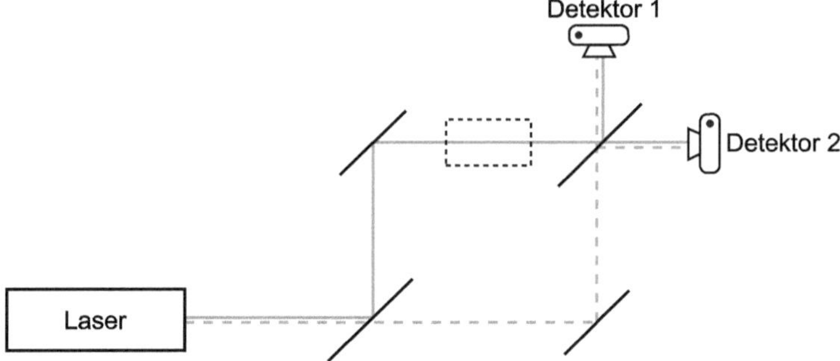

Abb. 6.27 Skizze eines Mach-Zehnder-Interferometers. Ein Lichtstrahl eines Lasers trifft auf einen Strahlteiler, der ihn aufteilt und auf zwei Spiegel schickt. Von diesen reflektiert treffen die Strahlen auf einen zweiten Strahlteiler, der sie wieder zusammenführt, und zwar in zwei verschiedenen Richtungen. Beide Richtungen werden von Detektoren erfasst. Gestrichelt eingezeichnet ist eine mögliche Position eines Messbehälters, mit dessen Hilfe in Aufgabe 6.4 der Brechungsindex eines Gases bestimmt werden kann

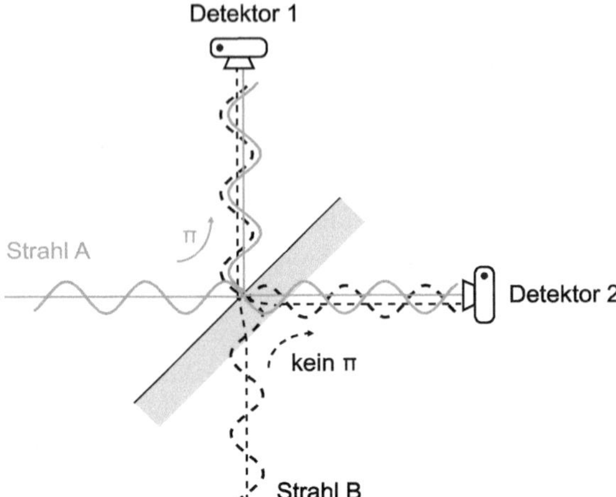

Abb. 6.28 Zweiter Strahlteiler eines Mach-Zehnder-Interferometers. Durch den Phasensprung in der Reflexion, den hier nur Strahl A erfährt, ergeben sich unterschiedliche Interferenzen an den Detektoren. Richtung Detektor 1 kommt es zu konstruktiver Interferenz, während die Strahlen zu Detektor 2 destruktiv interferieren. Je nach Gangunterschied der Strahlen kann dies natürlich auch umgekehrt passieren

Dieses gegensätzliche Verhalten der Intensitäten an den beiden Detektoren wird übrigens auch vom Energieerhaltungssatz erzwungen, denn die Gesamtintensität an beiden Detektoren zusammen muss stets die gleiche sein, um den Erhaltungssatz nicht zu verletzen. Dieser Effekt tritt auch beim Michelson-Interferometer auf, denn auch hier könnte man an der Position des Lasers ein weiteres Interferenzbild beobachten. Er wird aber üblicherweise vernachlässigt, da er für die Auswertung der Daten keine Rolle spielt.

Ein Anwendungsgebiet des Mach-Zehnder-Interferometers ist die Bestimmung des Brechungsindizes eines Gases über das Messen des Gangunterschieds. Dies findet ihr in Aufgabe 6.4.

6.5.3   Das Fabry-Pérot-Interferometer

Als Letztes sehen wir uns das Fabry-Pérot-Interferometer an, und zwar in Abb. 6.29. Im Gegensatz zu den bisher kennengelernten Aufbauten wird der Strahl des Lasers hier nicht in zwei Richtungen aufgespaltet. Stattdessen durchläuft er einen halbdurchlässigen Spiegel, trifft nach kurzer Wegstrecke $\frac{\Delta s}{2}$ auf einen zweiten und erreicht hinter diesem schließlich einen Schirm. Warum bezeichnen wir die Wegstrecke als $\frac{\Delta s}{2}$? Und wie kommt es zur Interferenz? Der am zweiten Spiegel reflektierte Teil des Lichts läuft zurück zu Spiegel 1, wird dort wiederum (teilweise) reflektiert und kann Spiegel 2 nun beim zweiten Anlauf passieren. Insgesamt legt dieser doppelt reflektierte Strahl also zweimal öfter den Abstand zwischen den Spiegeln zurück als der direkt transmittierte. Dadurch ergibt sich ihr Gangunterschied aus

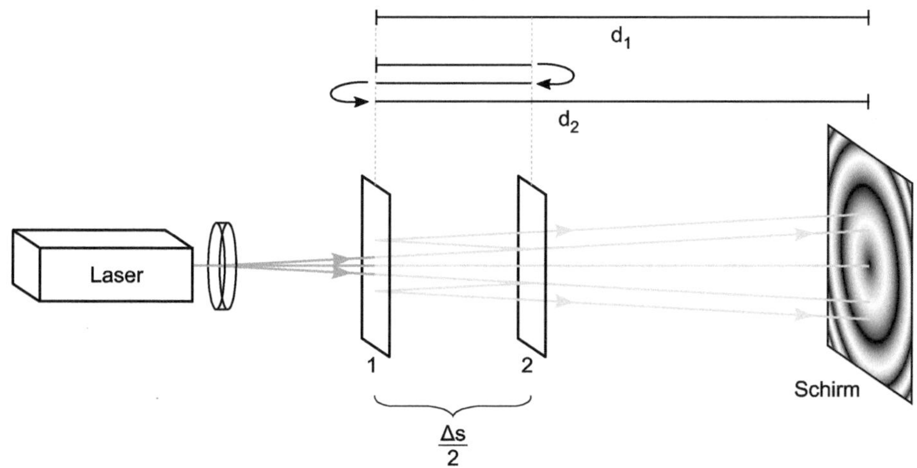

Abb. 6.29 Skizze eines Fabry-Pérot-Interferometers. Der durch eine Zerstreuungslinse aufgefächerte Laserstrahl passiert zunächst einen halbdurchlässigen Spiegel 1. An einem weiteren halbdurchlässigen Spiegel 2 wird er teilweise reflektiert, der Rest wird in Richtung eines Schirms transmittiert. Das reflektierte Licht strahlt zurück auf Spiegel 1, von dem es erneut reflektiert wird. Daraufhin wird es an Spiegel 2 ebenfalls (teilweise) Richtung Schirm transmittiert. Exakterweise tritt natürlich auch hier wieder teilweise Reflexion auf, welche aber nicht eingezeichnet ist, da für das Verständnis unnötig. Durch den beschriebenen Strahlengang ergeben sich für jeden Lichtstrahl zwei Strahlenganglängen d_1 und d_2. Deren Unterschied Δs ergibt den für die Interferenz wichtigen Gangunterschied

$$\Delta s = \frac{\Delta s}{2} + \frac{\Delta s}{2}. \tag{6.40}$$

Fächert man den Laserstrahl auf, wie in der Abbildung gezeigt, kommt es analog zum Michelson-Interferometer Ende des Abschn. 6.5.1 für höhere Winkel zu größeren Δs und wir beobachten wieder Interferenzringe am Schirm.

Neben den nun hier kennengelernten Aufbauten gibt es noch zahlreiche weitere Arten von Interferometern, die prinzipielle Funktionsweise ist aber immer die gleiche.

6.6 Dünnschichtinterferenz

Zum Abschluss dieses langen Kapitels schließen wir den Kreis zurück zur Antireflexschicht aus Abschn. 6.2. Ihre Interferenzeffekte zählen zur sogenannten Dünnschichtinterferenz. Sie kennzeichnet sich immer aus durch eine sehr dünne Schicht eines Materials, dessen Brechungsindex sich von dem seiner Umgebung unterscheidet. Durch diesen Unterschied kommt es gemäß der Fresnelschen Formel aus Abschn. 1.1.1 zu Reflexion an beiden Grenzflächen. Man spricht von Dünnschichtinterferenz, da der Gangunterschied der beiden reflektierten Strahlen kleiner sein muss als die Kohärenzlänge des Lichts, was für gewöhnliches Sonnenlicht nur für Schichten von wenigen Mikrometern Dicke erfüllt ist.

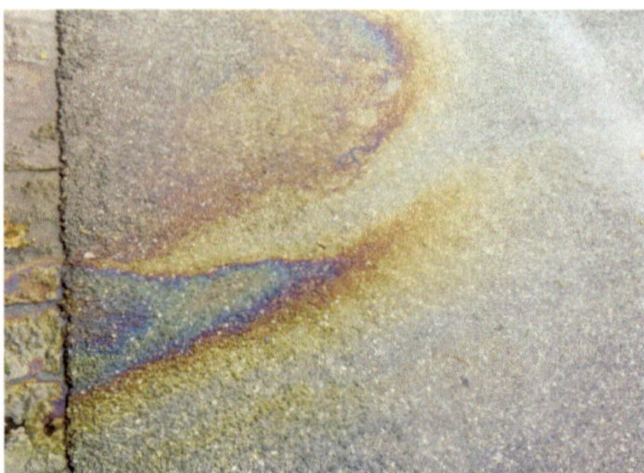

Abb. 6.30 Ölflecken auf Wasser und Seifenblasen in der Luft schimmern bunt, da weißes Sonnenlicht aufgrund von Interferenzeffekten an dünnen Schichten unterschiedlich stark reflektiert wird

Abb. 6.30 zeigt zwei alltägliche Beispiele für diesen Effekt, schimmernde Ölflecken und Seifenblasen. Die dünnen Schichten sind zum einen das Öl zwischen Luft und Wasser, zum anderen die Haut der Seifenblase zwischen Außen- und Innenluft. Die physikalischen Hintergründe sehen wir uns nun in Abschn. 6.6.1 und 6.6.2 an.

6.6.1 Interferenz gleicher Dicke

Kommen wir zunächst zu dem im Alltag häufiger beobachtbaren Effekt, der Interferenz gleicher Dicke. Dieser Begriff ist leider etwas irreführend, denn die bunten Farben resultieren gerade aus unterschiedlichen Dicken der Schicht. Gemeint ist aber, dass für eine bestimmte Schichtdicke ein bestimmter Gangunterschied erreicht wird, wobei der Einfallswinkel des Lichts auf die Grenzfläche vernachlässigt wird. Beispiele dafür im Alltag erkennt man daran, dass sich die Farben bei verändertem Betrachtungswinkel nicht oder nur kaum ändern, wie beim Ölfleck oder bei zwei aufeinander geklebten Glasplättchen, zu sehen in Abb. 6.31a. Durch minimale, gewöhnlich nicht wahrnehmbare Krümmung der Gläser kommt es zu einer hauchdünnen Luftschicht zwischen den Gläsern, deren Dicke von innen nach außen zunimmt. Dadurch entsteht ein ringförmiges Interferenzmuster, die sogenannten Newtonschen Ringe. Ihre Farbigkeit ergibt sich durch destruktive Interferenz bestimmter Farben, wodurch bei weißem Lichteinfall nur deren Komplementärfarben (bekannt aus Abschn. 1.3.4) reflektiert werden.

Zwei Skizzen zu dieser Art von Interferenz sind in Abb. 6.32 zu sehen. Beide Zeichnungen beschreiben das Gleiche: Während in Abb. 6.32a die physikalisch korrekteren Vorgänge zu sehen sind, nutzen wir Abb. 6.32b, um eine gut genäherte Formel für das Interferenzmuster zu bestimmen. In vielen Lehrbüchern wird diese vereinfachte Geometrie stillschweigend für die Herleitung angenommen. Die in Abb. 6.32b gezeigten Näherungen sind folgende:

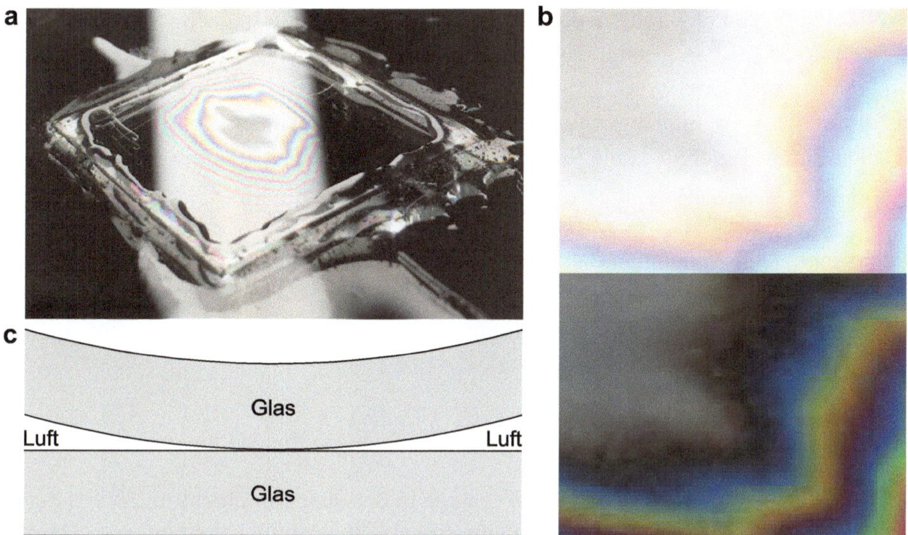

Abb. 6.31 a Zwei Glasplättchen, die aufeinandergeklebt wurden, zeigen aufgrund von minimaler Krümmung Dünnschichtinterferenz am Luftspalt zwischen ihnen. **b** Ein vergrößerter Ausschnitt der farbigen Ringe, einmal in Originalfarben (oben) und einmal mit umgekehrten Farben (unten). Durch diese Farbumkehr werden die Komplementärfarben sichtbar, die genau den Wellenlängen entsprechen, die dort destruktiv interferieren. **c** Diese destruktive Interferenz für unterschiedliche Wellenlängen geschieht aufgrund der keilförmigen Luftschicht zwischen den Gläsern

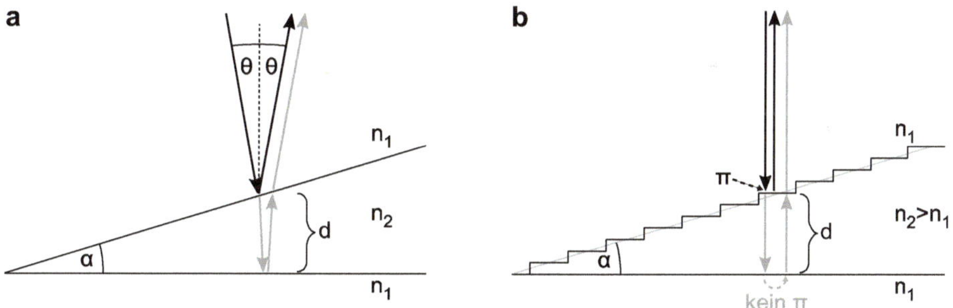

Abb. 6.32 a Tatsächlicher Strahlengang an einer keilförmigen, dünnen Schicht mit Brechungsindex n_2, umgeben von einem Medium mit n_1. Licht trifft in einem bestimmten Winkel θ auf die erste Grenzfläche, die schräg im Winkel α zur zweiten steht. Die beiden reflektierten Strahlen (schwarz und grau) interferieren. **b** Vereinfachte Geometrie des gleichen Sachverhalts. Die Grenzflächen werden als parallel angenommen, der Lichteinfall senkrecht dazu. Gilt $n_2 > n_1$, so kommt es an der ersten Grenzfläche zum Phasensprung, bei $n_2 < n_1$ an der zweiten

- Wir betrachten nur Strahlen, die senkrecht auf die erste Grenzfläche treffen, also $\theta = 0$.
- Der Winkel α ist so gering, dass wir die beiden Grenzflächen lokal näherungsweise als parallel annehmen.
- Nur für die Abbildung legen wir fest, dass der Brechungsindex n_2 größer als n_1 ist. Dies spielt für das Ergebnis keine Rolle, es bestimmt nur die Position des Phasensprungs von π (bzw. $\frac{\lambda}{2}$) in der Reflexion.

Die ersten beiden Annahmen dienen dazu, den Gangunterschied Δs zwischen den beiden reflektierten Strahlen möglichst einfach zu halten. Ohne diese Vereinfachung wäre eine Herleitung über das Snelliussche Brechungsgesetz und den Satz des Pythagoras nötig. So ergibt sich ohne Weiteres der Gangunterschied zu

$$\Delta s = 2dn_2 + \frac{\lambda}{2}. \tag{6.41}$$

Der erste Teil, $2dn_2$, ist die optische Weglänge in der dünnen Schicht mit Brechungsindex n_2. Unter der optischen Weglänge versteht man das Produkt der tatsächlichen Strecke mit dem Brechungsindex des durchlaufenen Materials. Dieser Wert ist von Nutzen, da er die Wellenlängenverkürzung im Medium bereits berücksichtigt. Der zweite Teil der obigen Gleichung, $\frac{\lambda}{2}$, beschreibt den Phasensprung, der an der Reflexion am optisch dichteren Material auftritt.

Wie schon aus den vorherigen Abschnitten bekannt, muss für destruktive Interferenz gelten:

$$\Delta s_{\mathrm{m.Min}} = \left(m - \frac{1}{2} \right) \lambda; \, m \in \mathbb{N}_0 \tag{6.42}$$

Für den Fall $d \approx 0$, was einer verschwindend geringen Breite des Luftspalts in Abb. 6.31a entspricht, erhalten wir also einen Gangunterschied von exakt einer halben Wellenlänge λ, und zwar unabhängig vom Wert von λ, nur aufgrund des Phasensprungs. Dies zeigt sich als dunkler Fleck im Zentrum des Ringmusters. Um den Fleck erscheint ein heller Ring, hier ist d bereits um so viel größer, dass der Phasensprung in etwa kompensiert wird, der Gangunterschied in etwa $\Delta s = \lambda$ beträgt und die destruktive Interferenz verschwindet. Dies ist natürlich abhängig von der Wellenlänge λ, deswegen sehen wir mit weiter steigendem d als Erstes die Farbe Gelb. Diese kommt von der erneuten destruktiven Interferenz für $\Delta s = \frac{3}{2}\lambda$, die zunächst aber nur für kurze Wellenlängen (also Blau) auftritt. Es folgen Magenta, Blau und Cyan, weil ihre komplementären Farben Grün, Gelb und Rot aufgrund ihrer Wellenlängen in dieser Reihenfolge in Reflexion destruktiv interferieren. Durch ein Umkehren der Farben des Fotos lassen sich diese Komplementärfarben darstellen, zu sehen in Abb. 6.31b.

Mit steigendem d wiederholt sich die Farbabfolge aufgrund der Krümmung des Luftkeils zwischen den Gläsern dann immer öfter und beginnt zu verwaschen.

Erhitzt man einen Edelstahlkochtopf auf hohe Temperaturen, so bildet sich am Boden eine dünne Oxidschicht, an der man ebenfalls Interferenz gleicher Dicke beobachten kann.

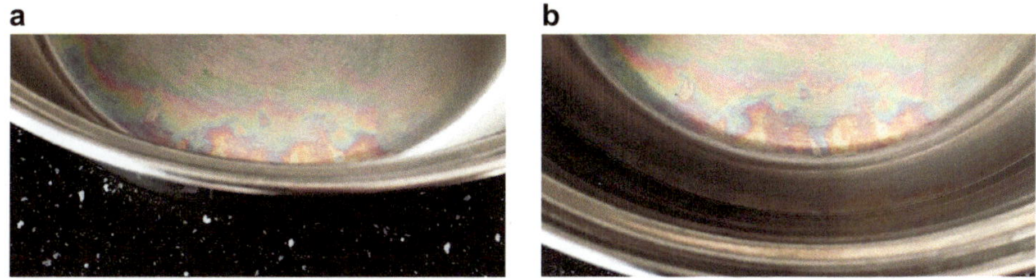

Abb. 6.33 Interferenz gleicher Dicke an einer Oxidschicht im Kochtopf. Unabhängig vom Betrachtungswinkel erscheinen in (**a**) und (**b**) die gleichen Farben an gleichen Stellen

In der Metallbearbeitung spricht man hierbei von „Anlassen". In Abb. 6.33 sieht man gut, dass sich die auftretenden Farben mit dem Betrachtungswinkel nicht ändern.

6.6.2 Interferenz gleicher Neigung

Interferenz gleicher Neigung ist im Alltag weniger stark vertreten. Man erkennt sie daran, dass sich die auftretenden Farben je nach Betrachtungswinkel verändern, wie beispielsweise beim Perlmutt in Muscheln. Auch eine Doppelfellmembran eines Schlagzeugs erzeugt eine dünne Luftschicht zwischen den beiden Membranen, die zu Interferenz gleicher Neigung führt, zu sehen in Abb. 6.34. Auch hier ist die Bezeichnung wieder verwirrend, denn die unterschiedlichen Farben treten für unterschiedliche Lichteinfallswinkel θ, also Neigungen, auf. Abb. 6.35 zeigt wieder zwei Skizzen. In Abb. 6.35a sind nur die Strahlengänge zu sehen, während in Abb. 6.35b die zur Berechnung wichtigen Strecken und Winkel eingezeichnet sind. Nachfolgend wollen wir den Gangunterschied Δs zwischen den beiden reflektierten Strahlen herleiten. Das Ziel solcher Herleitungen ist immer, die gesuchte Größe (in unserem Fall Δs) über eine Gleichung darzustellen, die nur noch bekannte Variablen enthält (in unserem Fall n_1, n_2, θ, d und λ).

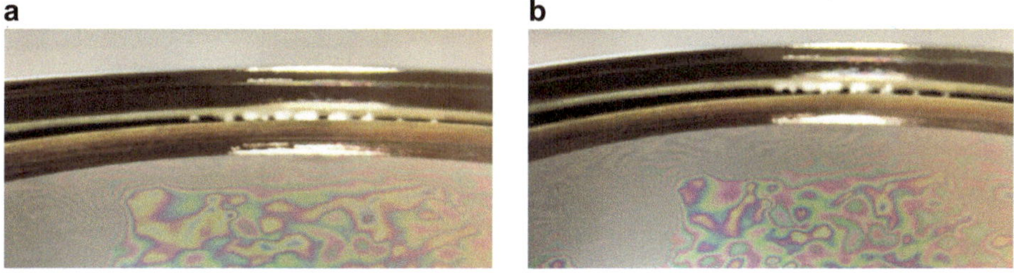

Abb. 6.34 Interferenz gleicher Neigung an einer Doppelfellmembran. Abhängig vom Betrachtungswinkel ändern sich die Interferenzfarben von (**a**) nach (**b**)

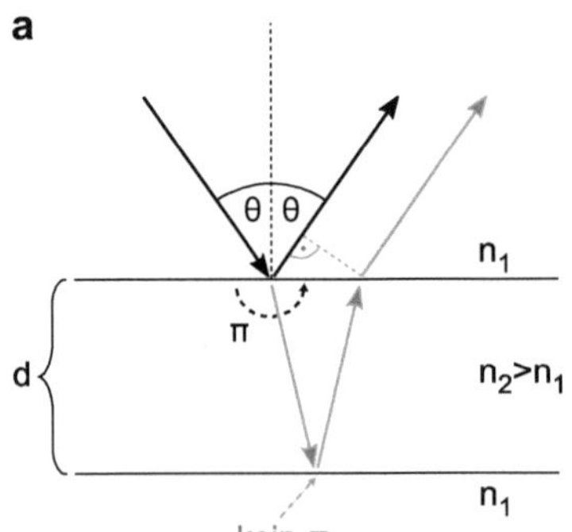 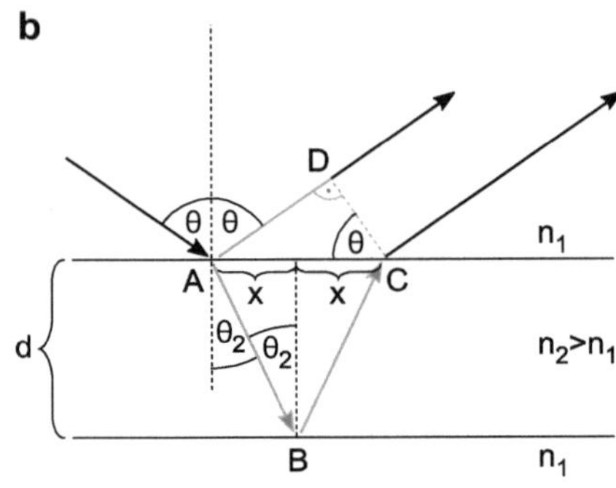

Abb. 6.35 a Strahlengang an einer dünnen Schicht mit Brechungsindex n_2 und parallelen Grenzflächen, umgeben von einem Medium mit n_1. Licht trifft in einem bestimmten Winkel θ auf die erste Grenzfläche, wird dort teilweise reflektiert und der Rest in die Schicht hineingebrochen. Dieses transmittierte Licht wird an der zweiten Schicht reflektiert und beim Verlassen der Schicht erneut gebrochen. Dadurch läuft es parallel zum ersten reflektierten Strahl und kann mit ihm interferieren. **b** Gleiche Grafik, durch ein paar Hilfslinien und Bezeichnungen für die Herleitung ergänzt. Die betrachteten Weglängen der beiden Strahlen sind grau eingezeichnet

Am einfachsten gelingt uns dies über eine Hilfsgröße x, die sich über Abb. 6.35 ergibt aus

$$x = d \tan \theta_2. \tag{6.43}$$

Das θ_2 ist über das Snelliussche Brechungsgesetz aus θ und den Brechungsindizes n_1 und n_2 bestimmbar:

$$\sin \theta_2 = \frac{n_1}{n_2} \sin \theta$$

Das liefert uns zunächst nur den Sinus von θ_2. Deshalb schreiben wir den Tangens um:

$$\tan \theta_2 = \frac{\sin \theta_2}{\cos \theta_2} = \frac{\sin \theta_2}{\sqrt{\cos^2 \theta_2}} = \frac{\sin \theta_2}{\sqrt{1 - \sin^2 \theta_2}}$$

Im letzten Schritt dieser Gleichung nutzen wir den immer geltenden Ausdruck

$$\sin^2 \alpha + \cos^2 \alpha = 1.$$

Mit dieser Umrechnung ergibt sich die Hilfsgröße x zu

$$x = d\, \frac{\frac{n_1}{n_2} \sin \theta}{\sqrt{1 - \frac{n_1^2}{n_2^2} \sin^2 \theta}} = d\, \frac{n_1 \sin \theta}{\sqrt{n_2^2 - n_1^2 \sin^2 \theta}}.$$

Wozu können wir diese Größe nun brauchen? Aus Abb. 6.35b erkennen wir die Wegstrecken der beiden Strahlen: Während der erste Strahl die Strecke von Punkt A nach Punkt D zurücklegt, wird der zweite bei A in die Schicht hineingebrochen, erreicht Punkt B und verlässt bei Punkt C die Schicht. Ab dann läuft er wieder parallel zu Strahl 1. Der Gangunterschied Δs ergibt sich also über die unterschiedlichen optischen Weglängen zu

$$\Delta s = n_2(\overline{AB} + \overline{BC}) - n_1\overline{AD} + \frac{\lambda}{2}.$$

Das $\frac{\lambda}{2}$ beschreibt wieder den Phasensprung an einer der Grenzflächen. Mithilfe von x lässt sich $\overline{AD}$ nun einfach ausdrücken als

$$\overline{AD} = 2x \sin\theta,$$

und AB und BC ergeben sich zu

$$\overline{AB} = \overline{BC} = \frac{x}{\sin\theta_2} = \frac{x}{\frac{n_1}{n_2}\sin\theta}.$$

Damit ergibt sich Δs zu

$$\Delta s = n_2 \frac{2x}{\frac{n_1}{n_2}\sin\theta} - 2n_1 x \sin\theta + \frac{\lambda}{2} = 2x\left(\frac{n_2}{\frac{n_1}{n_2}\sin\theta} - n_1\sin\theta\right) + \frac{\lambda}{2}.$$

Die einzige noch unbekannte Variable ist hier unsere Hilfsgröße x, die wir schon zuvor berechnet haben. Einsetzen führt zu

$$\Delta s = 2d \frac{n_1\sin\theta}{\sqrt{n_2^2 - n_1^2\sin^2\theta}}\left(\frac{n_2}{\frac{n_1}{n_2}\sin\theta} - n_1\sin\theta\right) + \frac{\lambda}{2}.$$

Das lässt sich jetzt noch sehr schön vereinfachen zu

$$\Delta s = 2d \frac{n_2^2 - n_1^2\sin^2\theta}{\sqrt{n_2^2 - n_1^2\sin^2\theta}} + \frac{\lambda}{2}$$

und damit zu

$$\Delta s = 2d\sqrt{n_2^2 - n_1^2\sin^2\theta} + \frac{\lambda}{2}. \tag{6.44}$$

Diese Formel ist nur noch abhängig von bekannten Variablen, wir sind also mit der Herleitung des Gangunterschieds fertig. Die bunten Farben im Interferenzbild ergeben sich analog zur Interferenz gleicher Dicke über destruktive Interferenz in Reflexion, wenn der Gangunterschied also

$$\Delta s_{\text{m.Min}} = \left(m - \frac{1}{2} \right) \lambda; \, m \in \mathbb{N} \tag{6.45}$$

beträgt.

Mit dieser Herleitung endet das lange und vielseitige Kapitel über Interferenz, und wir lassen nach der Strahlenoptik nun auch die Wellenoptik hinter uns, die uns jetzt fast 100 Seiten lang beschäftigt hat.

Aufgaben

6.1 Interferenz-Memory

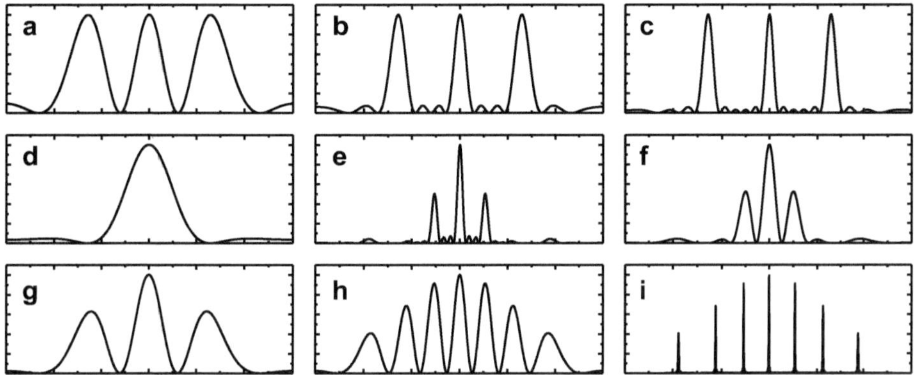

Ordne die Interferenzmuster nachfolgender Tabelle zu.

Nr.	Bezeichnung	Spaltbreite (nm)	Spaltabstand o. Gitterkonstante (μm)	Beleuchtete Spalte
1	Doppelspalt	$b \approx 0$	$d = 1$	$N = 2$
2	Doppelspalt	$b = 150$	$d = 1$	$N = 2$
3	Doppelspalt	$b = 150$	$d = 2$	$N = 2$
4	Doppelspalt	$b = 400$	$d = 2$	$N = 2$
5	Einfachspalt	$b = 400$	–	$N = 1$
6	Gitter	$b \approx 0$	$d = 1$	$N = 4$
7	Gitter	$b \approx 0$	$d = 1$	$N = 6$
8	Gitter	$b = 150$	$d = 2$	$N = 40$
9	Gitter	$b = 400$	$d = 2$	$N = 4$

6.2 Pixeldichte

Lichtreflexionen an modernen Smartphonedisplays zeigen oft bunte Interferenzmuster. Die Ursache dafür liegt in den winzigen Pixeln und Subpixeln, die regelmäßig angeordnet sind (Gitterkonstanten d_1 und d_2) und als Reflexionsgitter wirken. Dadurch ergibt sich für das zweidimensionale, rote ($\lambda = 620\,$nm) Interferenzmuster ein Abstand der Maxima von $x_1 = 1\,$cm und $x_2 = 0{,}33\,$cm, betrachtet aus einem Abstand von $a = 40\,$cm.

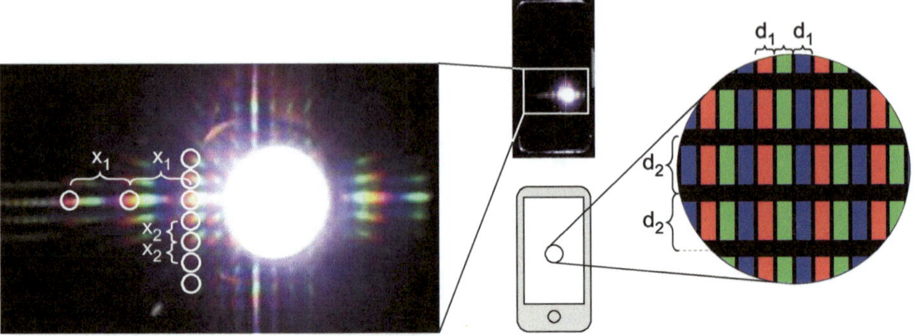

a) Erstelle eine Skizze mit den relevanten Größen.
b) Berechne die Pixeldichte des Smartphones, also die Anzahl der Pixel pro Zentimeter.

6.3 Bragg-Reflexion

Mithilfe der Bragg-Reflexion lässt sich die Struktur von Kristallen untersuchen. Hierbei kommt es zur Beugung von Röntgenstrahlung an den Gitterebenen des Kristalls. Dadurch entsteht ein gut detektierbares Interferenzmuster, aus dem sich die Dimensionen des winzig kleinen Kristallgitters berechnen lassen. Leite eine Formel für den Bragg-Winkel θ her, unter dem es zu konstruktiver Interferenz zwischen den in der Skizze eingezeichneten Strahlen kommt.

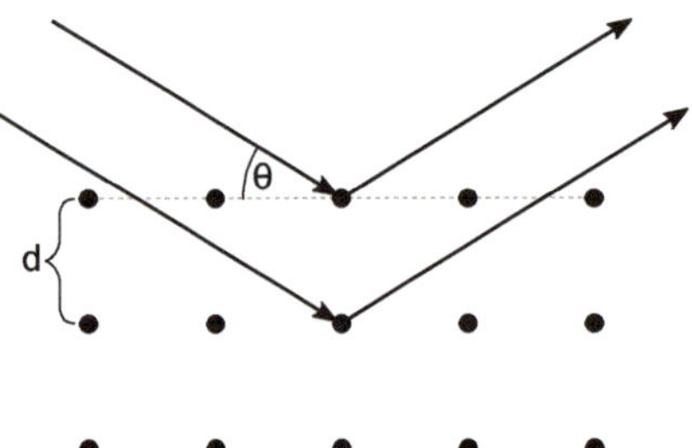

6.4 Mach-Zehnder-Interferometer

Der Brechungsindex von Luft unterscheidet sich geringfügig von 1. Mithilfe eines Mach-Zehnder-Interferometers ist es möglich, diesen Unterschied zu bestimmen. Dafür wird aus dem Messbehälter aus Abb. 6.27 zunächst Luft abgepumpt und anschließend langsam wieder vollständig eingelassen. Für monochromatisches Licht einer Wellenlänge $\lambda = 632\,\text{nm}$ beobachtet man an beiden Detektoren 20 Wechsel zwischen Minimum und Maximum. Der Messbehälter hat eine Länge von 5 cm. Wie groß ist der Brechungsindex von Luft?

Lösungen

6.1 Interferenz-Memory

Um auf die richtigen Zuordnungen zu kommen, muss man sich Folgendes ins Gedächtnis rufen:

- Je größer die Spaltbreite b, desto schmäler ist die Einhüllende, die die Höhe der Maxima bestimmt.
- Je größer der Spaltabstand d, desto mehr Maxima treten pro Winkel auf.
- Je größer die Zahl der beleuchteten Spalte N, desto schärfer sind die einzelnen Maxima voneinander getrennt.

a) 1 b) 6 c) 7
d) 5 e) 9 f) 4
g) 2 h) 3 i) 8

Hierbei zeigt die komplette erste Reihe Interferenz bei ideal schmalen Spalten ($d \approx 0$ nm), in Reihe zwei sind die Spalte am breitesten (jeweils $d = 2\,\mu$m). e) und i) zeigen je ein reales Gitter, also ein Gitter, bei dem die Breite der Spalte nicht als unendlich klein angenommen wird. Das Interferenzbild ergibt sich analog zum realen Doppelspalt (Abschn. 6.4.4) aus dem Produkt von Gitter und Einfachspalt.

6.2 Pixeldichte

a)
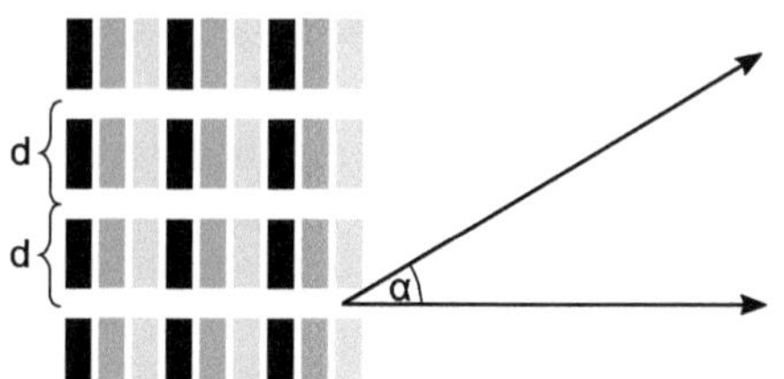 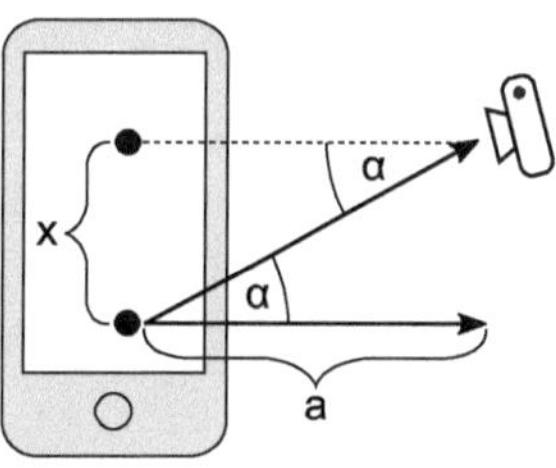

b) Gegeben: $\lambda = 620$ nm, $x_1 = 1$ cm, $x_2 = 0,33$ cm, $a = 40$ cm
   Gesucht: Pixeldichte P
   Die Pixeldichte ergibt sich über den Abstand der Pixel d_2 zu

$$P_2 = \frac{1}{d_2}.$$

Außerdem kann man sie auch über den Abstand der Subpixel d_1 berechnen, denn drei Subpixel ergeben einen vollen Pixel:

$$P_1 = \frac{1}{3d_1}$$

Wir wollen nun beide Lösungswege verfolgen. Die Unbekannten der beiden Gleichungen lassen sich als Gitterkonstanten der Interferenz bestimmen. Für den Winkel $\sin\alpha$, unter dem zwei Maxima am Interferenzbild des Gitters abstrahlen, gilt gemäß Gl. 6.22:

$$\sin\alpha = \sin\alpha_{(n+1).\text{Max}} - \sin\alpha_{n.\text{Max}} = (n+1)\frac{\lambda}{d} - n\frac{\lambda}{d} = \frac{\lambda}{d}$$

Der Winkel α ist gemäß der Skizze aus (a) auch der Winkel, unter dem wir zwei benachbarte Maxima wahrnehmen. Aufgrund der Kleinwinkelnäherung gilt

$$\sin\alpha = \tan\alpha = \frac{x}{a}.$$

Wir setzen die beiden Formeln ineinander ein und erhalten

$$\frac{\lambda}{d} = \frac{x}{a}$$

und nach d aufgelöst

$$d_{1|2} = \lambda\frac{a}{x_{1|2}}.$$

Darüber ergibt sich die Pixeldichte zu

$$P_2 = \frac{x_2}{\lambda a} = 13.306\frac{1}{\text{m}} = 133\frac{1}{\text{cm}} \quad \text{oder auch} \quad P_1 = \frac{x_1}{3\lambda a} = 13.441\frac{1}{\text{m}} = 134\frac{1}{\text{cm}}.$$

Der Hersteller gibt die Pixeldichte mit 326 dpi (dots per inch) an, dies entspricht $128\frac{1}{\text{cm}}$. Der Fehler unserer Messung liegt damit unter 5%.

Mit dieser Methode lassen sich also durch leicht messbare große Interferenzbilder Rückschlüsse über sehr kleine, periodische Strukturen ziehen. Genauso funktioniert auch die Bragg-Reflexion an Kristallgittern in der nächsten Aufgabe.

6.3 Bragg-Reflexion

Wie immer bei Interferenz sind wir auf der Suche nach dem Gangunterschied Δs zwischen den beteiligten Strahlen. Dafür erweitern wir die Skizze um ein paar Hilfsgrößen.

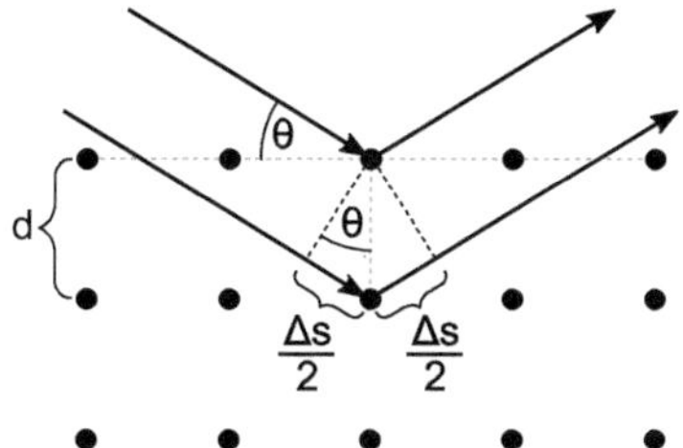

So lässt sich für Δs ablesen:

$$\frac{\Delta s}{2} = d \sin \theta$$

Konstruktive Interferenz erhalten wir für ganzzahlige Gangunterschiede $\Delta s = m\lambda$, $m \in \mathbb{Z}$:

$$m\lambda = \Delta s = 2d \sin \theta$$

Das ist die sogenannte Bragg-Gleichung oder Bragg-Bedingung.

6.4 Mach-Zehnder-Interferometer

Gegeben: $d = 0{,}05\,\mathrm{m}$, $\lambda = 632\,\mathrm{nm}$, $N = 20$
Gesucht: n_L

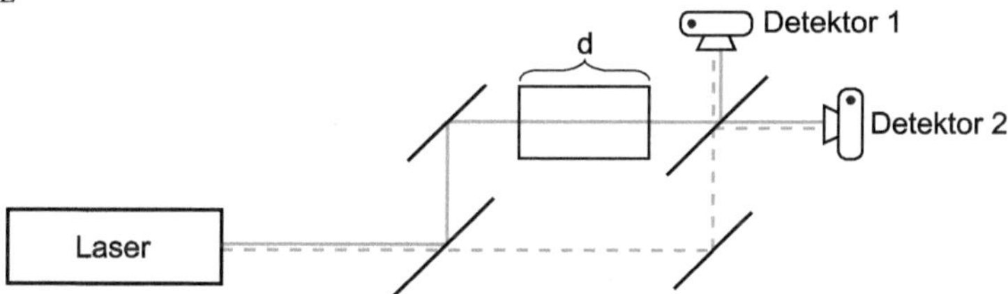

Wir sehen uns, wie immer bei Interferenz, den Gangunterschied Δs an. In diesem Fall genauer die Differenz zwischen der Lichtausbreitung mit und ohne Luft im Messbehälter. Diese ergibt sich zu

$$\Delta s = n_\mathrm{L} d - n_\mathrm{Vakuum} d = (n_\mathrm{L} - 1)d.$$

Da sich beim Einlassen der Luft insgesamt $N = 20$ Wechsel zwischen Minimum und Maximum ergeben, beinhaltet dieser Gangunterschied insgesamt $N = 20$ ganze Wellenlängen, also

$$\Delta s = N\lambda.$$

Gleichgesetzt ergibt sich

$$(n_L - 1)d = \Delta s = N\lambda$$

und

$$n_L = \Delta s = \frac{N\lambda}{d} + 1 = 1{,}00025.$$

Von heißen Körpern zur Quantenphysik: Das Licht als Teilchen

Inhaltsverzeichnis

Mithilfe der Strahlen- und der Wellenoptik kam man Ende des 19. Jahrhunderts in der Optik schon sehr weit. Aufgrund von Interferenz, Beugung und Polarisation war man sich der Wellennatur des Lichts weitgehend sicher. Allerdings gab es auch noch Grund zum Rätseln: Die Lichtemission von Objekten mit hoher Temperatur wie Sonne, heiße Glut oder glühendes Metall ließ sich mit den bekannten Formeln nicht exakt beschreiben. Erst Max Planck fand die korrekten Gesetzmäßigkeiten, indem er davon ausging, dass Lichtenergie nur in bestimmten Portionen, den Lichtteilchen, an die Umgebung abgegeben wird. Die Existenz solcher Teilchen, Photonen genannt, steht zunächst im krassen Widerspruch zum Modell der Lichtwelle, was unter dem Begriff „Welle-Teilchen-Dualismus" in der Physik heute weithin bekannt ist, mehr dazu in Abschn. 7.2.3. Plancks Einteilung der Energie in diskrete Portionen, die sogenannten Quanten, markierte die Geburtsstunde der Quantenmechanik. Aber worum ging es in seinen Überlegungen? Es ging um die Strahlung erhitzter Körper.

© Springer-Verlag GmbH Deutschland, ein Teil von Springer Nature 2019
M. Gmelch und S. Reineke, *Durchblick in Optik*,
https://doi.org/10.1007/978-3-662-58939-7_7

7.1 Schwarze Körper und ihre Strahlung

7.1.1 Schwarze Körper

Der „Schwarze Körper" ist wohl einer der verwirrendsten Begriffe der Optik. Um was handelt es sich? Vorneweg ist gut zu wissen, dass ein perfekter Schwarzer Körper nicht existiert. Es handelt sich nur um eine idealisierte Vorstellung eines Objekts, das sämtliche einfallende Strahlung absorbiert und nicht den geringsten Anteil davon transmittiert oder reflektiert. Dies soll nicht nur für sichtbares Licht gelten, sondern für Strahlung sämtlicher Wellenlängen. So weit macht der Begriff also noch Sinn. Allerdings fällt in der Betrachtung schwarzer Körper immer auch der Begriff „Schwarzkörperstrahlung", also irgendeine Art von Strahlung, die von diesem schwarzen Körper ausgeht. Also ist er gar nicht so schwarz?

Das Kirchhoffsche Strahlungsgesetz

Um Schwarzkörperstrahlung zu verstehen, muss man wissen: Ein Körper, der Strahlung gut absorbiert, kann auch selbst besonders gut strahlen. Dies wird beschrieben im Kirchhoffschen Strahlungsgesetz und lässt sich auch physikalisch ausdrücken: Der Emissionsgrad ϵ eines Körpers ist abhängig von seinem Absorptionsgrad α. Nicht verwechseln sollte man hierbei die Emission mit der Reflexion von einfallendem Licht. Der sehr schwarze Ruß zum Beispiel reflektiert quasi keinerlei Licht, da er einen sehr hohen Absorptionsgrad α von fast 1 besitzt. Wegen dieser hohen Absorption ist er aber eben auch ein guter Strahler, hat also einen Emissionsgrad ϵ von ebenfalls beinahe 1, dem absoluten Maximum. Vollkommen erreichen lässt sich dieser Wert in der Realität nicht, vor allem nicht für Strahlung sämtlicher Wellenlängen. Der theoretische schwarze Körper schafft es nun aber, für ihn gilt $\alpha = 1$ und $\epsilon = 1$. Abb. 7.1 zeigt einen idealen schwarzen und einen ebenfalls theoretischen weißen Körper. Aber warum benötigt man überhaupt einen Wert wie den Emissionsgrad bei einem vollständig schwarzen Objekt? Die Antwort ist, weil das Objekt zwar keinerlei Licht reflektiert, aber sehr gut in der Lage ist, selbst zu strahlen. Die Ursache für diese im Körper selbst entstehende Strahlung ist seine Temperatur, es handelt sich um Wärmestrahlung.

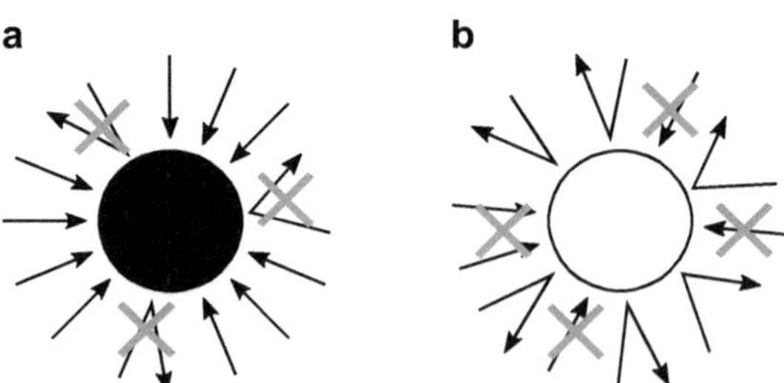

Abb. 7.1 a Ein idealer schwarzer Körper absorbiert jegliche einfallende Strahlung, unabhängig von ihrer Wellenlänge, keinerlei Licht wird reflektiert. Es gilt $\alpha = 1$. **b** Das ebenfalls theoretische Gegenstück dazu, der weiße Körper, würde jegliches Licht reflektieren und nichts davon absorbieren. Es gilt $\alpha = 0$. Sämtliche Objekte aus unserem Alltag liegen irgendwo dazwischen

7.1.2 Wärmestrahlung

Wärmestrahlung ist, genau wie Licht und Radiowellen, elektromagnetische Strahlung. Jeder Körper mit einer Temperatur oberhalb des absoluten Nullpunkts, also sämtliche Objekte um uns herum und auch wir selbst, senden Wärmestrahlung aus. Dies fällt uns mal mehr, mal weniger stark auf. Besonders profitieren wir von der Wärmestrahlung der Sonne, von Lagerfeuern, von Kachelöfen und vielem mehr. Diese Strahlung können wir nicht immer sehen, aber auf der Haut als Wärme spüren. Auch Objekte mit Zimmertemperatur senden Strahlung aus, die sich aber nur mit Wärmebildkameras detektieren lässt.

Das Wiensche Verschiebungsgesetz – Änderung des Wellenlängenbereichs

Die Wellenlänge des emittierten Lichts ist stark abhängig von der Temperatur des Objekts. Aus diesem Grund können wir die heiße Sonne und das Glühen von Kohle sehen, aber Wärmestrahlung von Gegenständen mit Raumtemperatur nicht. Das Maximum des Spektrums λ_{Max} der ausgesandten Strahlung kann man mithilfe des Wienschen Verschiebungsgesetzes berechnen:

$$\lambda_{\text{Max}} = \frac{2{,}898 \cdot 10^6 \, \text{nm K}}{T} \tag{7.1}$$

mit der Temperatur T des Körpers in Kelvin. Für die Umrechnung von Grad Celsius $^{\circ}$C in Kelvin K gilt die einfache Formel

$$T(\text{K}) = T(^{\circ}\text{C}) + 273{,}15. \tag{7.2}$$

Tab. 7.1 gibt euch eine Übersicht über verschiedene Alltagsbeispiele. Sie macht auch deutlich, warum oft nur von Infrarotstrahlung gesprochen wird, obwohl eigentlich Wärmestrahlung gemeint ist. Für Temperaturen unter etwa 4000 $^{\circ}$C liegt der größte Teil des emittierten Wärmespektrums nämlich jenseits des Sichtbaren im Infraroten. Gleiches gilt auch für die Glühlampe, was einer der Gründe ist, warum sie als Lichtquelle so enorm ineffizient ist.

Besser sieht es bei unserer Sonne aus, denn mit einer effektiven Temperatur von etwa 5780 K hat sie das Maximum ihrer Wärmestrahlung mitten im Sichtbaren. Ein glücklicher Zufall? Nein, natürlich nicht. Unsere Augen haben sich vielmehr genau auf diesen

Tab. 7.1 Spektrale Positionen der Wärmestrahlung verschiedener Objekte

Objekt	Temperatur (ca.) (K)	λ_{Max}	Spektraler Hauptbereich
Sonne	5780	500 nm	Sichtbares Licht
Glühlampe	2500	1,2 µm	Infrarot
Herdplatte	800	3,6 µm	Infrarot
Holzkohle	800	3,6 µm	Infrarot
Mensch	300	9,7 µm	Infrarot

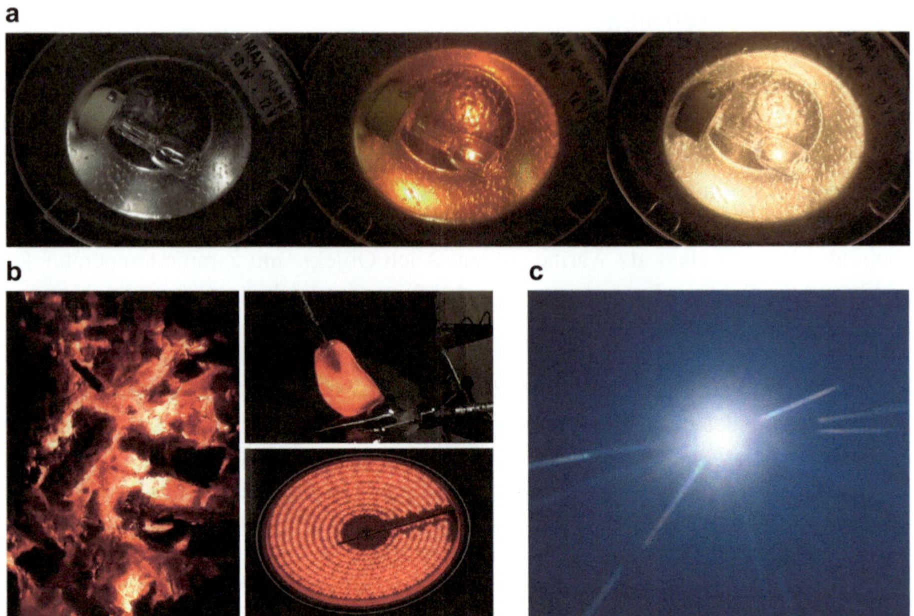

Abb. 7.2 **a** Glühlampe bei unterschiedlichen Betriebstemperaturen. Mit steigender Temperatur (von links nach rechts) schiebt sich das Emissionsspektrum vom unsichtbaren Infraroten über einen roten bis hin zu einem gelblich-weißen Farbeindruck. **b** Auch Grillkohle, geschmolzenes Glas und die Herdplatte glühen aufgrund ihrer Temperatur. Obwohl sie ihr Emissionsmaximum mit einer Temperatur von etwa 800 K im Infraroten haben, erreicht ein kleiner Teil des Spektrums auch den sichtbaren Bereich im Rötlichen. **c** Die Sonne strahlt aufgrund ihrer effektiven Temperatur von 5780 K im gesamten Bereich des sichtbaren Spektrums und erscheint deshalb weiß

alltäglich auf der Erde vorhandenen Wellenlängenbereich spezialisiert. Abb. 7.2 zeigt verschiedene Objekte, die Wärmestrahlung aussenden. Die Lampe in Abb. 7.2a leuchtet mit steigender Temperatur des Glühdrahts zunächst gar nicht, dann rötlich und schließlich gelbweiß. Genauso verhält es sich mit Kohle oder erhitztem Glas (Abb. 7.2b). Der Begriff der Farbtemperatur hat hier seinen Ursprung. Dieses von der Temperatur abhängige Glühen tritt also nicht nur beim schwarzen Körper auf, sondern bei fast allen Objekten in unserem Alltag.

Abb. 7.3 zeigt die ungefähre Glühfarbe von Objekten unterschiedlicher Temperatur. Sie ist unabhängig von der eigentlichen Färbung des Gegenstands. Unter 500 K, also etwa 227 °C, erscheinen uns die Körper noch in ihrer gewohnten Farbe. Bei etwa 700 K wirken sie dunkelrot, bei 800 K leuchtend rot, darüber weiter über orange bei 900 K und gelb bei 1000 K zu weiß bei 6000 K. Noch höhere Temperaturen führen zu einer Verschiebung des Spektrums hinein ins Ultraviolette. Bei 10 000 K ist deshalb der rote Anteil vergleichsweise schwach und das Glühen erscheint bläulich.

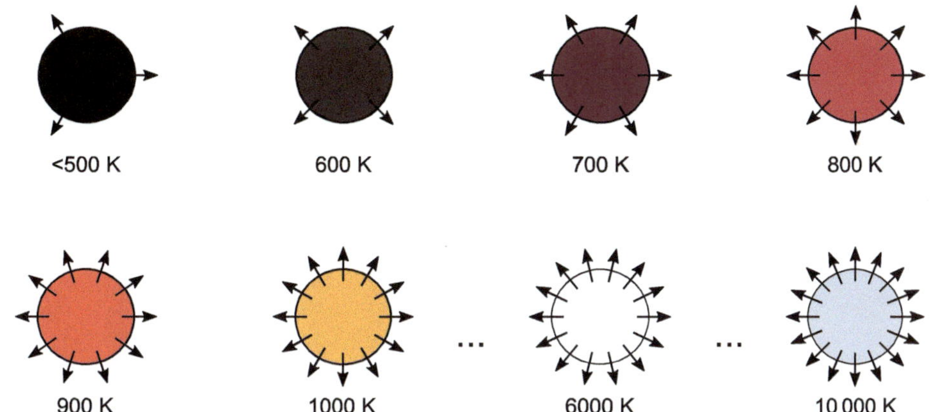

Abb. 7.3 Ein aufgeheizter Körper hat je nach seiner Temperatur eine sehr charakteristische Farbe. Diese wird ab einer Temperatur von etwa 500 K bis 700 K als dunkelrotes Glühen sichtbar. Mit steigender Temperatur ändert sie sich über Gelb und Weiß bis hin zu Blau. Gleichzeitig nimmt auch die abgestrahlte Leistung immens mit der Temperatur zu, visualisiert als Anzahl der schwarzen Pfeile

Das Stefan-Boltzmann-Gesetz – Änderung der Strahlungsleistung

Nicht nur der Wellenlängenbereich der Wärmestrahlung ändert sich mit der Temperatur, sondern auch die Strahlungsleistung. Dies beschreiben die Herren Stefan und Boltzmann (und nicht der Herr Stefan Boltzmann) im Stefan-Boltzmann-Gesetz: Die Strahlungsleistung P eines Körpers mit der Fläche A und der Temperatur T beträgt

$$P = \sigma A T^4. \tag{7.3}$$

Hierbei steht

$$\sigma = 5{,}67 \cdot 10^{-8} \, \frac{\text{W}}{\text{m}^2\text{K}^4} \tag{7.4}$$

für die Stefan-Boltzmann-Konstante. Die abgestrahlte Leistung nimmt also mit der vierten Potenz der Temperatur zu. Das bedeutet bei doppelter Temperatur 16-fache Leistung! Mithilfe dieser Korrelation zwischen Temperatur und Leistung lässt sich ein kontaktloses Thermometer, ein sogenanntes Pyrometer, realisieren, zu sehen in Abb. 7.4a. Es misst die abgestrahlte Leistung der Oberfläche und rechnet darüber zurück auf ihre Temperatur. Eine Wärmebildkamera (Abb. 7.4b) liefert die gleichen Messwerte, allerdings ortsaufgelöst als Wärmebild. Dies kann genutzt werden, um Wärmeverluste an Gebäuden zu ermitteln.

Das Plancksche Strahlungsgesetz – Die genaue Form der Spektren

Qualitativ haben wir die unterschiedlichen Farben schwarzer Körper bei verschiedenen Temperaturen schon kennengelernt. Natürlich lässt sich dieser Effekt auch quantitativ

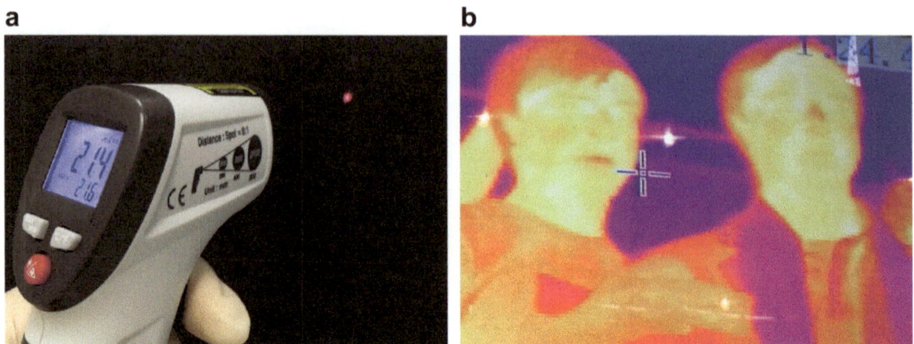

Abb. 7.4 a Mithilfe eines Strahlungsthermometers lässt sich die Temperatur von vielen Oberflächen kontaktlos messen. Dafür bestimmt das Gerät die abgestrahlte Wärmeleistung und rechnet darüber zurück auf die Temperatur der Oberfläche. Der rote Laserpunkt dient nur dem Anvisieren der gewünschten Messfläche. **b** Eine Wärmebildkamera funktioniert nach dem gleichen Prinzip, liefert aber Bilder mit Ortsauflösung. Hierbei entspricht hellere Farbe höherer abgestrahlter Leistung und damit höherer Temperatur der Objekte. Die (wärmeren) Gesichter erscheinen deswegen heller als die Haare, die Jacken oder der Hintergrund

beschreiben. Mithilfe des Planckschen Strahlungsgesetzes erhält man die spektrale Energiedichte U über

$$U(\lambda, T) = \frac{4hc}{\lambda^5} \frac{2\pi}{\exp\left(\frac{hc}{\lambda k_\mathrm{B} T}\right) - 1}. \tag{7.5}$$

Hier enthalten sind folgende Parameter:

- Lichtwellenlänge λ,
- Temperatur T des Körpers in Kelvin,
- Lichtgeschwindigkeit c,
- Plancksches Wirkungsquantum $h = 6{,}63 \cdot 10^{-34}$ Js,
- Boltzmann-Konstante $k_\mathrm{B} = 1{,}38 \cdot 10^{-23}\,\frac{\mathrm{J}}{\mathrm{K}}$.

Der Ausdruck $\exp(X)$ ist nur eine übersichtlichere Schreibweise für e^X. Was sagt uns diese Formel nun? Sie beschreibt die abgestrahlte Energie bei einer bestimmten Wellenlänge λ in Abhängigkeit von der Temperatur T eines Objekts, wie in Abb. 7.5 gezeigt.

Mit steigender Temperatur passieren mehrere Dinge:

- Die gesamte Strahlungsleistung nimmt zu (Stefan-Boltzmann-Gesetz).
- Das Maximum der Kurve verschiebt sich zu kürzeren Wellenlängen (Wiensches Verschiebungsgesetz).
- Das Spektrum besitzt ein immer deutlicheres Maximum.

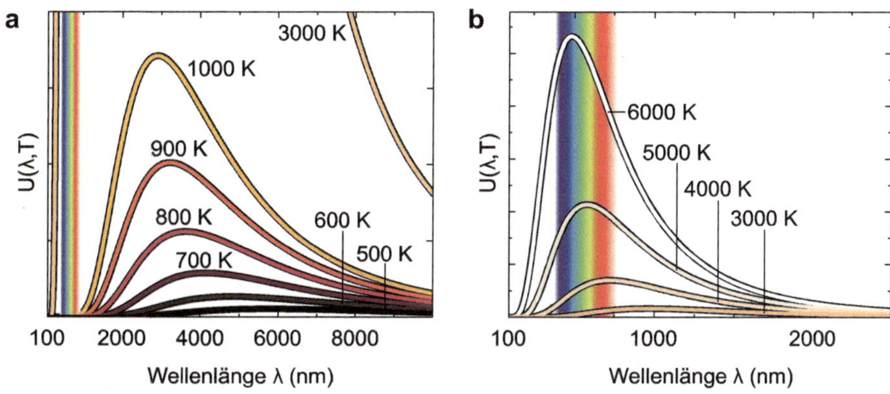

Abb. 7.5 Spektrale Energiedichte $U(\lambda, T)$ eines schwarzen Körpers bei verschiedenen Temperaturen T. Die Farben der Kurven entsprechen der beobachteten Glühfarbe. **a** Temperaturbereich von 500 K bis 3000 K. Die Emission streift das sichtbare Licht, was wir als rotes bis gelbes Glühen wahrnehmen. **b** Temperaturbereich von 3000 K bis 6000 K. Hier wird das Licht zunehmend weißer, da sich das Spektrum weiter ins Sichtbare verschiebt. Auch das Spektrum unserer Sonne mit einer Oberflächentemperatur von etwa 5780 K liegt in diesem Bereich. Beachtet die hier im Vergleich zu (**a**) um den Faktor 10 000 verkleinerte Skalierung der y-Achse, erkennbar an den Kurven für 3000 K in beiden Graphen

All diese Informationen stecken in obiger Formel, wenn auch nicht auf den ersten Blick ersichtlich. Gut veranschaulichen kann man die beiden Grenzfälle für sehr kleine, $\lambda \to 0$, und sehr große Wellenlängen, $\lambda \to \infty$. Daran könnt ihr euch in Aufgabe 7.1 versuchen.

7.2   Das Licht als Teilchen

7.2.1   Photonenenergie

Plancks Annahme, dass Licht auch Teilchencharakter hat, führt dazu, dass man jedem einzelnen Photon eine bestimmte Energie zuweisen kann. Diese lässt sich aus der entsprechenden Frequenz sehr leicht berechnen:

$$E_{\text{Photon}} = h f_{\text{Photon}} = \frac{hc}{\lambda_{\text{Photon}}} \tag{7.6}$$

mit dem schon bekannten Planckschen Wirkungsquantum h, der Lichtfrequenz f_{Photon}, der Lichtwellenlänge λ_{Photon} und der Lichtgeschwindigkeit c. Die Energie eines einzelnen Photons ist also einzig abhängig von der Frequenz oder der Wellenlänge (und damit der Farbe), nicht aber von der Lichtintensität. Tab. 7.2 gibt euch eine Übersicht über die verschiedenen Farben, ihre Wellenlängen, Frequenzen und ihre Energien. Die letzte Spalte gibt die Energie in einer ungewohnten Einheit an, dem Elektronenvolt eV. Dieses berechnet sich über

Tab. 7.2 Lichtwellenlänge, -frequenz und -energie für verschiedene Farben, im Vakuum

Farbe	λ in nm	f in THz	E in J	E in eV
Violett	420	714	$4{,}7 \cdot 10^{-19}$	2,95
Blau	470	638	$4{,}2 \cdot 10^{-19}$	2,64
Grün	520	577	$3{,}8 \cdot 10^{-19}$	2,38
Gelb	570	526	$3{,}5 \cdot 10^{-19}$	2,18
Orange	620	484	$3{,}2 \cdot 10^{-19}$	2,00
Rot	670	447	$3{,}0 \cdot 10^{-19}$	1,85

$$1\,\text{eV} = 1{,}60 \cdot 10^{-19}\,\text{J} \tag{7.7}$$

und trägt seine Bezeichnung deshalb, weil es genau der Energie entspricht, die ein Elektron durch Beschleunigung mit einer Spannung von einem Volt gewinnt. Es eignet sich auch sehr gut für die Angabe von Photonenenergien, denn das sichtbare Licht erstreckt sich von etwa 1,6 bis 3 eV.

Eine entscheidende Rolle spielt der Teilchencharakter von Licht auch in der Erklärung des Photoeffekts im nachfolgenden Abschn. 7.2.2.

7.2.2 Der Photoeffekt

Für die korrekte Beschreibung des Photoeffekts wurde Albert Einstein im Jahre 1921 der Nobelpreis für Physik zugesprochen. Zusammen mit Max Planck und anderen Kollegen schuf er damit nämlich die Grundlagen für die Quantenphysik, ohne die Erfindungen wie der Computer (und damit auch Smartphones, Tablets und das Internet), der Laser (und damit u. a. auch die CD und das Glasfaserkabel), das MRT und viele weitere nicht entwickelt worden wären.

Auch der Photoeffekt selbst spielt in unserem Leben inzwischen eine große Rolle, er bildet die Grundlage aller digitalen Kameras.

Der äußere Photoeffekt

Aber zunächst zum grundsätzlichen Verständnis. Es geht um das Herauslösen von Elektronen aus Festkörpern. Dies geschieht dann, wenn die Elektronen im Material mit einer bestimmten, materialabhängigen Energie, der sogenannten Austrittsarbeit W_A, ausgestattet werden. Ist die hinzugefügte Energie größer als W_A, so geht der übrige Teil in kinetische Energie E_kin der nun freien Elektronen über. Beträgt die Energiemenge weniger als W_A, so treten keinerlei Elektronen aus.

Durch einfaches Heizen, zu sehen in Abb. 7.6a, lassen sich die Elektronen mit genug Energie zum Austritt ausstatten. Mit steigender Temperatur erhöhen sich dabei die Anzahl und die kinetische Energie der freien Elektronen. Das hat noch nichts mit dem Photoeffekt

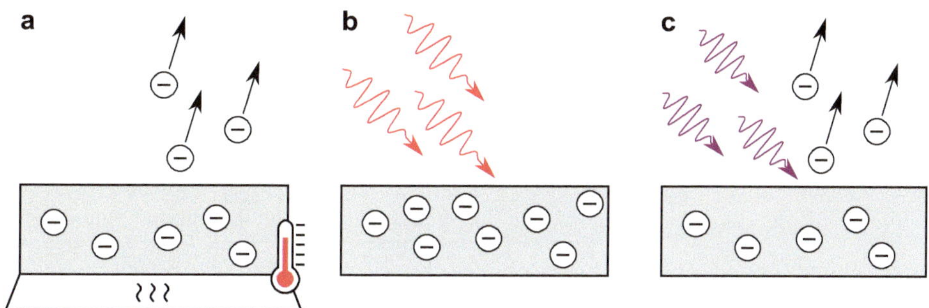

Abb. 7.6 **a** Durch Heizen eines Festkörpers lassen sich Elektronen aus ihm herauslösen. Erhöht man die Heizleistung, so nehmen die Anzahl und die Energie der Elektronen zu. **b** Beleuchtet man mit langwelligem Licht (hier rot gezeigt), so treten keinerlei Elektronen aus dem Material aus, unabhängig von der Lichtintensität. **c** Reduziert man die Wellenlänge bis unter λ_G (hier violett dargestellt), so werden Elektronen herausgelöst

zu tun. Das Herauslösen lässt sich nun aber auch durch Bestrahlung mit Licht realisieren. Im Experiment beobachtet man aber interessanterweise, dass erst bei Licht unterhalb einer gewissen Grenzwellenlänge λ_G Elektronen aus dem Material austreten. Bei Cäsium lassen sich so für langwelliges rotes Licht (Abb. 7.6b) keinerlei freie Elektronen nachweisen, für kurzwelliges violettes Licht (Abb. 7.6c) aber schon.

Dieser sogenannte äußere Photoeffekt oder äußere photoelektrische Effekt lässt sich mit der Annahme, dass Licht eine kontinuierliche Welle ist, nicht erklären. Denn so müsste die niedrigere Energie der roten Strahlung gegenüber der violetten ja einfach durch längeres Beleuchten kompensiert werden können, bis sich genug Energie für einen Elektronenaustritt angesammelt hat. Dies ist im Experiment aber nicht der Fall, denn auch beliebig hohe Intensität zeigte bei Rot keinerlei Effekt, während bei Violett schon sehr geringe Bestrahlungsleistung für ein messbares Signal ausreicht. Hier schließt sich nun der Kreis zu der Vorstellung von Licht als Teilchen, dessen Energie gemäß Gl. 7.6 mit der Wellenlänge und damit mit der Farbe zusammenhängt: Violette Photonen besitzen eine wesentlich höhere Energie als rote. Diese Energie wird bei Absorption im Festkörper vollständig an genau ein Elektron abgegeben. Umgekehrt kann ein Elektron auch nur ein einzelnes Photon auf einmal absorbieren. Und die dadurch absorbierte Energie reicht nun zum Austritt (bei $\lambda_{\text{Photon}} < \lambda_G$) oder eben nicht (bei $\lambda_{\text{Photon}} > \lambda_G$). Erhöht man die Lichtintensität von roten Photonen, so erhöht sich zwar deren Anzahl, nicht aber ihre Photonenenergie. Deswegen tritt der Effekt hier auch für sehr hohe Bestrahlungsleistung nicht auf. Dies lässt sich auch an den Energien erkennen:

$$E_{\text{Photon}} = W_A + E_{\text{kin}}, \tag{7.8}$$

in Worten: Die Energie E_{Photon} des absorbierten Photons verteilt sich auf die Austrittsarbeit W_A und die kinetische Energie E_{kin} des herausgelösten Elektrons. Gilt nun $E_{\text{Photon}} < W_A$, so lässt sich diese Formel nicht anwenden, denn negative kinetische Energie existiert nicht.

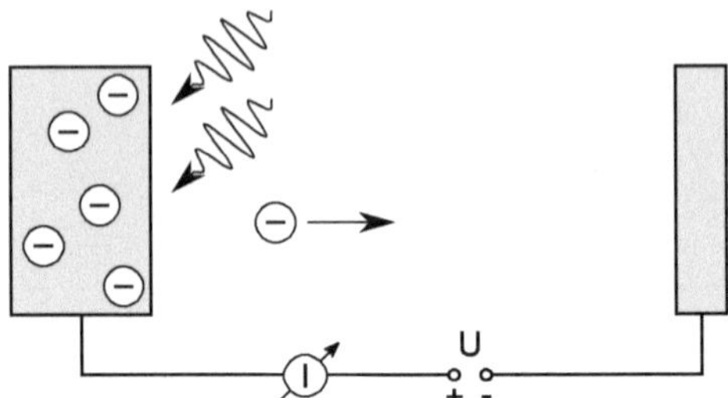

Abb. 7.7 Gegenfeldmethode. Die vom Licht aus der ersten Platte herausgeschlagenen Elektronen werden von einer zweiten Platte aufgefangen, und der erzeugte Strom I wird detektiert. Zusätzlich legt man eine Spannung U zwischen den beiden Platten an, die die Elektronen durch ein Gegenfeld abbremst

Möchte man die Austrittsarbeit W_A eines bestimmten Materials bestimmen, so muss man nur die Lichtenergie variieren und beobachten, wann es erstmals zu einem Austreten von Elektronen kommt. Ein sehr anschauliches Experiment stellt die sogenannte Gegenfeldmethode dar, zu sehen in Abb. 7.7. Hierbei werden Elektronen durch den Photoeffekt mithilfe von Licht aus einer Platte gelöst. Erreichen sie eine zweite Platte, so werden sie als Strom I detektiert. Zwischen den beiden Platten ist eine Spannung angelegt, die der Elektronenbewegung entgegenwirkt, sie also abbremst. Dieses Gegenfeld dient der Bestimmung der kinetischen Energie E_{kin} der Elektronen. Stellt man es nämlich genau so ein, dass ein paar Elektronen gerade so die Platte erreichen und einen Strom erzeugen, weiß man, dass diese ihre gesamte kinetische Energie im Feld verloren haben. Über den Wert der Spannung U lässt sich nun die kinetische Energie der Elektronen berechnen:

$$E_{kin} = eU \tag{7.9}$$

mit der Elementarladung e. Besonders elegant gelingt dies mit der Nutzung von Elektronenvolt eV als Einheit, dort gilt nämlich einfach: Beträgt die Gegenspannung, bei der gerade noch Elektronen ankommen, $U = 1$ V, so betrug deren kinetische Energie 1 eV, mit anderen Spannungen analog.

Misst man nun diese Bewegungsenergie in Abhängigkeit der ursprünglichen Photonenenergie, so ergibt sich ein Graph wie in Abb. 7.8. Für niedrige Lichtenergien misst man keinerlei Signal, da noch keine Elektronen austreten können. Erhöht man sie, ändert also die Lichtfarbe von Rot nach Violett und darüber hinaus ins Ultraviolette, so beobachtet man für einen bestimmten Wert von E_{Photon}, dass die kinetische Energie beginnt, linear anzusteigen. Dieser Knickpunkt entspricht genau dem Wert der Austrittsarbeit W_A.

Der innere Photoeffekt

Aber was hat das jetzt mit meiner Digitalkamera zu tun? Wir kommen zum inneren Photoeffekt oder inneren photoelektrischen Effekt. Er ähnelt im grundsätzlichen Verhalten sehr dem äußeren Photoeffekt. Die Elektronen werden allerdings nicht aus dem Material herausgelöst,

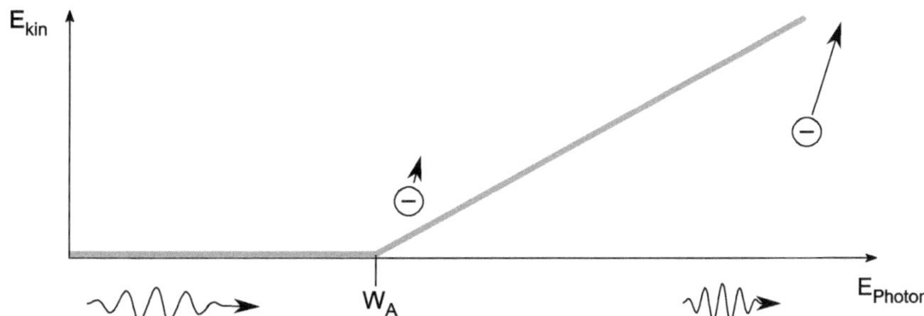

Abb. 7.8 Kinetische Energie E_{kin} der austretenden Elektronen, aufgetragen gegen die Energie der einfallenden Photonen E_{Photon}. Sobald E_{Photon} die Austrittsarbeit W_A übersteigt, beginnen Elektronen auszutreten. Deren kinetische Energie ergibt sich aus der überschüssigen Photonenenergie

sondern von einem schlecht leitenden Zustand in einen gut leitenden Zustand angeregt. Für sichtbares Licht hierbei sehr gut geeignet ist der Halbleiter Silizium. Der Detektor einer Kamera, ein sogenannter CCD-Chip, besteht aus mehreren Millionen Pixeln. In jedem dieser Pixel können die durch Licht angeregten Elektronen ausgelesen werden, was Auskunft über die Helligkeit des einstrahlenden Lichts gibt. Über die vielen Pixel zusammen ergibt sich so ein Bild der Umgebung. Mehr zur Optik einer Kamera wurde schon in Abschn. 3.1.2 besprochen.

7.2.3   Der Welle-Teilchen-Dualismus

Wir haben in diesem Buch nun viele Effekte kennengelernt, die sich dadurch erklären lassen, dass das Licht eine Welle ist. In diesem Kapitel wird nun behauptet, Licht bestehe aus Teilchen. Was ist es denn nun? Für beide Vorstellungen gibt es Experimente, die den Charakter eindeutig beweisen. Für das Wellenbild u. a. die Interferenz, die Beugung und Polarisationseffekte, und für das Teilchenbild die Schwarzkörperstrahlung und der Photoeffekt. Deswegen ist die heute anerkannte Meinung, dass Licht (und allgemein sämtliche elektromagnetische Strahlung) gleichzeitig sowohl Welle als auch Teilchen ist (Abb. 7.9). Dieser Welle-Teilchen-Dualismus lässt sich nicht anschaulich verstehen, aber nachmessen. Moderne Detektoren können einzelne Photonen erfassen und zählen, was eindeutig dem Licht als Teilchen entspricht. Jedes dieser Teilchen verhält sich aber, als wäre es auch eine Welle, indem es Interferenzeffekte zeigt.

Abb. 7.9 Licht ist elektromagnetische Welle und Teilchen gleichzeitig. Eine Tatsache, die unsere Vorstellungskraft sprengt

Je geringer die Photonenenergie, also je länger die Wellenlänge des Lichts ist, desto mehr verliert dessen Teilchencharakter an Bedeutung. Radiowellen haben beispielsweise eine so geringe Photonenenergie, dass einzelne Teilchen nicht mehr messbar sind. Hierfür ist das Wellenbild für eine vollständige Erklärung der auftretenden Effekte ausreichend.

7.2.4 Materiewellen

Wie wir gesehen haben, können Lichtwellen also auch als Teilchen betrachtet werden. Könnte es dann nicht auch sein, dass Materieteilchen auch Wellencharakter besitzen? Was verrückt klingt, wurde bereits vor über 90 Jahren experimentell nachgewiesen: Elektronen, bis dahin bekannt als negativ geladene Teilchen, zeigen Interferenzverhalten, das sich nur mit dem Wellenbild erklären lässt. Gleiches wurde auch für Atome und einzelne Moleküle festgestellt. Mit steigender Teilchengröße wird der Nachweis immer schwieriger, da die Wellenlänge λ dieser Materiewellen mit steigendem Teilchenimpuls abnimmt, gemäß der de-Broglie-Gleichung

$$\lambda = \frac{h}{p} \qquad (7.10)$$

mit dem Planckschen Wirkungsquantum h und dem Impuls des Teilchens p. Trotzdem gelang es bereits, über Interferenz am Doppelspalt den Wellencharakter von Molekülen aus 60 Atomen nachzuweisen. Theoretisch lässt sich damit auch makroskopischen Objekten, wie einem Tennisball oder sogar dem Menschen, eine Wellenlänge zuordnen. Interferenz ist hier aber praktisch völlig unmöglich.

Aufgaben

7.1 Plancksches Strahlungsgesetz

a)

$$U(\lambda, T) = \frac{c_1}{\lambda^5} \frac{1}{\exp\left(\frac{c_2}{\lambda T}\right)} \tag{7.11}$$

Das hier gezeigte Wiensche Strahlungsgesetz war einer der Vorläufer des Planckschen Strahlungsgesetzes, gültig nur für kleine Wellenlängen $\lambda \to 0$. Leite es unter dieser Bedingung aus dem Planckschen Strahlungsgesetz her. Stelle die Strahlungskonstanten c_1 und c_2 durch bekannte Variablen dar.

b)

$$U(\lambda, T) = \frac{8\pi k_\mathrm{B} T}{\lambda^4} \tag{7.12}$$

Das hier gezeigte Rayleigh-Jeans-Gesetz war der andere Vorläufer des Planckschen Strahlungsgesetzes, gültig nur für große Wellenlängen $\lambda \to \infty$. Leite es unter dieser Bedingung aus dem Planckschen Strahlungsgesetz her.

7.2 Photoeffekt

Licht der Wellenlänge $\lambda = 450\,\mathrm{nm}$ trifft auf Cäsium (Austrittsarbeit $W_\mathrm{A} = 2{,}14\,\mathrm{eV}$). Berechne die kinetische Energie der herausgelösten Elektronen.

Lösungen

7.1 Plancksches Strahlungsgesetz

Bei Rayleigh:

Das Plancksche Strahlungsgesetz lautet gemäß Gl. 7.5

$$U(\lambda, T) = \frac{4hc}{\lambda^5} \frac{2\pi}{\exp\left(\frac{hc}{\lambda k_\mathrm{B} T}\right) - 1}.$$

a) Für kleine Wellenlängen $\lambda \to 0$ wird der Term $\dfrac{hc}{\lambda k_\mathrm{B} T}$ in der e-Funktion sehr groß. Dadurch kann das -1 vernachlässigt werden und wir erhalten

$$U(\lambda, T) = \frac{4hc}{\lambda^5} \frac{2\pi}{\exp\left(\frac{hc}{\lambda k_\mathrm{B} T}\right)} == \frac{c_1}{\lambda^5} \frac{1}{\exp\left(\frac{c_2}{\lambda T}\right)}$$

mit $c_1 = 8\pi hc$ und $c_2 = \dfrac{hc}{k_\mathrm{B}}$.

b) Dafür müssen wir die e-Funktion zunächst umschreiben über die Taylor-Reihe

$$\exp(A) = \sum_{n=0}^{\infty} \frac{A^n}{n!} = 1 + A + \frac{A^2}{2} + \dots$$

zu

$$\exp\left(\frac{hc}{\lambda k_\mathrm{B} T}\right) = \sum_{n=0}^{\infty} \frac{\left(\frac{hc}{\lambda k_\mathrm{B} T}\right)^n}{n!} = 1 + \frac{hc}{\lambda k_\mathrm{B} T} + \frac{\left(\frac{hc}{\lambda k_\mathrm{B} T}\right)^2}{2} + \dots$$

Für große Wellenlängen $\lambda \to \infty$ wird der Term $\dfrac{hc}{\lambda k_\mathrm{B} T}$ sehr klein, dadurch werden die höheren Ordnungen $n \geq 2$ vernachlässigbar klein und wir erhalten

$$\exp\left(\frac{hc}{\lambda k_\mathrm{B} T}\right) \approx 1 + \frac{hc}{\lambda k_\mathrm{B} T}.$$

Dadurch ergibt sich

$$U(\lambda, T) = \frac{4hc}{\lambda^5} \frac{2\pi}{1 + \frac{hc}{\lambda k_\mathrm{B} T} - 1} = \frac{8\pi k_\mathrm{B} T}{\lambda^4}.$$

Dies gilt, wie erwähnt, nur für große Wellenlängen. Für sehr kleine $\lambda \to 0$ sagt das Rayleigh-Jeans-Gesetz fälschlicherweise immer höhere Energiedichten vorher, bis hin zu unendlich hoher Energie. Dies macht physikalisch keinen Sinn und wurde historisch als Ultraviolett-Katastrophe bezeichnet, da die klassische Physik hier an ihre Grenzen stieß. Durch die Einführung der Quantentheorie gelang es schließlich Max Planck, dieses Problem zu eliminieren. Er ging genau den uns entgegengesetzten Weg und verknüpfte die beiden hier gezeigten Gesetze zu seinem bis heute gültigen Strahlungsgesetz.

7.2 Photoeffekt

Über Gl. 7.6 und 7.8 ergibt sich

$$E_\mathrm{kin} = E_\mathrm{Photon} - W_\mathrm{A} = \frac{hc}{\lambda} - W_\mathrm{A} = \frac{6{,}63 \cdot 10^{-34}\,\mathrm{Js} \cdot 3{,}00 \cdot 10^{8}\,\frac{\mathrm{m}}{\mathrm{s}}}{450\,\mathrm{nm}} - 2{,}14\,\mathrm{eV}$$
$$= 9{,}96 \cdot 10^{-20}\,\mathrm{J} = 0{,}62\,\mathrm{eV}.$$

Achte bei der Berechnung auf die unterschiedlichen Einheiten m und nm sowie J und eV.

Inhaltsverzeichnis

Hier findet ihr noch einmal alle wichtigen Formeln aus dem Buch und darüber hinaus, sortiert nach Themengebieten. Ihr findet jeweils auch Auskunft darüber, wann welche Formel eingesetzt werden darf und was welche Variable genau bedeutet. Zuvor noch ein kurzer Absatz, wie man überhaupt an Rechenaufgaben herangehen kann.

8.1   Lösen von Rechenaufgaben – Ein Kochrezept

Oft ist es in der Physik (nicht nur in der Optik) schwierig, beim Bearbeiten einer Rechenaufgabe die Übersicht zu gewinnen, wie man eine Aufgabe angehen kann und welche Rechnungen nun zum Ziel führen. Deswegen möchten wir euch die Arbeitsschritte weitergeben, die für einen Großteil der Rechenaufgaben im Studium zum Erfolg geführt haben:

1. Sucht euch aus der Fragestellung zunächst alle gegebenen Variablen heraus und notiert sie. Diese können durch einen konkreten Zahlenwert gegeben sein (zum Beispiel „Ein Auto mit der Geschwindigkeit $v_0 = 25\,\frac{\text{km}}{\text{h}}$"), können aber auch nur allgemein als bekannt vorausgesetzt werden (zum Beispiel „Ein Auto mit der Geschwindigkeit v_0").

© Springer-Verlag GmbH Deutschland, ein Teil von Springer Nature 2019
M. Gmelch und S. Reineke, *Durchblick in Optik*,
https://doi.org/10.1007/978-3-662-58939-7_8

Sind Zahlenwerte gegeben, so rechnet alle Variablen in die gleichen Einheiten um. Oft müssen zum Beispiel nm in m oder $\frac{km}{h}$ in $\frac{m}{s}$ umgerechnet werden.

2. Gleiches macht ihr mit der oder den gesuchten Variable(n).

3. Ein sehr wichtiger Schritt ist nun, Informationen im Text zu suchen, die euch weitere Variablen liefern (zum Beispiel „Das Auto kommt beim Ort x_1 zum Stehen" liefert euch $v(x_1) = 0$). Notiert euch diese Variablen ebenfalls als gegeben.

4. Auch in Skizzen finden sich oft wertvolle Informationen, wie Winkelsummen im Dreieck oder Sinus- und Kosinusbeziehungen. Notiert auch diese Zusammenhänge. Existiert keine Skizze, kann es helfen, sich für jede Fragestellung zunächst eine Skizze anzufertigen, in die alle Variablen eingetragen werden.

5. Versucht nun unter Zuhilfenahme dieses Buches oder der Vorlesungsunterlagen, eine Formel zu finden, in der die gesuchte Variable auftritt. Diese Formel kann auch Variablen enthalten, die noch nicht gegeben sind.

6. Habt ihr eine Formel gefunden, so hinterfragt kritisch, ob diese auf die Aufgabenstellung angewandt werden darf.

7. Spricht nichts dagegen, dann überprüft, ob in der Formel noch bislang unbekannte Variablen auftreten. Meist ist das der Fall.

8. Sucht in euren Unterlagen nach Formeln, die neben dieser Unbekannten auch noch Variablen enthält, die ihr als gegeben notiert, aber bisher noch nicht verwendet habt.

9. Wiederholt die letzten drei Schritte so lange, bis ihr für jede Unbekannte eine Formel gefunden habt, die nur noch (aus dem Text oder der Skizze) bekannte Variablen enthält.

10. Setzt die Formeln zusammen, um am Ende eine Formel zu erhalten, die abgesehen von der gesuchten nur noch bekannte Variablen enthält. Löst diese Formel nach der gesuchten Variable auf.

11. Setzt erst jetzt die gegebenen Zahlenwerte in die Formel ein.

12. Überprüft zuletzt die errechneten Einheiten. Ist zum Beispiel eine Geschwindigkeit gesucht, so muss auch beim Ausrechnen der Formel am Ende $\frac{km}{h}$ oder $\frac{m}{s}$ herauskommen. Schreibt NICHT einfach die erwartete Einheit hinter die Zahl!

13. Für weitere Teilaufgaben werden oft die vorherigen Ergebnisse als gegebene Variablen benötigt.

8.2   Lichtausbreitung

8.2.1   Das Snelliussche Brechungsgesetz

Beschreibt Lichtbrechung an ebenen Grenzflächen:

$$\frac{\sin\theta_1}{\sin\theta_2} = \frac{n_2}{n_1} \tag{8.1}$$

θ_1: Winkel zwischen Lichtstrahl und Einfallslot in Medium 1
θ_2: Winkel zwischen Lichtstrahl und Einfallslot in Medium 2
n_1: Brechungsindex von Medium 1
n_2: Brechungsindex von Medium 2

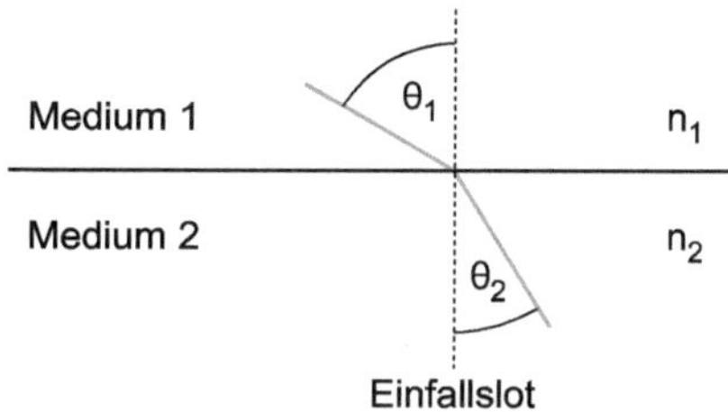

8.2.2 Die Fresnelschen Formeln

Beschreiben die Verhältnisse von transmittiertem und reflektiertem Licht an Grenzflächen.

Die Transmissions- und Reflexions*faktoren* beschreiben die Anteile der Amplituden des elektrischen Felds, die Transmissions- und Reflexions*grade* die Anteile der Intensitäten.

Weiterhin sind alle dieser Parameter von der Polarisation des Lichts abhängig. Es wird unterschieden zwischen Polarisation senkrecht und parallel zur Einfallsebene. Für alle nachfolgenden Formeln gilt:

n_E: Brechungsindex des Mediums, aus dem der Lichtstrahl auf die Grenzfläche einfällt
n_T: Brechungsindex des Mediums, in das der Lichtstrahl transmittiert wird
θ_E: Winkel zwischen einfallendem Lichtstrahl und Einfallslot
θ_T: Winkel zwischen transmittiertem Lichtstrahl und Einfallslot, berechenbar über das Snelliussche Brechungsgesetz

Es sind für jeden Faktor und Grad jeweils zwei verschiedene Formeln angegeben, einmal in Abhängigkeit von n_E, n_T und θ_E, einmal in Abhängigkeit von θ_E und θ_T. Je nach Fragestellung bietet sich die eine oder andere Formel an.

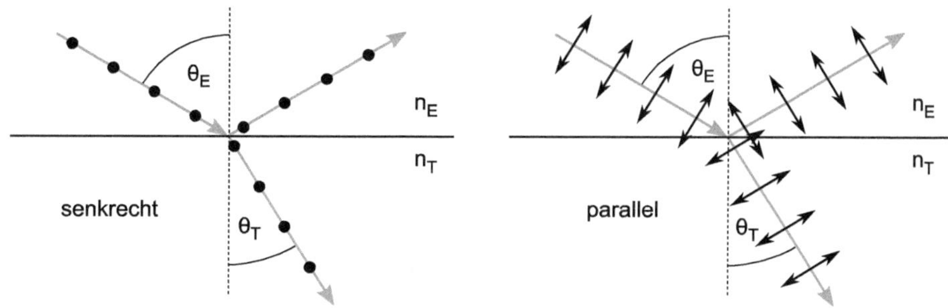

Transmissionsfaktoren

Für senkrecht zur Einfallsebene polarisiertes Licht:

$$t_s = \frac{2 n_E \cos \theta_E}{n_E \cos \theta_E + \sqrt{n_T^2 - n_E^2 \sin^2 \theta_E}} = \frac{2 \sin \theta_T \cos \theta_E}{\sin (\theta_E + \theta_T)} \tag{8.2}$$

Für parallel zur Einfallsebene polarisiertes Licht:

$$t_p = \frac{2 n_E \cos \theta_E}{n_T \cos \theta_E + \dfrac{n_E}{n_T} \sqrt{n_T^2 - n_E^2 \sin^2 \theta_E}} = \frac{2 \sin \theta_T \cos \theta_E}{\sin (\theta_E + \theta_T) \cos (\theta_E - \theta_T)} \tag{8.3}$$

Transmissionsgrade

Für senkrecht zur Einfallsebene polarisiertes Licht:

$$T_s = \frac{\sqrt{n_T^2 - n_E^2 \sin^2 \theta_E}}{n_E \cos \theta_E} t_s^2 = \frac{\tan \theta_E}{\tan \theta_T} t_s^2 \tag{8.4}$$

Für parallel zur Einfallsebene polarisiertes Licht:

$$T_p = \frac{\sqrt{n_T^2 - n_E^2 \sin^2 \theta_E}}{n_E \cos \theta_E} t_p^2 = \frac{\tan \theta_E}{\tan \theta_T} t_p^2 \tag{8.5}$$

Reflexionsfaktoren

Für senkrecht zur Einfallsebene polarisiertes Licht:

$$r_s = \frac{n_E \cos \theta_E - \sqrt{n_T^2 - n_E^2 \sin^2 \theta_E}}{n_E \cos \theta_E + \sqrt{n_T^2 - n_E^2 \sin^2 \theta_E}} = \frac{- \sin (\theta_E - \theta_T)}{\sin (\theta_E + \theta_T)} \tag{8.6}$$

Für parallel zur Einfallsebene polarisiertes Licht:

$$r_p = \frac{n_T \cos \theta_E - \dfrac{n_E}{n_T} \sqrt{n_T^2 - n_E^2 \sin^2 \theta_E}}{n_T \cos \theta_E + \dfrac{n_E}{n_T} \sqrt{n_T^2 - n_E^2 \sin^2 \theta_E}} = \frac{\tan (\theta_E - \theta_T)}{\tan (\theta_E + \theta_T)} \tag{8.7}$$

Reflexionsgrade

Für senkrecht zur Einfallsebene polarisiertes Licht:

$$R_s = r_s^2 \tag{8.8}$$

Für parallel zur Einfallsebene polarisiertes Licht:

$$R_\mathrm{p} = r_\mathrm{p}^2 \tag{8.9}$$

8.2.3 Totalreflexion

Beschreibt den kritischen Einfallswinkel θ_k, ab dem Totalreflexion auftritt:

$$\theta_\mathrm{k} = \arcsin\left(\frac{n_\mathrm{T}}{n_\mathrm{E}}\right) \tag{8.10}$$

n_E: Brechungsindex vom Medium des einfallenden Strahls

n_T: Brechungsindex vom Medium des transmittierten Strahls. Dieser muss für Totalreflexion kleiner als n_E sein.

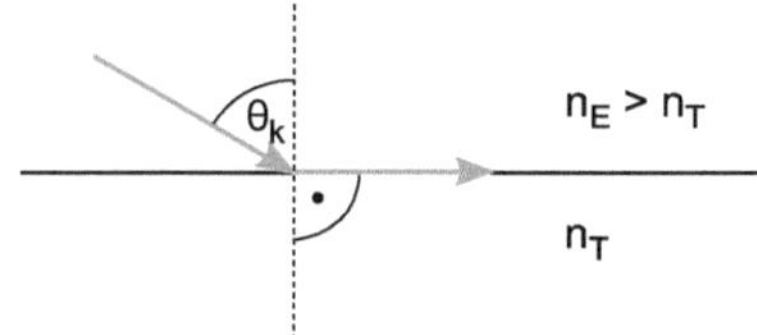

8.2.4 Brechende Kugelflächen

Beschreibt die Abbildung von Gegenständen an kugelförmig gekrümmten Grenzflächen:

$$\frac{n_\mathrm{G}}{g} + \frac{n_\mathrm{B}}{b} = \frac{n_\mathrm{B} - n_\mathrm{G}}{r} \tag{8.11}$$

n_G: Brechungsindex des Mediums, in dem sich der Gegenstand befindet

n_B: Brechungsindex des Mediums. in dem sich das Bild befindet

g: Gegenstandsweite, also Abstand vom Gegenstand G zur Grenzfläche

b: Bildweite, also Abstand vom Bild B zur Grenzfläche

r: Radius der kugelförmigen Grenzfläche. $r > 0$ entspricht einer Krümmung Richtung Bildseite, $r < 0$ einer Krümmung Richtung Gegenstand.

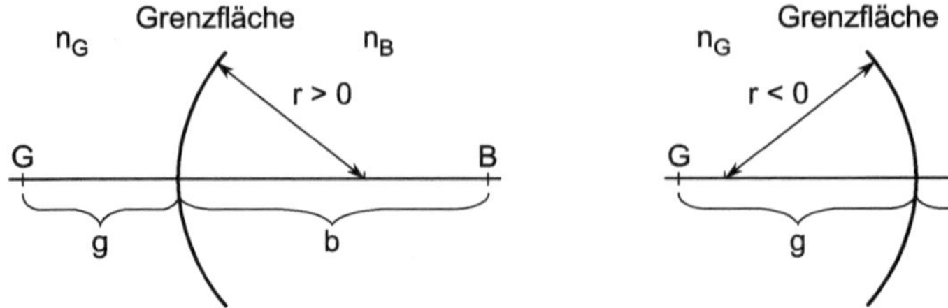

Bildseitige (f_B) und gegenstandsseitige (f_G) Brennweiten ergeben sich zu

$$f_B = \frac{n_B}{n_B - n_G} r \qquad (8.12)$$

und

$$f_G = \frac{n_G}{n_B - n_G} r. \qquad (8.13)$$

8.3　Linsen und Linsensysteme

8.3.1　Die Linsengleichung

Beschreibt die Abbildung von Gegenständen an dünnen Linsen:

$$\frac{1}{g} + \frac{1}{b} = \frac{1}{f} \qquad (8.14)$$

f:　Brennweite der Linse. $f > 0$ entspricht einer konvexen Sammellinse, $f < 0$ einer konkaven Zerstreuungslinse.

g:　Gegenstandsweite, also Abstand vom Gegenstand G zur Linse

b:　Bildweite, also Abstand vom Bild B zur Linse. $b > 0$ entspricht einem reellen Bild, $b < 0$ einem virtuellen Bild auf der Gegenstandsseite.

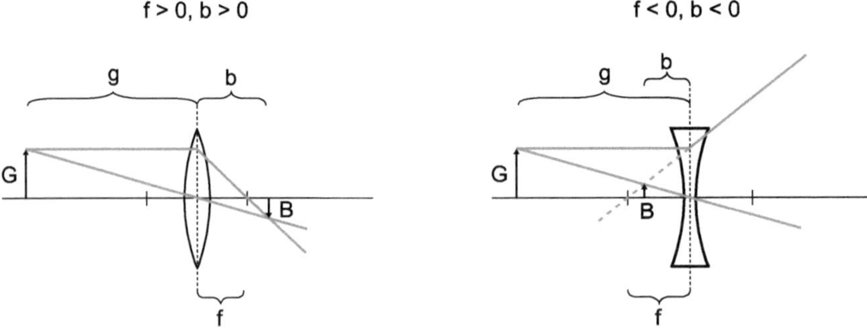

8.3.2 Die Linsenschleiferformel

Beschreibt die (gegenstands- und bildseitige) Brennweite f einer dünnen Linse in Abhängigkeit ihres Materials und ihrer Geometrie:

$$\frac{1}{f} = \frac{n_{\mathrm{Li}} - n_{\mathrm{Lu}}}{n_{\mathrm{Lu}}} \left(\frac{1}{r_1} - \frac{1}{r_2} \right)$$

(8.15)

r_1 und r_2:   Krümmungsradien der beiden Grenzflächen der Linse

n_{Li}:   Brechungsindex des Linsenmaterials

n_{Lu}:   Brechungsindex des die Linse umgebenden Materials, zumeist Luft

Zu den Vorzeichen der Radien siehe Abb. 2.6.

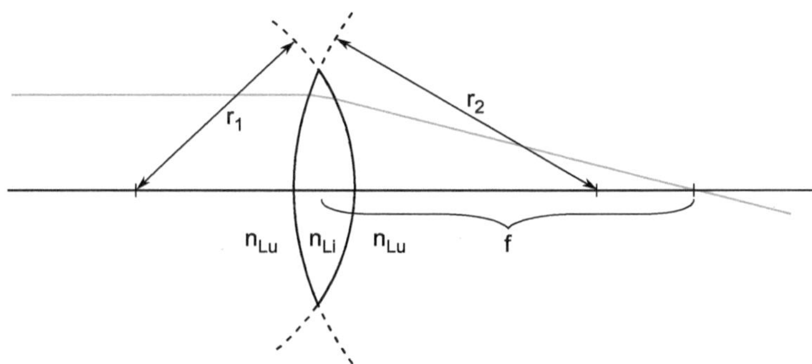

Für Linsen mit einer Dicke d ergibt sich die Formel zu

$$\frac{1}{f} = \frac{n_{\mathrm{Li}} - n_{\mathrm{Lu}}}{n_{\mathrm{Lu}}} \left(\frac{1}{r_1} - \frac{1}{r_2} + \frac{n_{\mathrm{Li}} - n_{\mathrm{Lu}}}{n_{\mathrm{Li}}} \frac{d}{r_1 r_2} \right).$$

(8.16)

8.3.3 Die Winkelvergrößerung

Beschreibt die Vergrößerung des Sehwinkels, mit der das Bild B eines Gegenstand G betrachtet werden kann:

$$V_{\sphericalangle} = \frac{\tan \varepsilon}{\tan \varepsilon_0}$$

(8.17)

ε: Sehwinkel ohne vergrößerndes Gerät

ε_0: Sehwinkel mit vergrößerndem Gerät

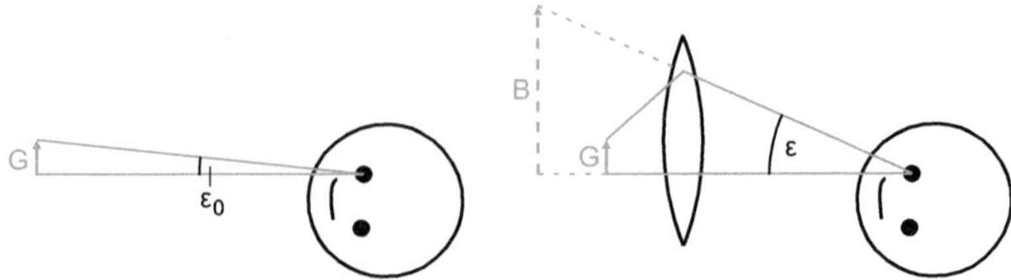

8.3.4 Die lineare Vergrößerung

Beschreibt das Verhältnis zwischen der Größe des Gegenstands G und dem erzeugtem Bild B:

$$V = \frac{B}{G} = -\frac{b}{g} \tag{8.18}$$

B: Größe des erzeugten Bild

G: Größe des Gegenstands

b: Bildweite, also Abstand vom Bild B zum optischen Gerät

g: Gegenstandsweite, also Abstand vom Gegenstand G zum optischen Gerät

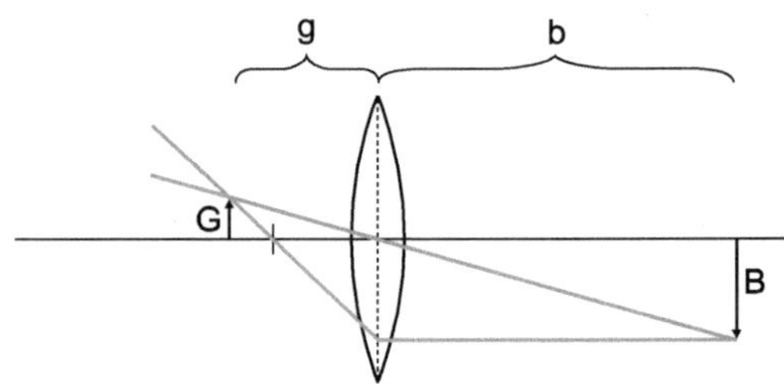

8.3.5 Vergrößerung einer Lupe

Beschreibt die mit einer Lupe erreichbare Winkelvergrößerung $V_{\sphericalangle,\text{Lupe}}$:

$$V_{\sphericalangle,\text{Lupe}} = \frac{s_0}{f} \tag{8.19}$$

s_0: Deutliche Sehweite des Menschen, definiert als $s_0 = 25\,\text{cm}$

f: Brennweite der als Lupe verwendeten Linse

8.3.6   Vergrößerung eines Mikroskops

Beschreibt die mit einem Mikroskop erreichbare Winkelvergrößerung $V_{\sphericalangle,\text{Mikroskop}}$:

$$V_{\sphericalangle,\text{Mikroskop}} = -\frac{t}{f_{\text{Ob}}}\,\frac{s_0}{f_{\text{Ok}}} \tag{8.20}$$

t: Tubuslänge des Mikroskops, also der Abstand zwischen Okular- und Objektivlinse minus die beiden Brennweiten f_{Ob} und f_{Ok}

f_{Ob}:   Brennweite des Objektivs

s_0:   Deutliche Sehweite des Menschen, definiert als $s_0 = 25\,\text{cm}$

f_{Ok}:   Brennweite des Okulars

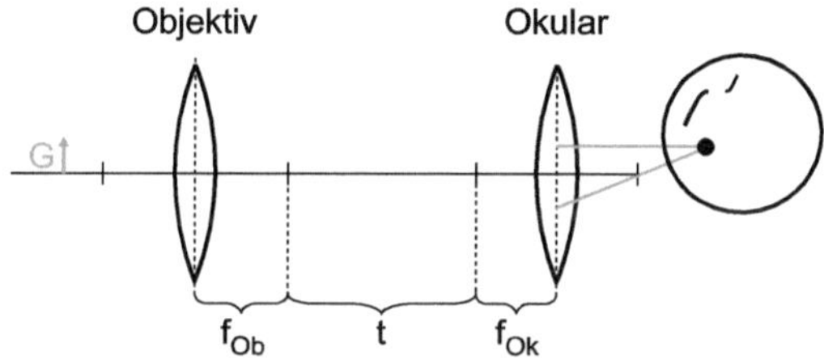

8.3.7   Vergrößerung eines Kepler-Teleskops

Beschreibt die mit einem Kepler-Teleskop erreichbare Winkelvergrößerung $V_{\sphericalangle,\text{Kepler-Teleskop}}$:

$$V_{\sphericalangle,\text{Kepler-Teleskop}} = -\frac{f_{\text{Ob}}}{f_{\text{Ok}}} \tag{8.21}$$

f_{Ob}:   Brennweite des Objektivs

f_{Ok}:   Brennweite des Okulars

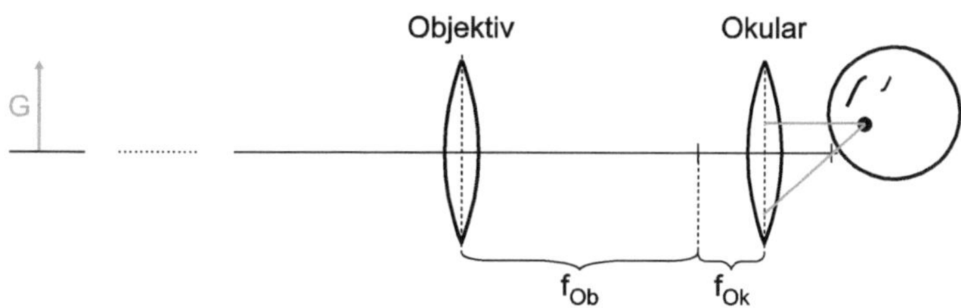

8.3.8 Vergrößerung eines Galilei-Teleskops

Beschreibt die mit einem Galilei-Teleskop erreichbare Winkelvergrößerung $V_{\sphericalangle,\text{Galilei-Teleskop}}$:

$$V_{\sphericalangle,\text{Galilei-Teleskop}} = -\frac{f_{\text{Ob}}}{f_{\text{Ok}}} \tag{8.22}$$

f_{Ob}: Brennweite des Objektivs

f_{Ok}: Brennweite des Okulars (konkav, $f_{\text{Ok}} < 0$)

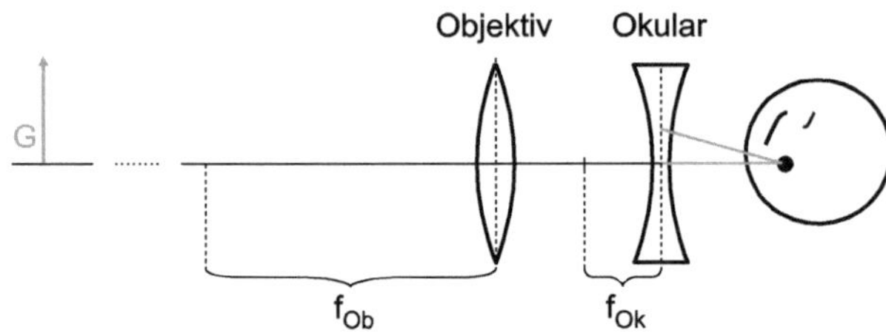

8.3.9 Auflösung optischer Geräte

Beschreibt die maximale Winkelauflösung, die mit einem optischen Gerät erreicht werden kann:

$$\alpha_{\text{min}} = \arcsin\left(1{,}22\frac{\lambda}{D}\right) \tag{8.23}$$

λ: Wellenlänge des verwendeten Lichts

D: Durchmesser der genutzten Linsen oder Spiegel

8.4   Das Licht als Welle

8.4.1 Die elektromagnetische Welle

Kann beschrieben werden über den elektrischen Feldvektor $E(\vec{x}, t)$ in Abhängigkeit von Ort $\vec{x}$ und Zeit t:

$$E(\vec{x}, t) = E_0 \sin(\omega t - \vec{k}\vec{x}) \tag{8.24}$$

E_0: maximale Amplitude des Feldvektors

ω: Kreisfrequenz, definiert über $\omega = 2\pi f = \dfrac{2\pi}{T}$ mit der Frequenz f und der Periodendauer T

t: Variable der Zeit

$\vec{k}$:   Wellenvektor, mit Betrag $|\vec{k}| = k = \dfrac{2\pi}{\lambda}$, mit der Wellenlänge λ

$\vec{x}$:   Variable des dreidimensionalen Orts

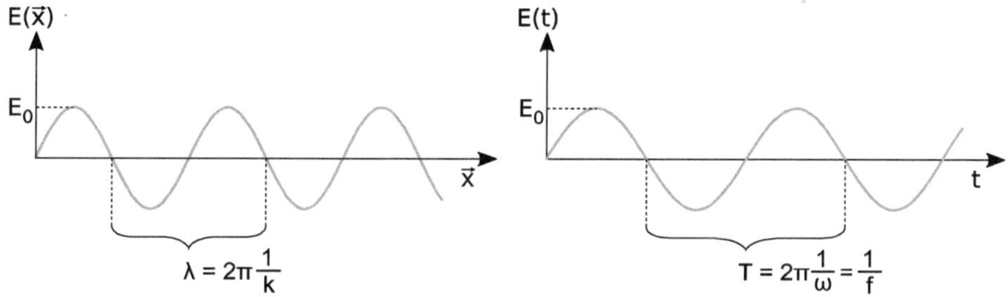

8.4.2 Die Lichtgeschwindigkeit

Beschreibt die Ausbreitungsgeschwindigkeit des Lichts in verschiedenen Medien.

Die Lichtgeschwindigkeit im Vakuum c_{Vakuum} oder c_0 beträgt

$$c_{\text{Vakuum}} = c_0 = 299\,792\,458\,\frac{\text{m}}{\text{s}}. \tag{8.25}$$

Die Lichtgeschwindigkeit c_{Medium} in einem Medium beträgt

$$c_{\text{Medium}} = c_0 \frac{1}{n_{\text{Medium}}}. \tag{8.26}$$

c_0:   Vakuumlichtgeschwindigkeit

n_{Medium}:   Brechungsindex des Mediums

8.4.3 Phasen- und Gruppengeschwindigkeit

In dispersiven Medien unterscheidet man zwischen der Phasen- und der Gruppengeschwindigkeit von Licht.

Die Phasengeschwindigkeit v_{p} beschreibt die Ausbreitung der Lichtwellen selbst, sie entspricht der Lichtgeschwindigkeit c:

$$v_{\text{p}} = c = \lambda f = \frac{\omega}{k} \tag{8.27}$$

λ: Wellenlänge des Lichts

f: Frequenz des Lichts

ω: Kreisfrequenz des Lichts

k: Kreiswellenzahl des Lichts

Die Gruppengeschwindigkeit v_g beschreibt die Ausbreitung von Wellenpaketen:

$$v_\mathrm{g} = \frac{\partial \omega}{\partial k} = v_\mathrm{p} - \lambda \frac{\partial v_\mathrm{p}}{\partial \lambda} \tag{8.28}$$

v_p: Phasengeschwindigkeit des Lichts

$\lambda \dfrac{\partial v_\mathrm{p}}{\partial \lambda}$: beschreibt die Dispersion des Lichts

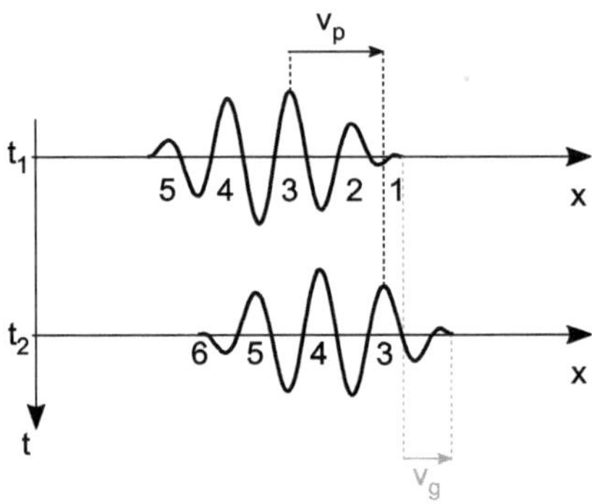

8.4.4   Die Phasenverschiebung

Beschreibt die Phasenlage zweier Wellen gleicher Frequenz.

Die Phasenverschiebung $\Delta\varphi$ in Grad beträgt

$$\Delta\varphi = 360° \frac{\Delta\lambda}{\lambda} = 360° \frac{\Delta T}{T}. \tag{8.29}$$

$\Delta\lambda$: räumlicher Abstand zweier benachbarter Maxima der beiden Wellen

λ: Wellenlänge der beiden Wellen

ΔT: zeitlicher Abstand zweier benachbarter Maxima der beiden Wellen

T: Periodendauer der beiden Wellen

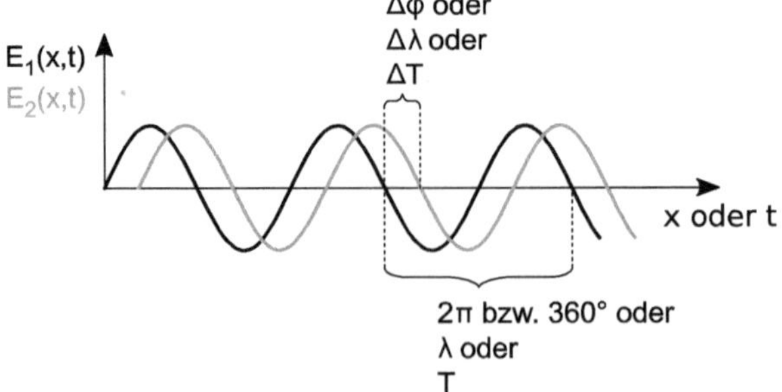

8.4.5 Die Kohärenzlänge

Die Kohärenzlänge l_k ist ein Maß für die zeitliche Kohärenz einer Lichtwelle:

$$l_k = \tau_k c_{\mathrm{Medium}} \tag{8.30}$$

τ_k: Kohärenzzeit der Lichtwelle
c_{Medium}: Lichtgeschwindigkeit im Medium

8.5 Polarisation

8.5.1 Das Gesetz von Malus

Beschreibt die Änderung der Intensität I von linear polarisiertem Licht beim Durchgang durch einen Polarisationsfilter:

$$I = I_0 \cos^2 \alpha \tag{8.31}$$

I_0: Intensität des linear polarisierten Lichts vor Passieren des Filters
α: Winkel zwischen der Durchlassrichtung des Filters und der Polarisationsrichtung des Lichts vor Passieren des Filters

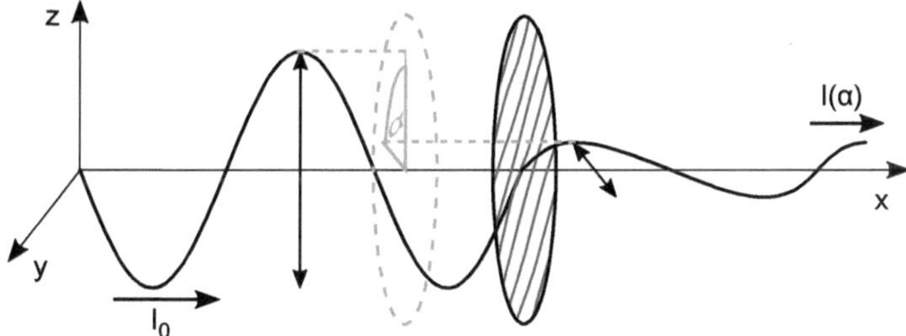

8.5.2 Der Brewster-Winkel

Beschreibt den Winkel, unter dem das auf eine Grenzfläche fallende, unpolarisierte Licht linear polarisiert reflektiert wird. Diese Polarisation ist senkrecht zur Einfallsebene:

$$\theta_B = \arctan \frac{n_T}{n_E} \tag{8.32}$$

n_E: Brechungsindex des Mediums, aus dem der Strahl kommt
n_T: Brechungsindex des Mediums, in das transmittiert wird

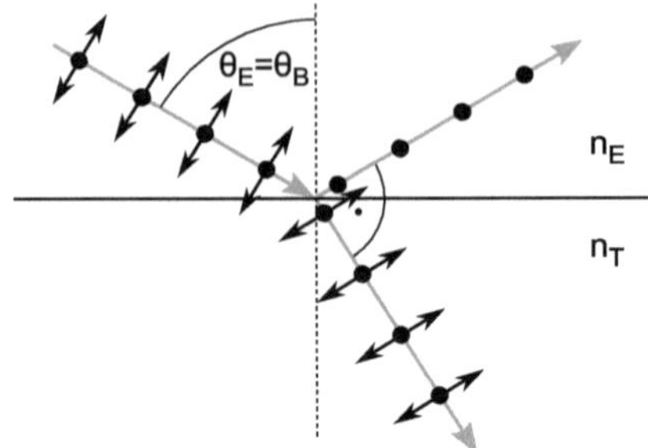

8.5.3   Die Phasenretardation in Verzögerungsplättchen

Beschreibt, wie sich die unterschiedlichen Polarisationen des Lichts beim Durchgang durch
Verzögerungsplättchen gegeneinander in der Phase verschieben:

$$\frac{\Delta\varphi}{360°} = (n_{\mathrm{ao}} - n_{\mathrm{o}})\frac{d}{\lambda} \tag{8.33}$$

n_{ao}: Außerordentlicher Brechungsindex des doppelbrechenden Materials
n_{o}: Ordentlicher Brechungsindex des doppelbrechenden Materials
d: Dicke des Plättchens
λ: Wellenlänge des Lichts

8.6   Interferenz

8.6.1   Allgemeine Bedingungen für konstruktive und destruktive Interferenz

Jeder Interferenzeffekt beruht auf dem Gangunterschied Δs zweier Strahlen.

Konstruktive Interferenz

Konstruktive Interferenz tritt bei ganzzahligen Vielfachen der Wellenlängen auf:

$$\Delta s_{\mathrm{konstruktiv}} = m\lambda;\, m \in \mathbb{Z} \tag{8.34}$$

Destruktive Interferenz

Destruktive Interferenz tritt bei halbzahligen Vielfachen der Wellenlängen auf:

$$\Delta s_{\mathrm{destruktiv}} = \left(m + \frac{1}{2}\right)\lambda;\, m \in \mathbb{Z} \tag{8.35}$$

8.6.2   Der Einfachspalt

Interferenzbild

Das Interferenzbild hinter dem Einfachspalt ergibt sich über eine winkelabhängige Intensitätsverteilung $I(\alpha)$:

$$I(\alpha) = I_0 \left(\frac{\sin\left(\frac{b}{\lambda}\pi\,\sin\alpha\right)}{\frac{b}{\lambda}\pi\,\sin\alpha} \right)^2 \tag{8.36}$$

I_0: Intensität unter $\alpha = 0$

b: Breite des Einfachspalts

λ: Wellenlänge des Lichts

α: Winkel zwischen dem betrachteten Lichtstrahl und der Ausbreitungsrichtung ohne Beugung

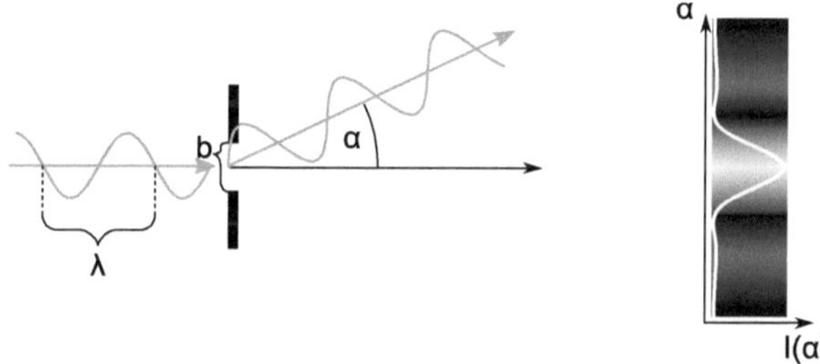

Minima und Maxima

Die Winkel $\alpha_{\mathrm{n.Min,ES}}$, unter denen beim Einfachspalt die Minima in der Intensität auftreten, berechnen sich über

$$\alpha_{\mathrm{n.Min,ES}} = \pm \arcsin\left(n\frac{\lambda}{b} \right);\; n \in \mathbb{N}. \tag{8.37}$$

n: Ordnung des Minimums, wird mit steigendem α-Betrag für jedes Minimum um eins erhöht

λ: Wellenlänge des Lichts

b: Breite des Einfachspalts

$\mathbb{N}$: Natürliche Zahlen ohne die Null

Für die Winkel, unter denen Maxima in der Intensität auftreten, gibt es keine einfache exakte Formel. Bei $\alpha = 0$ tritt allerdings immer ein Maximum auf.

8.6.3   Der ideale Doppelspalt

Beim idealen Doppelspalt wird von unendlich kleinen Spaltbreiten b ausgegangen.

Interferenzbild

Das Interferenzbild hinter dem Doppelspalt ergibt sich über eine winkelabhängige Intensitätsverteilung $I(\alpha)$:

$$I(\alpha) = I_0 \cos^2\left(\frac{d}{\lambda}\pi \sin\alpha\right) \tag{8.38}$$

I_0: Intensität unter $\alpha = 0$

d: Abstand der beiden Spalte

λ: Wellenlänge des Lichts

α: Winkel zwischen dem betrachteten Lichtstrahl und der Ausbreitungsrichtung ohne Beugung

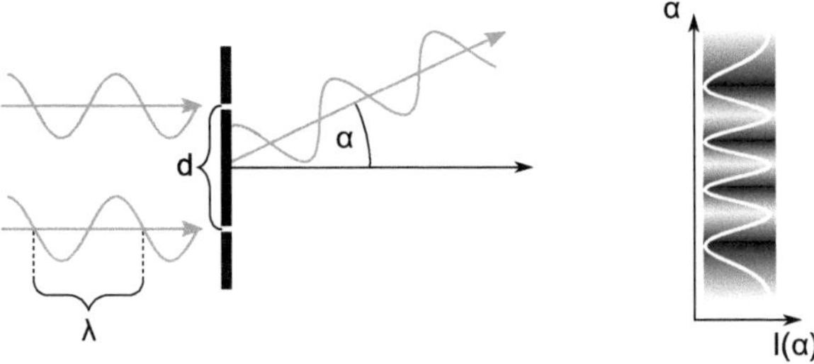

Minima und Maxima

Die Winkel $\alpha_{\text{n.Min,DS}}$, unter denen beim Doppelspalt die Minima in der Intensität auftreten, berechnen sich über

$$\alpha_{\text{n.Min,DS}} = \pm\arcsin\left[\left(n - \frac{1}{2}\right)\frac{\lambda}{d}\right]; n \in \mathbb{N}. \tag{8.39}$$

n: Ordnung des Minimums, wird mit steigendem α-Betrag für jedes Minimum um eins erhöht

λ: Wellenlänge des Lichts

d: Abstand der beiden Spalte

$\mathbb{N}$: Natürliche Zahlen ohne die Null

Die Winkel $\alpha_{\text{n.Max,DS}}$, unter denen beim Doppelspalt die Maxima in der Intensität auftreten, berechnen sich über

$$\alpha_{n.\text{Max,DS}} = \pm \arcsin\left(n\frac{\lambda}{d}\right); \, n \in \mathbb{N}_0. \tag{8.40}$$

n: Ordnung des Maximums, wird mit steigendem α-Betrag für jedes Maximum um eins erhöht

λ: Wellenlänge des Lichts

d: Abstand der beiden Spalte

$\mathbb{N}_0$: Natürliche Zahlen mit der Null

8.6.4 Der reale Doppelspalt

Beim realen Doppelspalt wird nicht mehr von unendlich kleinen Spaltbreiten b ausgegangen. Dadurch ergibt sich die Interferenz aus der Kombination des idealen Doppelspalts und des Einfachspalts.

Interferenzbild

Auch das Interferenzbild ist eine Kombination aus Einzel- und Doppelspalt:

$$I(\alpha) = I_0 \left(\frac{\sin\left(\frac{b}{\lambda}\pi \sin\alpha\right)}{\frac{b}{\lambda}\pi \sin\alpha}\right)^2 \cos^2\left(\frac{d}{\lambda}\pi \sin\alpha\right) \tag{8.41}$$

I_0: Intensität unter $\alpha = 0$

b: Breite der beiden Spalte

d: Abstand der beiden Spalte

λ: Wellenlänge des Lichts

α: Winkel zwischen dem betrachteten Lichtstrahl und der Ausbreitungsrichtung ohne Beugung

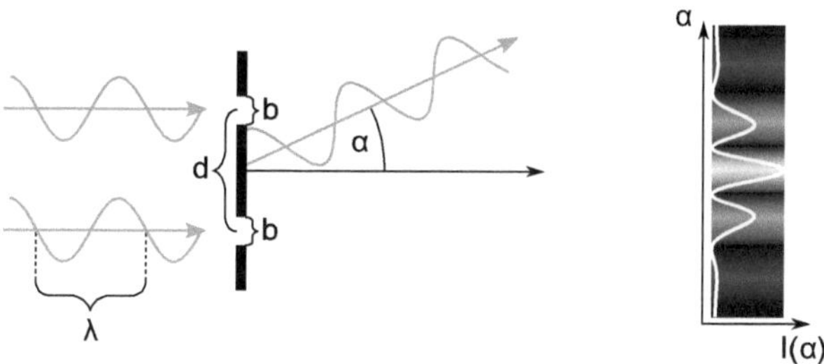

Minima und Maxima

Die Winkel der Minima ergeben sich über die beiden Formeln für Einfach- und Doppelspalt.

Für die Winkel, unter denen Maxima in der Intensität auftreten, gibt es keine einfache exakte Formel. Bei $\alpha = 0$ tritt allerdings immer ein Maximum auf.

8.6.5   Das optische Gitter

Entspricht einem Doppelspalt, allerdings mit sehr vielen Spalten.

Interferenzbild

Das Interferenzbild hinter dem Gitter ergibt sich über eine winkelabhängige Intensitätsverteilung $I(\alpha)$:

$$I(\alpha) = I_0 \frac{\sin^2\left(N\frac{d}{\lambda}\pi \sin\alpha\right)}{N^2 \sin^2\left(\frac{d}{\lambda}\pi \sin\alpha\right)} \tag{8.42}$$

I_0: Intensität unter $\alpha = 0$

N: Anzahl der beleuchteten Spalte

d: Gitterkonstante, Abstand zweier benachbarter Spalte

α: Winkel zwischen dem betrachteten Lichtstrahl und der Ausbreitungsrichtung ohne Beugung

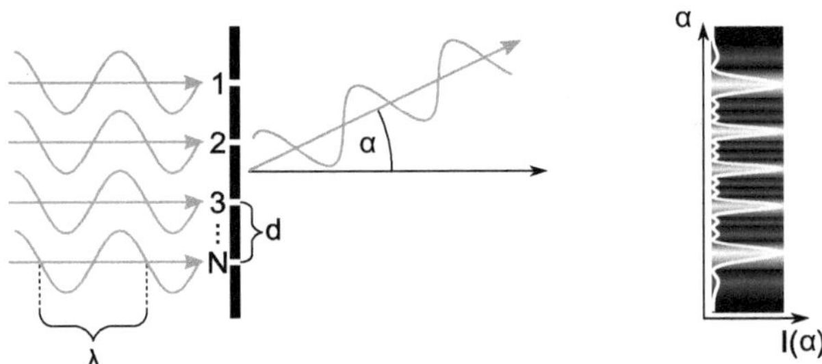

Hauptmaxima

$$\alpha_{\text{n.HMax,Git}} = \pm \arcsin\left(n\frac{\lambda}{d}\right); \, n \in \mathbb{N}_0 \tag{8.43}$$

n: Ordnung des Hauptmaximums, wird mit steigendem α-Betrag für jedes Maximum um eins erhöht

λ: Wellenlänge des Lichts

d: Gitterkonstante, Abstand zweier benachbarter Spalte

$\mathbb{N}_0$: Natürliche Zahlen mit der Null

Auflösung

Beschreibt den minimalen Abstand $\Delta\lambda$ zwischen zwei Wellenlängen λ und $\lambda + \Delta\lambda$, die mithilfe des Gitters noch unterschieden werden können:

$$\Delta\lambda = \frac{\lambda}{nN} \tag{8.44}$$

λ: Wellenlänge des untersuchten Lichts

n: Ordnung des Maximums, in dem das Licht untersucht wird, $n \in \mathbb{N}$

N: Anzahl der beleuchteten Spalte

8.6.6 Dünnschichtinterferenz

Interferenz gleicher Dicke

Der auftretende Gangunterschied Δs ergibt sich zu

$$\Delta s = 2dn_2 + \frac{\lambda}{2}. \tag{8.45}$$

d: Dicke der Schicht an betrachteter Stelle

n_2: Brechungsindex des Materials zwischen den Grenzflächen

$\frac{\lambda}{2}$: Phasensprung um $180°$, entspricht einer halben Wellenlänge

Interferenz gleicher Neigung

Der auftretende Gangunterschied Δs ergibt sich zu

$$\Delta s = 2d\sqrt{n_2^2 - n_1^2 \sin^2\theta} + \frac{\lambda}{2}. \tag{8.46}$$

d: Dicke der Schicht

n_1: Brechungsindex des ersten Materials

n_2: Brechungsindex des Materials zwischen den Grenzflächen

θ: Einfallswinkel auf die erste Grenzfläche

$\frac{\lambda}{2}$: Phasensprung um $180°$, entspricht einer halben Wellenlänge

8.7   Quantenoptik

8.7.1   Wiensches Verschiebungsgesetz

Beschreibt die Wellenlänge mit höchster Intensität λ_{Max} des von einem erhitzten Körper abgestrahlten Spektrums. Hierbei wird von einem schwarzen Körper ausgegangen:

$$\lambda_{\text{Max}} = \frac{2{,}898 \cdot 10^6 \text{ nm K}}{T} \tag{8.47}$$

T: Temperatur des schwarzen Körpers in K

8.7.2   Stefan-Boltzmann-Gesetz

Beschreibt die abgestrahlte Leistung P eines schwarzen Körpers:

$$P = \sigma A T^4 \tag{8.48}$$

σ: Stefan-Boltzmann-Konstante, mit $\sigma = 5{,}67 \cdot 10^{-8} \, \frac{\text{W}}{\text{m}^2\text{K}^4}$
A: Oberfläche des schwarzen Körpers
T: Temperatur des schwarzen Körpers in Kelvin

8.7.3   Planksches Strahlungsgesetz

Beschreibt die spektrale Energiedichte U eines schwarzen Körpers, also bei welcher Wellenlänge und welcher Temperatur wie viel Lichtenergie in ein bestimmtes Volumen emittiert wird:

$$U(\lambda, T) = \frac{4hc}{\lambda^5} \frac{2\pi}{\exp\left(\frac{hc}{\lambda k_{\text{B}} T}\right) - 1} \tag{8.49}$$

λ: Wellenlänge des Lichts
T: Temperatur des Körpers in K
c: Lichtgeschwindigkeit
h: Planksches Wirkungsquantum, mit $h = 6{,}63 \cdot 10^{-34} \text{ Js}$
k_{B}: Boltzmann-Konstante, mit $k_{\text{B}} = 1{,}38 \cdot 10^{-23} \, \frac{\text{J}}{\text{K}}$

8.7.4 Photonenenergie, Frequenz und Wellenlänge

$$E_{\text{Photon}} = h f_{\text{Photon}} = \frac{hc}{\lambda_{\text{Photon}}} \tag{8.50}$$

h: Plancksches Wirkungsquantum, mit $h = 6{,}63 \cdot 10^{-34}\,\text{Js}$
f: Frequenz des Lichts
λ: Wellenlänge des Lichts
c: Lichtgeschwindigkeit

8.7.5 Elektronenvolt und Joule

$$1\,\text{eV} = 1{,}60 \cdot 10^{-19}\,\text{J} \tag{8.51}$$

8.7.6 Photoeffekt

Beschreibt das Herauslösen von Elektronen aus Materialien durch Bestrahlung.
Die kinetische Energie E_{kin} der Elektronen berechnet sich über

$$E_{\text{kin}} = E_{\text{Photon}} - W_{\text{A}}. \tag{8.52}$$

E_{Photon}: Photonenenergie
W_{A}:   Austrittsarbeit des Materials

8.7.7 Materiewellen

Übertragen den Welle-Teilchen-Dualismus des Lichts auf Materie. Jedem bewegten Teilchen lässt sich so eine Wellenlänge λ zuordnen:

$$\lambda = \frac{h}{p} \tag{8.53}$$

h: Plancksches Wirkungsquantum
p: Impuls des Teilchens

Inhaltsverzeichnis

In diesem Kapitel findet ihr über 80 Fragen, die so oder so ähnlich in mündlichen Prüfungen zur Optik auftauchen könnten (deswegen ab hier auch Sie statt Du), geordnet nach Themengebieten. Hinter jeder Frage findet ihr einen Hinweis, wo ihr die Antworten zu den Fragen findet. Viel Erfolg!

9.1 Lichtausbreitung

1. Nennen Sie die Brechungsindizes verschiedener Materialien.

Tab. 1.1

2. Nennen Sie das Snelliussche Brechungsgesetz.

Gl. 1.1

3. Was beschreiben die Fresnelschen Formeln?

Abschn. 1.1.1

© Springer-Verlag GmbH Deutschland, ein Teil von Springer Nature 2019
M. Gmelch und S. Reineke, *Durchblick in Optik,*
https://doi.org/10.1007/978-3-662-58939-7_9

4. Was ist Totalreflexion? Wann tritt sie auf? Nennen Sie ein Anwendungsfeld.

Abschn. 1.1.2

5. Was ist Dispersion?

Abschn. 1.3

6. Wie hoch ist die Lichtgeschwindigkeit? Von was ist sie abhängig?

Abschn. 4.2.1

7. Erklären Sie den Unterschied zwischen Phasen- und Gruppengeschwindigkeit.

Abschn. 4.2.2

8. Was ist ein Prisma?

Aufgabe 1.3

9. Beschreiben Sie die Entstehungsweise eines Regenbogens.

Abschn. 1.4.2

10. Warum sehen wir dreidimensional?

Abschn. 5.2.3

9.2   Farben

1. Warum erscheinen uns Gegenstände farbig?

Abschn. 1.3.3

2. Beschreiben Sie das Spektrum des sichtbaren Lichts.

Abb. 1.10

3. Beschreiben Sie die additive Farbmischung und ihre Einsatzgebiete.

Abschn. 1.3.4

4. Beschreiben Sie die subtraktive Farbmischung und ihre Einsatzgebiete.

Abschn. 1.3.4

5. Was sind Komplementärfarben?

Abschn. 1.3.4

6. Warum erscheint Schnee weiß, obwohl das Eis, aus dem er besteht, doch durchsichtig ist?

Abschn. 1.3.2

7. Erklären Sie die Farbe Weiß.

Abschn. 1.3.2

9.3   Linsen und Linsensysteme

1. Nennen Sie die Linsengleichung.

Gl. 2.14

2. Wie ist die Brennweite einer Linse definiert? Was bedeutet ein negatives Vorzeichen?

Gl. 2.14

3. Nennen Sie drei Linsenfehler.

Abschn. 2.4

4. Was ist ein Zerstreuungskreis?

Abschn. 2.3.2

5. Konstruieren Sie eine reelle Abbildung an einer Sammellinse. Wo muss sich der Gegenstand befinden?

Abschn. 2.2.4 und Tab. 2.3

6. Konstruieren Sie eine virtuelle Abbildung an einer Sammellinse. Wo muss sich der Gegenstand befinden?

Abschn. 2.2.4 und Tab. 2.4

7. Beschreiben Sie den Unterschied zwischen reellem und virtuellem Bild und nennen Sie Beispiele.

Tab. 2.2

8. Wo im Alltag findet sich ein Konvexspiegel? Wo ein Konkavspiegel? Warum?

Abschn. 3.2.2 und 3.2.3

9. Wie kommt es zu Kurzsichtigkeit, und was kann man dagegen tun?

Abschn. 2.3.3

10. Wie kommt es zu Weitsichtigkeit, und was kann man dagegen tun?

Abschn. 2.3.2

11. Erklären Sie den Begriff „Winkelvergrößerung".

Gl. 2.11

12. Erklären Sie den Begriff „Lineare Vergrößerung".

Gl. 2.15

13. Was ist Akkomodation?

Abschn. 2.3.1

14. Erklären Sie den Aufbau und die Funktionsweise eines Galilei-Teleskops.

Abschn. 3.1.5

15. Erklären Sie den Aufbau und die Funktionsweise eines Keplerschen Teleskops.

Abschn. 3.1.4

16. Erklären Sie den Aufbau und die Funktionsweise eines Mikroskops.

Abschn. 3.1.3

9.4   Das Licht als Welle

1. Zeichnen Sie eine ebene Welle mit allen wichtigen Parametern.

Abb. 4.1

2. Was zeichnet eine ebene Welle aus? Sendet die Sonne ebene Wellen aus?

Abschn. 4.1.2

3. Erklären Sie den Begriff „Phasenverschiebung".

Abschn. 4.1.6

4. Nennen Sie den Unterschied zwischen Phasen- und Gruppengeschwindigkeit.

Abschn. 4.2.2

5. Erklären Sie das Huygenssche Prinzip.

Abschn. 4.1.4

6. Erklären Sie den Begriff „Kohärenz".

Abschn. 4.3

7. Nennen Sie eine sehr kohärente und eine sehr inkohärente Lichtquelle.

Abschn. 4.3.2

8. Welche Eigenschaften des Lichts ändern sich beim Eintritt in ein Medium mit anderem Brechungsindex? Ändert sich die Wellenlänge? Die Frequenz? Die Geschwindigkeit? Die Farbe? Die Energie?

Gl. 4.4

9. Wo im elektromagnetischen Spektrum befindet sich das sichtbare Licht? Nennen Sie drei weitere Arten von elektromagnetischer Strahlung.

Abschn. 1.2

9.5   Polarisation

1. Was ist Polarisation? Welche Arten von Polarisation kennen Sie?

Abschn. 4.4

2. Wie kann aus unpolarisiertem Licht linear polarisiertes Licht erzeugt werden?

Abschn. 5.1

3. Wie kann aus zirkular polarisiertem Licht linear polarisiertes Licht erzeugt werden?

Abschn. 5.5.2

4. Erklären Sie den Brewster-Winkel.

Abschn. 5.2.2

5. Erklären Sie die Funktionsweise von $\frac{\lambda}{2}$- und $\frac{\lambda}{4}$-Plättchen.

Abschn. 5.5

6. Erklären Sie das Gesetz von Malus.

Abschn. 5.1.2

7. Was ist Doppelbrechung, und wofür lässt sie sich nutzen?

Abschn. 5.4

8. Erklären Sie den Begriff „Optische Aktivität".

Abschn. 5.3

9. Worum handelt es sich beim „außerordentlichen Strahl"?

Abschn. 5.4.1

10. Wie funktioniert ein LCD-Display?

Abschn. 5.2.1

11. Wie funktioniert ein 3D-Film im Kino?

Abschn. 5.2.3 und 5.5.1

9.6 Interferenz

1. Was ist Interferenz? Welche Eigenschaften muss Licht besitzen, um Interferenz zu zeigen?

Kap. 6 und Abschn. 6.3

2. Erklären Sie den Begriff „Beugung".

Abschn. 6.4.1

3. Erklären Sie den Unterschied zwischen Fraunhofer- und Fresnel-Beugung.

Abschn. 6.4.1

4. Nennen Sie Beispiele für Interferenz durch Fraunhofer- und Fresnel-Beugung.

Abschn. 6.4.1

5. Welchen Einfluss hat die Kohärenzlänge von Licht auf das auftretende Interferenzmuster?

Abschn. 6.3.2

6. Lassen sich mit Sonnenlicht Interferenzeffekte erzeugen?

Abschn. 6.3

7. Zeichnen Sie zwei Interferenzmuster, erzeugt von Doppelspalten mit unterschiedlich großem Spaltabstand.

Abb. 6.16

8. Erklären Sie die Entstehung der Minima am Einfachspalt.

Abschn. 6.4.3

9. Zeichnen Sie zwei Interferenzmuster, erzeugt von unterschiedlich breiten Einfachspalten.

Abb. 6.15

10. Was unterscheidet den idealen Doppelspalt vom realen Doppelspalt?

Abschn. 6.4.4

11. Erklären Sie das Babinetsche Prinzip.

Abschn. 6.4.7

12. Zeichnen Sie ein Interferenzmuster, das von einem Gitter erzeugt wird.

Abb. 6.19

13. Wie lässt sich die Auflösung eines optischen Gitters erhöhen?

Abschn. 6.4.5

14. Nennen Sie zwei Beispiele für Dünnschichtinterferenz, und erklären Sie diese.

Abschn. 6.6

15. Was sind Newtonsche Ringe?

Abschn. 6.6.1

16. Was ist eine stehende Welle? Wie kommt sie zustande?

Abschn. 6.1.1

17. Nennen und beschreiben Sie ein Interferometer ihrer Wahl.

Abschn. 6.5

18. Warum sieht man in einer Seifenblase Farben?

Abschn. 6.6

19. Wie kann eine Brille entspiegelt werden? Welcher Effekt steckt dahinter?

Abschn. 6.2

20. Erklären Sie den Unterschied zwischen Fresnel-Linse und Fresnelscher Zonenplatte.

Abschn. 2.5 und 6.4.1

21. Wo kommt das Rayleigh-Kriterium zum Einsatz?

Abschn. 6.4.5

22. Wodurch wird die Auflösung eines optischen Geräts begrenzt?

Gl. 6.25

23. Nennen Sie drei Beispiele für Dünnschichtinterferenz.

Abb. 6.1

9.7 Quantenoptik

1. Warum sind Glühlampen so ineffizient?

Tab. 7.1

2. Beschreiben Sie die Schwarzkörperstrahlung und ihre Abhängigkeit von der Temperatur.

Abschn. 7.1

3. Was ist ein schwarzer Körper?

Abschn. 7.1

4. Ist ein Stück Kohle ein schwarzer Körper?

Abschn. 7.1

5. Warum findet man in Terrarien oft Infrarotlampen?

Abschn. 7.1.2

6. Wie groß ist die Wellenlänge der Wärmestrahlung des menschlichen Körpers?

Tab. 7.1

7. Was beschreibt das Stefan-Boltzmann-Gesetz?

Abschn. 7.1.2

8. Was beschreibt das Wiensche Verschiebungsgesetz?

Abschn. 7.1.2

9. Erklären Sie den Photoeffekt und seine Bedeutung für die Entwicklung der Physik.

Abschn. 7.2.2

10. Nennen Sie je ein Experiment, das für den Wellencharakter oder für den Teilchencharakter von Licht spricht.

Abschn. 7.2.3

11. Was sind Materiewellen?

Abschn. 7.2.4

Im Rahmen dieses Buches haben wir versucht, euch die Effekte der Optik an möglichst vielen Beispielen aus dem Alltag oder unserer Umwelt zu erklären. Dadurch blieben wir euch an ein paar Stellen die exakte Herleitung einer Formel schuldig. Dafür gibt es aber auch schon sehr gute Literatur, die sich genau diesen theoretischen Überlegungen widmet. Genauso gibt es Bücher, die sich ausschließlich auf Rechenaufgaben und deren Lösungen konzentrieren. Nachfolgend geben wir persönliche Lektüreempfehlungen, die sicher Geschmackssache sind, aber ergänzend zu diesem Buch eine gute Übersicht über die Optik bieten

Hecht E (1974) Optik. Oldenbourg, De Gruyter, ISBN: 978-3-486-58861-3 (Standardwerk der Optik, extrem ausführlich mit über 1000 Seiten)

Lindner H (1974) Physikalische Aufgaben. Hanser, Munich, ISBN: 978-352-834879-3 (Noch mehr Aufgaben, sehr kompakt)

Müller P, Heinemann H, Krämer H, Zimmer H (2006) Übungsbuch Physik: Grundlagen – Kontrollfragen – Beispiele – Aufgaben. Hanser, Munich, ISBN: 978-344-641785-4 (Aufgaben, nicht nur aus der Optik, mit Lösungen. Ideal zur Klausurvorbereitung)

Zinth W, Zinth U (2005) Optik. De Gruyter, Oldenbourg, ISBN: 978-3-486-58801-9 (Gutes Buch über Optik, nicht zu viel Mathematik. Alltagsferner, dafür zum Teil fachlich tiefergehend)

© Springer-Verlag GmbH Deutschland, ein Teil von Springer Nature 2019
M. Gmelch und S. Reineke, *Durchblick in Optik,*
https://doi.org/10.1007/978-3-662-58939-7

© Springer-Verlag GmbH Deutschland, ein Teil von Springer Nature 2019
M. Gmelch und S. Reineke, *Durchblick in Optik,*
https://doi.org/10.1007/978-3-662-58939-7